中国艺术设计名校讲堂系列丛书

Design and Expression of Environmental Architecture

环境建筑设计与表现

霍 珺 韩 荣 陈嘉晔 \ 编著

辽宁美术出版社

图书在版编目（CIP）数据

环境建筑设计与表现 ／ 霍珺，韩荣，陈嘉晔编著
. --沈阳：辽宁美术出版社，2013.9
（中国艺术设计名校讲堂系列丛书）
ISBN 978-7-5314-5553-0

Ⅰ．①环⋯ Ⅱ．①霍⋯ ②韩⋯ ③陈⋯ Ⅲ．①建筑设
计-高等学校-教材 Ⅳ.①TU2

中国版本图书馆CIP数据核字（2013）第197185号

出 版 者：辽宁美术出版社
地　　址：沈阳市和平区民族北街29号　邮编：110001
发 行 者：辽宁美术出版社
印 刷 者：辽宁泰阳广告彩色印刷有限公司
开　　本：889mm×1194mm　1/16
印　　张：17.5
字　　数：380千字
出版时间：2014年1月第1版
印刷时间：2014年1月第1次印刷
责任编辑：彭伟哲
封面设计：彭伟哲
技术编辑：鲁　浪
责任校对：李　昂
ISBN 978-7-5314-5553-0
定　　价：78.00元

邮购部电话：024-83833008
E-mail:lnmscbs@163.com
http://www.lnmscbs.com
图书如有印装质量问题请与出版部联系调换
出版部电话：024-23835227

序 >>

「 人类的祖先，为遮风避雨，从选择巢居或穴居的居所建造形式开始，按日本学者藤森照信的观点，人类建筑的历史经历了从石器时代、青铜器时代、四大宗教时代、大航海时代、工业革命时代直至20世纪现代主义建筑等六大步，建筑的形式从原始时期的一致，逐步走向分化，期间各地展现出多样性与差异性，最终又回到当代世界的大同，说明了建筑在形式上的一种"回归"。

撇开建筑的文化属性，建筑从本质上来说，它就是一个人工造物。而作为一个人工造物，建筑需要协调三种关系，一是建筑与自然的关系，二是建筑与人的关系，三是建筑与建筑之间的关系。其中协调建筑与自然的关系，是建筑设计的首要因素。而在过去的一段时间中，人们过分地强调人类的力量与能力，单纯地强调对自然的获取与建筑个体的存在，忽视了自然与对包括自然环境与人工环境在内的所有环境的尊重，所以，当今的建筑需要另一种"回归"，即回归自然，尊重环境。

《环境建筑设计与表现》一书是霍珺等老师多年从事环境设计教学和研究的新思考。从其书名中"环境建筑"四个字，充分体现出其写作的主旨紧扣了回归自然、尊重环境的设计理念。确实，从书中的主要章节与字里行间亦展现了写作者突出"环境"两字的用心。我个人认为这是教材应有的一种良心。

《环境建筑设计与表现》是专门为环境设计专业中建筑设计课程而编写的教材，其写作理念先进，内容具有针对性强、适宜性好的特点，同时充分结合实际、考虑学生需要、紧跟学术前沿，当是一本不错的教科书。

过伟敏

江南大学设计学院教授、博士生导师

2013年初夏于无锡蠡湖 」

前言 >>

环境艺术是一个尚在发展中跨专业的边缘交叉性学科，以人工环境的主体——建筑为背景在其内外空间展开设计，形成了与建筑设计密切相关的模糊了建筑设计、室内设计和景观设计于一体的大专业概念。由此可见，环境艺术设计依托于建筑设计，是建筑设计的延伸。环境艺术设计专业的学生必须具备一定的建筑知识，然而无须达到建筑学专业的深度与广度，只需要学习与环境艺术设计密切相关的知识。因此，编写一本突出环境艺术专业的"建筑学"的特色型教材是江苏大学艺术学院公共环境艺术研究学术团队近年来的重要攻关项目。《环境建筑设计与表现》是环境艺术设计专业中建筑设计课程的适用教材，是在环境艺术设计学科相关理论的指导下充分发挥环境艺术学的学科特色编写的建筑设计教材，侧重建筑的艺术设计，以"人—环境—建筑"之间的关系为研究重点。主要内容包括传统的建筑设计基础知识，建筑周边的环境设计，同时注重建筑设计的艺术表现，使阅读者掌握环境建筑设计的基本理论知识，且具有环境建筑设计能力。

从环境艺术设计专业多元性、跨学科、时代鲜明、实践性强等特征出发，编写中打破以学科知识体系组织教材内容方式的框架，提出"模块—课题（项目）—任务"式的开发构建模式，以课题为目标主线，以完成课题项目的任务为桥梁，将模块形式的知识点和技能点安排其中，强调"教—学—做"一体化设计。"模块"就是一个大系统的多个子系统——单元，这些单元在系统内按照一定的规则相互联系共同发挥作用，既可以分解成独立的部分，也可以重新组合集中，从而形成更加复杂的系统，将此理论运用到教材的开发模式上。教材内容涉及环境艺术设计和建筑设计两大体系。伴随着这两大体系中教学模块的分离、更新、增加、减少、归纳，从而创造出一个新模块外壳——"环境建筑设计与表现模块构架"，在此基础上，继续将其分成四大"子模块"，分别是建筑设计理论模块、建筑设计要素模块、环境景观设计模块、设计表现模块。根据每个模块包含的单项能力，这四个模块又分成多个小单元，构架极具系统性。

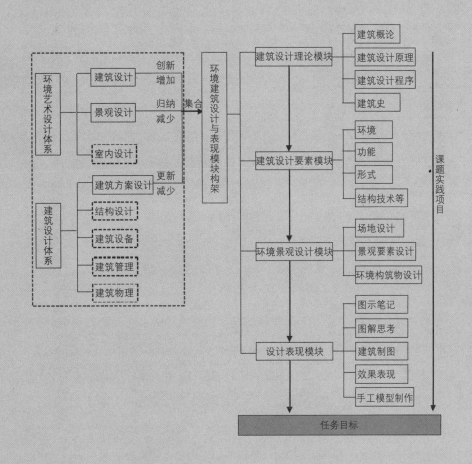

总结而言，《环境建筑设计与表现》编写首先强调了"环境"出发的专业特色：强调环境这一目标，限定建筑类型为与环境紧密结合的建筑，这一内容顺应当代建筑设计发展的趋势，具有创新性，着重阐述建筑设计与外部环境的关系分析和处理方法，从一开始就使初学者意识到建筑并不是孤立存在的，强调环境建筑的整体性概念和设计上的全面考量。其次突出了科学性与艺术性相结合的特色：注重建筑课程科学性，同时强调艺术类院校教材的艺术特色，以大量手绘图解为主，按照操作步骤采用"步骤图示法"进行编排，突出艺术表现特征，并真实反映操作情况。再次突出了教材的实验性特色：通过借鉴参考案例，书中课题选择方面充分考虑创新性和自身特色，并结合多年教学实践积累。主要初步预选

两个课题，项目选型具有代表性，符合教材的主体——与环境结合紧密的建筑类型，包含住宅和公建两大类型，选型具有延续型，一个是虚拟项目，一个是真实项目，体现了由易到难的过渡与深入。并根据教材内容中实验项目的要求安排调研考察、动手设计制作等体验型的课程内容，从而从根本上促进了"实践型"教学模式的改变。最后突出了教材的立体化特色：本书立体化内容框架综合考虑了课程目标的多维度、教学内容的多层次、表现形式的多媒体、解决问题的多角度等不同层面的要求。本教材"模块—课题—任务"的模式充分体现立体化教材的核心内容，从理论到实践，按作业流程的体例，实现课程目标、教学模块、训练项目、训练素材和课程考核的系统性。章节安排上除了考虑模块知识点的重新组合，还考虑其依照特定的课题设计任务，使章节内容更具有检定效应。

本书编写团队在内容设计方面所预期要达到的目标简略而言是：①通过模块形式课程内容加强学科间的联系，使学生知识面向综合化发展。以模块形式出现的理论知识点、技术点，使学生掌握正确的建筑设计思维、设计方法和设计过程，了解环境、空间、功能关系、造型、结构技术等重要因素在建筑设计中的作用并能综合考虑，掌握建筑设计与外部环境的分析方法，同时培养良好的建筑设计表达与表现能力，进一步熟练运用制图与手绘表现等建筑表达的手段，最终提高建筑素质，具备对建筑设计的评判能力。②通过课题项目的训练加强学生探究式的学习方式和实践动手能力，通过各种形式的分项或综合设计课题的练习，加强对理论知识应用的体会和理解，在实践中培养学生应用知识分析问题、解决问题的能力，根据环境艺术设计的相关理论和建筑设计的方法来设计与表现环境建筑，使学生对知识的理解和应用得到升华，训练学生表达自己设计意图能力的同时也掌握新的知识点。

自本书制定了为期一年半的编写计划以来，《环境建筑设计与表现》编写团队的目标始终是拟将其作为教学经验交流活动的平台，运用多种途径，进行教材开发原理、技术和能力等方面的互通有无。并拟在后续提供学习指导书、电子教案、多媒体课件等立体化的教辅材料，从而达到更好的教学效果。同时吸收该书使用的反馈意见，为日后修订工作积累资料。本书出版之际，首先要感谢江南大学过伟敏教授在繁忙的工作中能为本书作序，他提出的修改建议令我们获益匪浅，学术的高度与敏锐使我们开阔了视野。还要感谢辽宁美术出版社的彭伟哲先生担任本书的责任编辑，他的鼓励增强了写作团队的信心与力量。更要感谢为本书提供所引学术文献和图例的作者们，感谢他们无私的奉献。感谢程欣、李文璨、辛玉洁等几位研究生牺牲了很多宝贵的休息时间，为本书整理和绘制了繁杂的相关图表。本书对引用内容都予以了注明，若有遗漏，函请联系我们，定以适当的方式感谢学界前辈和朋友的惠助！对于本书中超出能力范围存在的学术疏漏，真挚恳请各位读者不吝批评，定当在修订中不断自我完善！最后，对于给予《环境建筑设计与表现》编写团队启发、教益的许多老师、同事们三致谢意焉。在不竭努力之下，经过相关专家评审团的严格甄选，《环境建筑设计与表现》有幸获批为"江苏大学2013年重点教材建设项目"；同时该书也为"2013年江苏省研究生教育教学改革研究与实践项目（JGLX13_066）SPBL构架下环境设计类研究生实践基地建设研究"阶段性成果之一，以上均是对本书如期付梓的支持与激励！

　　谨以此书献给意气风发的未来设计家们！

2013年7月18日于汝山

目录 >>

第一章　概述

第一节　建筑与建筑设计

建筑犹如"石头书写的史书"，一部建筑史是人类在生产活动中克服自然、改变自然的斗争记录，是人类掌握自然规律，发展自然科学的过程。另一方面，建筑也是最高形式的艺术，当代美国著名的建筑理论家肯尼斯·弗兰姆普敦（Kenneth Frampton）将建筑设计比喻为"诗意的建造"，形象地说明了建筑设计是一门塑造生活环境的艺术，并且随着社会的发展、人类生活方式的日益丰富、生活质量的日益提高而逐渐复杂起来。

一、建筑的含义

1. 建筑的内涵

建筑产生的最初原因要追溯到人类最原始的生活需要，人类生存离不开"衣、食、住、行"，住就离不开房屋，建造房屋必然成为人类最早的生产活动之一。我国古代将建造房屋以及从事其他土木工程的活动统称为"营造"。"建筑"一词实际是一个外来语，按其对应的本义最早出现于欧洲的英语中，它是一个多义词，英语中用House/Building/Architecture这三个词来表示建筑的意思，其中人们通常所说的建筑实际是指建筑学Architecture，而House是指通俗的房屋，Building是指建筑物。英文"Architecture"建筑其实是从拉丁文"Architectura"演变来的，

我们可以从其构成的两个方面来理解建筑的含义：其一是它是由"Archi"和"Tecture"两部分组成，前部"Archi"意即艺术（Art），后部"Tecture"意即技术（Technology）。可以将建筑理解为艺术与技术的结合，而且把艺术放在前面；其二是词尾"ure"，在英文中以"ure"结尾的名词，多半都会有集合的意义，如"Culture"（文化），它就是多种专业的集合词。Architecture也就是综合的建筑集合词，具有更广泛的内涵。知识或学科的集合意味着它可构成一门学问，故称建筑学。之后"建筑——Architecture"一词由英语传入日本，再由日语引入汉语，在汉语里是比较模糊和多义的，既可以作为名词，又可作为动词，即使理解为名词，也是有多重意义的。词义包括"建筑活动"——表示建筑工程的营造活动，同时又表示"建筑活动"的成果——"建筑物"。词义随着时代的发展而发展，不同时期、不同风格建筑物及其所体现的技术和艺术已形成一个完整、多元的体系——"建筑学科"。

建筑与人类生活密切相关，与社会发展同步相随，因此建筑的内涵涉及人和人类社会中的诸多因素，从本质上看是人类为了调整人与自然、人与社会、人与人相互关系而创造的"人工物（artificial）"或"合成物（synthetic）"。因此，建筑就是以人、自然、社会三大领域为背景，其生成和发展完全受制于这三种基本生存要素的影响，它们是建筑生成的基础。

建筑最根本目的应满足人们物质与精神的双重要求，为人们创造完美、宜人、可持续

发展的生活环境，为人们提供从事各种活动的人造环境。建筑物往往都具备供人们居住和活动的稳定空间的功能，是人造自然的主体。一般情况下，建筑的建造目的既侧重于得到人可以活动的空间——建筑物内部空间和建筑物之间围合而形成的空间，也侧重于获得建筑形象——建筑的外部形象和建筑物的内部形象。

2．建筑的定义

不同的角度，建筑都有其不同的内涵，本课程的建筑定义为建筑活动的成果，即建筑物的本身。从本质上来说，建筑是人工创造的空间环境，是人类劳动创造的物质财富，即建筑是人造的，相对于地面固定的、有一定存在时间的、并且是人们为了追求其形象或者是为了使其空间能供人们使用的物体，主要包含建筑物和构筑物两类（图1-1）。其中供人们工作、生活或进行其他活动的房屋或场所都叫作"建筑物"，如住宅、教学楼、厂房、体育馆等。而人们不在其中工作与生活的建筑，则称为"构筑物"，范围很广，包括大型的构筑物如纪念碑、水塔、大坝、电视塔、桥梁等，也包括小型的构筑物如亭、廊、雕塑等。构筑物与建筑物的最大区别是它的围合程度大大降低，和环境保持充分的交流，具有通透性、互动性强的特点，起到活跃环境的作用。

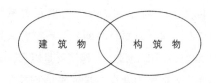

图1-1　建筑物与构筑物的关系

从更宏观的层面看，建筑物集中形成了街道、村镇和城市。城市的建设和个体建筑物的设计在许多方面是相通的，它实际上是在更大

的范围内为人们创造各种必需的环境，这种工作叫作城市规划，它们也属于广义建筑的范围。因此我们常说"建筑是微缩的城市，城市是扩大的建筑"。但是本课程并未涉及这一扩展性范畴。

3．建筑构成要素

公元前一世纪古罗马的建筑师维特鲁威在"建筑十书"中就提出了"实用、坚固、美观"为建筑三要素。直到今天，尽管不同时代的建筑有不同的风格特征，但建筑的基本构成要素依然包含建筑的功能（实用）、建筑的物质技术条件（坚固）、建筑的形象与空间（美观）。

（1）建筑功能

建筑功能主要是指建筑的用途和使用需求。随着社会生产和生活的发展，将产生出有不同功能要求的建筑类型，不同类型的建筑有着不同的建筑特点和不同的使用需求。

（2）建筑物质技术条件

主要包括建筑材料、结构、设备、施工技术等。随着社会发展和科学技术水平的提高，建筑技术也将不断提高，进而促进建筑各方面的改造。

（3）建筑艺术形象

主要在建筑群体、单体，建筑内部、外部的空间组合、造型设计以及细部的材质、色彩等方面给予体现，这些要素处理得当，便会产生良好的艺术效果，并且能满足人们在审美和精神方面的功能需求。

这三者始终是构成一个建筑物的基本内容，并且有着不可分割的密切关系，相辅相成。建筑功能直接影响空间使用与效率。文艺复兴时期意大利著名的建筑理论家雷欧·巴蒂斯特·阿尔伯蒂（Leon Battista Alberti）说："所有的建筑物，如果你们认为它很好的话，都产生于'需要'，受'实用'调养，被'功效'润色……"建筑形态可以理解为内部空间和外部造型即实体构件有机咬合的关系、互为图底关系。建筑还需要合适的技术手段作为支撑。结构具有明显的逻辑理性，任何建筑都必须以最具适应能力的形式成为建筑启动的构架以及多元建筑面貌的基础，而材料、构造与施工则是建造实施的真实载体。

二、建筑设计

1. 设计

设计从广义上来说就是人类有目的的意识活动，从构木为巢、结绳记事、钻木取火、制造工具、使用动力、开发能源，直至科技发明、兴教建国、社会更替，等等，从古至今设计就无处不在，无时不有。这种人类自始以来有目的的意识活动由低级到高级，由简单到复杂，由个人到集体，由低效到高效，由狭窄范围到广阔领域，历经数十万年的实践，通过设计创造了当今无限美妙的物质世界和精神世界。

设计一词现今都使用英文Design一词解释比较普遍，它也是源于拉丁文"Des-ignare"。该词是由"De+signare"构成，"signare"意即"To mark"，依照大英百科全书（Encyclopaedia Britannica）的记载，

"Design"是作记号的意思，是在将要展开某种行动时拟订计划的过程；又特指记在心中，或者制成草图或模式的具体计划。按照《高级汉语词典》的解释：设计师"按照人物的目的和要求，预先定出工作方案和计划，绘出图样"。按照现今我们的理解，通俗地认为设计包括设想和计划，并用文字、图纸和模型等形式表现出来。"预先"一词是"设计的"重要特征。无论什么领域，为"未来"提供计划、方案、图样的，都可以称为"设计"。对建筑设计来讲，还要包括计算的工作，计算面积、投资及各种经济指标。

设计是一个外延宽泛的概念，以人—自然—社会三个基本要素为对象，应用于很多领域之中，例如建筑设计、服装设计、工业设计、书籍设计、包装设计、网站设计、软件设计，等等。它们都被称为"设计"，几乎触及现代生活的各个层面。将这些涉及内容进行归类和综合，我们可以将整个设计的范畴分为三个领域：产品设计（PD）、视觉传达设计（VCD）和环境或空间设计（ED或SD）三种。不过在实际设计时，通常设计对象都必须以综合的方式来进行设计，尤其是建筑设计更是如此（图1-2）。

现代建筑大师格罗皮乌斯（Walter

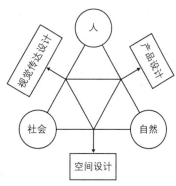

图1-2 设计范畴

Gropius）曾说："所谓设计，广义地来说，我们周围一切人为的而可以肉眼看到的事物，即使最简单的日常用品以至于整个城市的复杂图案，都无不包括在它的范围之中，设计一个大型建筑物的过程和一本书籍设计装帧的过程，在原则上并无任何不同，其所不同的，只是程度上的差异而已。"

2. 建筑设计

建筑设计同其他设计一样都是一种有目的的造物活动，其设计的本质与语言、音乐等艺术创作形式有着异曲同工之妙，即需要一定的构成要素，并都遵循一定的规律构成，即一个是"构成元素"（Elements）、一个是"规则"（Rules）。例如语言学将基本词汇依据语义、语用、语法等一整套语言概念和符号系统造句成文。音乐是将音符、音节按照乐理规则最终形成乐章。由此可见，设计可以简单表述为Design=Elements+Rules，即D=E+R，任何设计都是将其构成因素按一定的规则组合成一个有机的整体，以达到适用又好看的目的。那么，建筑设计则是按照设计原则和结构规则将建筑基本物质元素建构成建筑物及空间，形成一定的场所环境，即为满足一定的建造目的（包括人们对它的使用功能的要求、对它的视觉感受的要求）而进行的以建筑的三大构成要素为基本内容的设计，是在建筑物或构筑物的结构、空间及造型、功能等方面进行的设计。

3. 建筑设计的属性

建筑设计虽然同其他设计的原则和本质意志一致，但其对象包括生存和生活的建筑物及其环境，乃至更大范围的城市，因此，建筑设计除了包含前述设计的共性特征还表现自身的独特属性，具有综合性的属性。具体来看：

（1）建筑设计是一个创作过程

建筑设计是一个创作的过程，创造性是建筑设计的灵魂。建筑师的创作成果从狭义上讲，是为人们创造了生活空间；从广义上讲，是为人们创造生活舒适而和谐的室内外生活环境。创作活动是理性思维与情感思维的结合，即是逻辑思维和形象思维的结合。早在20世纪20年代格罗皮乌斯说过："设计既不是唯心的，也不是唯物的。"好的建筑设计不是脱离实际的想象或灵感迸发，而是对于生活的独特深刻的理解，对于所有解决矛盾的可能形式的深刻理解，源于他们历史文化的底蕴和丰富的创作经验，源于对场所严密与深刻的认知。

（2）建筑设计是多学科交叉整合设计的过程

建筑是一门包罗万象，与各行各业、很多学科都有联系的综合性学科。设计不同类型的建筑需要了解不同类型建筑的功能及其运行管理情况。建筑师需要在整个工作过程中不断地综合、解决来自不同专业各个方面的要求和矛盾，需要有很强的组织、综合、协调能力。因此一个建筑师除了要有较强的专业知识外，广泛的知识面和生活经验是至关重要的。例如文艺复兴时期艺术家与建筑师里奥那多·达·芬奇一样，上至天文地理，下至美术、雕刻、建筑、文学、工程乃至医学解剖等都要精通。

此外，建筑设计是随着社会的发展、人类生活方式的日益丰富多彩，以及人们对生活质量的要求越来越高而逐渐复杂起来的。不仅变更着人们的生活理念与方式，要求建筑物及其环境应更好地满足现代人的物质和精神需要，以便创造一个更能适应现代社会生活的目的的现代建筑及其环境。例如，为了更好地满足不同人的不同需求，建筑设计就要认真研究人的生理学、心理学、行为学。以此作为设计准则，更精心地进行功能布局，进行空间比例的推敲，进行材质色彩的选择，进行声光的控制，进行细节的处理，等等。

综上说明建筑设计已不再是单一学科能独自解决日益复杂的设计问题了，它要综合地运用各学科的知识与成果进行整合设计。只是对于不同的建筑而言，整合的程度与方式有所差别而已。

（3）建筑设计是解决设计矛盾的过程

根据前文介绍，建筑是由诸多因素构成的，例如建筑周边的环境，建筑的功能，建筑的物质技术条件，建筑的艺术形象，等等。这些要素会形成各种各样的矛盾，建筑设计过程中都需要综合考虑。例如设计初始，设计者就会立刻陷入如何处理建筑与环境关系的设计矛盾之中。这些矛盾有外在的，包括地段周边的道路、建筑、朝向、风向、景向等；也有内部的，如功能特征、技术条件、造型要求等。这些内外因素各自都对建筑设计提出约束条件。更为困难的是这些内外因素不是孤立地对建筑设计产生影响，而是相互错综复杂地交织在一起共同对建筑设计产生作用，既要适用、经济又要美观，还需考虑时空、环境等因素。

一般来说，设计阶段的关键是要抓住主要设计矛盾，设计问题便会迎刃而解，许多次要的矛盾也一一被克服，设计沿着正确的方向向前发展。只有这样，建筑设计才会在不断解决各个设计矛盾的过程中推进建筑设计的进程。

（4）建筑设计是一种有目的的空间及其环境的建构过程

如前所述，建筑设计的最终产品是为人类创造一个适宜的生活空间及其环境。大至区域规划、城市规划、城市设计、群体设计、单体设计，小至室内设计、陈设设计、视觉设计乃至家具设计，等等。无论设计上述何种对象，"空间"、"环境"自始至终都成为设计的起点，又是设计的最终目标。设计者的一切设计行为就是这样紧紧围绕着空间及其环境的建构而展开的。具体来看，设计者一开始进行建筑设计起步时就要构思设计目标的空间形态，以此制约平面设计的生成、发展。或者为了完善平面的设计又在时时地调整最初的空间构想。这种互动的依存、促进，使得完善的平面设计成果水到渠成地纳入预设的空间环境之中；或者一个完善的空间体量很自然地包容了相应的功能内容。

（5）建筑设计的过程是通过多种建筑设计媒介表达完成的

建筑设计是概念和因素转化为物质结果的必需环节，并伴随着运用不同的建筑设计媒介表现完成的。所谓建筑设计媒介是设计者的一种意念表达方式，是传递建筑设计信息的方法和手段，也是作为建筑设计过程中各种信息的载体。而且，建筑设计媒介的特征总是表现在人与人之间的信息交流之中。可以说，在建筑设计过程的任何一个阶段，建筑设计的信息都有赖于建筑设计媒介的表达和传递作用。因此，建筑设计媒介表达是建筑设计过程中不可缺少的环节。就现代建筑设计而言，建筑设计表达手段可分为建筑图形、建筑模型和建筑数字三方面，本课程将其作为主要内容之一进行阐述。

(6) 建筑设计是工程实践的过程

建筑设计创作与其他艺术创作不同，是一项工程设计，设计的目的是为了付诸工程实践，在实施的过程中不断修改、调整。为了顺利地实施，设计时必须综合考虑技术、经济、材料、场地、时间等各方面的要素，使设计更加经济、合理、安全，不是凭空想象、任意创作的。

4．建筑方案设计

建筑设计的整个过程是从设计概念向设计目标逐渐发展的过程。在这一过程中，设计的问题逐渐变得明朗，设计的内容逐渐变得丰富，设计的深度逐渐变得细化，设计的广度逐渐变得需要介入多工种的配合，直至设计的目标变得具有可操作性。针对设计这一过程的变化和设计状态的不同，整个建筑设计过程可分成若干阶段，不同阶段设计者将面临不同的设计问题与设计任务需要解决。

建筑设计的过程一般可分为建筑方案设计、扩大初步设计和施工图设计三个主要的设计阶段。其中，建筑方案设计是整个建筑设计链中的第一环，也是建筑设计全过程的重要环节，它奠定了建筑设计最终目标实现的基础和特色，是建筑学专业和设计相关专业最主要的学科内容。扩大初步设计和施工图设计侧重在方案设计基础上的结构、设备等各工种的技术设计以及施工图绘制，内容上属于建造及土木

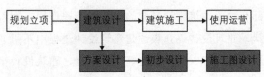

图1-3　建筑设计范畴

专业。因此，本书中的建筑设计主要指建筑方案设计（图1-3）。

(1) 建筑方案设计的特征

建筑方案设计是基础性的工作，既要突出创新性，有独特的设计构思，又要努力做到可操作性，即建筑设计方案要有实现的可能。

①设计起步的开创性

建筑方案设计对于整个建筑设计是一个开创性的工作，通过逻辑思维提出创新的设计概念，而不是指在技术层面上的操作。为了产生一个与众不同且具有鲜明个性的建筑设计方案，就应寻找奇妙构思的突破口。这个构思突破口是建立在特定条件分析下的灵感所致，而不是毫无根据地玩弄设计手法。建筑方案设计开创性的工作做得如何，将关系到整个建筑设计过程的进展和最终设计目标实现的程度。

②设计过程的探索性

建筑方案设计的过程没有一个直达设计目标的明确捷径，只能在不断反复探索中前进。设计开始时分析的所有内外设计条件并不是每一个设计条件都对设计产生积极的影响，有重要的，也有无关紧要的；有正面的，也有负面的。设计者要想从诸多设计条件中综合判断出指导方案设计工作的决策，探索出设计起步的路子并非易事。只能通过探索性的分析、综合的过程，力图找到关键的方案起步点。

③设计结果的基础性

建筑方案设计是通过艰苦的探索过程所得到的方案结果，仅仅是建筑设计最终目标的阶段性成果，因为它不是建

造的蓝本。但建筑方案设计的结果对于后续的初步设计阶段以及施工图设计阶段却是基础性的，是后续设计工作的指导性设计文件。设计方案基础性的工作做得如何将直接关系到后续设计工作是否能顺利开展。

(2) 建筑方案设计的任务

建筑方案设计从概念到目标的转化，需要完成若干复杂的任务才能实现。主要包括：

①协调建筑与环境的关系

建筑总是存在于给定的环境条件中。它们互相依存，互相影响，既有矛盾又要共处，是建筑方案设计的首要，两者如何处理将直接关系到建筑方案设计的命运。

②研究平面功能的配置关系

一座建筑物是由若干功能区和若干功能房间有机组成的。它们的配置关系对于不同建筑类型的建筑来说都有其自身的组合规律。建筑方案设计的任务就是要寻找这种规律性的功能配置关系，并用图示表达出来。这种平面功能配置关系整合的程度将决定建筑设计方案在多大层面上最大满足人的使用要求。

③提出空间造型的构建设想

建筑方案设计的成果总是以空间形式反映出来的，包括外部造型和内部空间，两者互为依存。建筑方案设计的任务就是要创造一个空间体，一方面能合理地容纳功能内容，另一方面能鲜明地展示建筑形式的美。

④确定合理的结构形式

建筑的空间和形体需要结构的支撑，尽管完成这项任务需要结构专业的配合。但是，建筑方案设计的任务却要事先为结构的设计提供合理的结构选型和结构布置尺寸的设计文件，以此作为建筑设计方案定型的依据。

三、现代建筑设计的历史演变与流派

现代建筑设计一直在实践中发展着，经历了一个复杂纷繁的演变发展过程，在不同的历史时期，设计思想、对象和重点也在不断发生变化，每一个时代都有各自明显的时代特征。通过了解各种建筑思潮与流派，不仅可以开阔建筑设计师的视野，也为建筑创作与理论创新注入新的活力。学会借鉴其中的进步成分和积极因素，剔除违背建筑发展方向的消极因素。简单来说，我们将整个现代建筑的发展过程划分为四个部分，每个部分有各自的侧重点，也包含众多的流派。

1. 对功能的侧重

早在工业革命之前，功能主义就已在新建筑形式中埋下了种子，现代主义建筑让"形式服从功能"的理念更加深入人心。现代主义建筑的基本观点大致如下：①强调功能，这一时期的建筑师将建筑功能与机器类比，大量"功能至上"的作品开始出现。它们以经济、适用、方便为原则。建筑造型自由且不对称，形式取决于使用功能的需要。②注意应用新技术的成就，使建筑形式体现新材料、新结构、新设备和工业化施工的特点。③体现新的建筑审美观，建筑艺术趋向净化，多为几何体的抽象组合，简洁、明亮、轻快便是它的外部特征。④注意空间的组合与周围环境的集合，认为空间才是建筑的主体。

现代主义建筑的代表人物勒·柯布西耶

（Le Corbusier），是20世纪最重要的建筑大师之一，他在20年代前后采用钢筋混凝土框架结构设计了一些与古典式样完全决裂的、体现"机器美学"审美观念的住宅设计，并且他在《走向新建筑》一书中，主张建筑应走工业化的道路，创造表现新时代精神的新建筑。提出了新建筑的五个特点：①底层的独立支柱；②屋顶花园；③自由的平面；④横向的长窗；⑤自由的立面。代表作萨伏耶别墅充分体现了新建筑的五个特点（图1-4）。

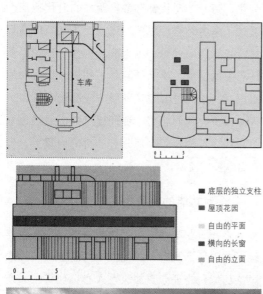

图1-4 萨伏耶别墅体现"新建筑"的五个特点

■ 底层的独立支柱
■ 屋顶花园
　 自由的平面
■ 横向的长窗
　 自由的立面

然而，由于现代主义建筑对历史认识的局限，不可避免地出现严重的片面性。过分强调纯净，否定装饰，已到了极端的地步，使建筑成了冷冰冰的机器，缺乏人的生活气息。所谓强调"形式服从功能"在某种意义上成为形而上学的关系观点，形式与功能是相互依存的。因此物极必反，当现代主义建筑在后期像任何工业产品一样被制造和再生产时就已注定走上"国际式"的道路，成为千篇一律的方盒子，限制了建筑艺术的创造性，一味只屈从于工业生产的羁绊，于是遭到越来越多人的反感，因为建筑最终是为人服务的而不是机器，于是在现代主义阶段后期出现了不少建筑师探索新的创作倾向，如粗野主义倾向、新古典主义倾向、讲求技术精美的倾向、讲求人情化与地域性的倾向，等等。但这个阶段并未完全突破现代主义根本思想观点形成新的流派，仍以功能为主。

2. 对形式和意识形态的追求

随着20世纪五六十年代西方社会思想的蜕变，以及伴随着波普、装置艺术、朋克嬉皮等通俗文化现象的艺术转型，现代主义建筑的几何套路禁锢了自身的发展，局限于功能主义的形式已穷途末路。因此出现了将形式提到建筑创作中的重要位置，这无疑是对现代功能主义的一场颠覆。在此之后形形色色的建筑流派陆续登场，后现代主义、新理性主义、新现代主义、解构主义等共同形成了形式主义的盛况，部分流派至今仍很活跃。

（1）后现代主义

后现代主义（Post-Modernism，简称PM派），又称为历史主义，是当代西方建筑思潮多元论方向发展的一个新流派，它起源于60年代中期的美国，活跃于七八十年代。与此同时，在西欧与日本也不约而同出现了探讨历史传统的倾向。这一思潮是出自对现代主义建筑的厌恶，他们认为功能主义建筑太贫乏、太单调，思想僵化，缺乏艺术感染，认为现代主义建筑已经过时和死亡。后现代建筑试图用折中的手法唤起历史的记忆以及有活力的"奇趣"，用设计实践对现代主义长期忽略的美学问题，如通俗趣味、隐语、装饰、文脉等进行重新探索，主张将互不相容的设计元素不分主次地并列，追求建筑的复杂性和矛盾性，重视建筑的装饰性。

后现代主义建筑的代表人物罗伯特·文丘里（Robert Venture）是最先在美国对现代建筑观念进行发难的。他所著作的《建筑的复杂性与矛盾性》中提出："建筑师再也不能被正统的现代建筑的那种清教徒式的语言吓唬住了。我赞成混杂的因素而不赞成'纯粹的'；赞成折中的而不赞成'洁净的'；赞成牵强附会而不赞成直截了当；赞成含混的暧昧的而不赞成直接的和明确的；我主张凌乱的活力而不强求统一。我同意不根据前提的推理并赞成二元论……我认为用意简明不如意义的丰富。既要含蓄的功能也要明确的功能。我喜欢两者兼顾超过非此即彼，……"总的来说，文丘里主张建筑要走向大众化运用（Pop Movement），使建筑形式多样化，主张建筑就是要装饰，他认为建筑是带有装饰的遮蔽所，建筑的装饰外表可以不与内部空间发生关系。其代表作母亲住宅（Vanna Venturi

House）在设计手法上摒弃了现代主义的方盒子，并把传统坡屋顶以非传统、诙谐的方式引用到设计中。例如正立面山墙断裂开，门窗不对称设计，门洞上又有一条横梁和一道弧线线脚，等等。整座建筑的平面、立面似对称又不

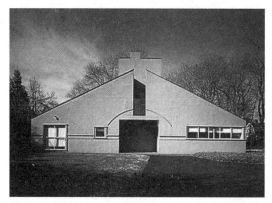

图1-5 母亲住宅

对称，形式似传统又不传统，体现出一种暧昧、模棱两可的非理性美学意味（图1-5）。

（2）新理性主义

同样提倡抛开功能主义的还有新理性主义，代表人物是阿尔多·罗西（Aldo Rossi）。他在《城市建学》中明确指出：应该使功能适配形式。受类型学影响，他强调应该从历史和人类"原型"世界中选择、引用、类推进而找寻自主的建筑形式。在其设计中，看似纯粹的几何形体富有隐喻意义，每种元素形式经由转换都变为某种可以理解的思想意义的载体。除此之外，新理性主义运动还有两位颇受关注的人物R·克里尔（Rob Krier）和L·克里尔（Leon Krier）兄弟。其中 R·克里尔更用心于城市及建筑空间的形态学研究。他认为，城市空间有多种形式，但在本质上只有方形、圆形、三角形三种类型，通过插入、分解、附加、贯穿、重合与变形等方式形成各种组合类型的变体构成（图1-6）。

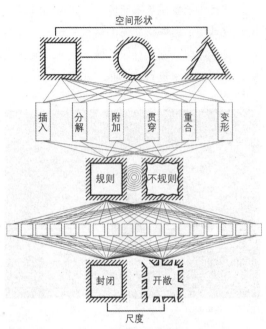

图1-6 R·克里尔——城市空间的多种形态

图1-7 道格拉斯住宅

图1-8 德国乌尔姆市政厅

（3）新现代主义

与此同时出现了新现代主义，以彼德·埃森曼（Peter Eisenman）、迈克尔·格雷夫斯（Michael Graves）、约翰·海杜克（John Hejduk）、理查德·迈耶（Richard Meier）、查尔斯·格瓦斯梅（Charles Cwathmey）组成的"纽约五"为代表。他们试图以完美的形态批判地延续现代主义的教义，以几何组织原则将形式要素从内容中抽取出来加以概括、拼贴、删节、切割、排列，并重新编排空间与形体。被称作"白色派"的理查德·迈耶（Richard Meier），他自称是现代主义的忠实维护者，他的作品借用勒·柯布西耶早期手法和风格派的构成主义，用新观点重新解释旧的建筑词汇，并且提供了完整的感觉与体验的领域，风格清新飘逸，给人一种现代主义去掉呆板后的迷人感觉（图1-7，1-8）。

（4）解构主义

20世纪80年代后期，西方建筑设计出现了一种新思潮——"解构主义"建筑，不同于"结构是确定的统一整体"的结构主义，是对结构主义的反叛，解构主义是极端的新现代主义，是新现代主义的畸变。

解构主义重视"机会"和"偶然性"对建筑的影响，对原有传统的建筑观念进行消解、淡化，把建筑艺术提升为一种能表达更深层次的纯艺术，把功能、技术降为表达意图的手段，在手法上，他们打破了原有结构的整体性、转换性和自调性，强调结构的不稳定性和不断变化的野性，并提出了消解方法的两个阶段：一是颠覆，主要指颠倒事物原有的主从关系；二是改变，建立新观念。简单来说，解构主义就是采用扭曲、错位、变形的手法，使建筑物显得偶然、无序、奇显、松散，造成似乎已经失稳的态势。代表人物有屈米（B.T

schumi）和弗兰克·盖里（Frank Gehry）等。屈米的巴黎拉维莱特公园（Parc de la Villette,Paris,1985）被认为是解构主义的代表。它的设计手法是按重叠（Superposition）和分离（Dissociation）的观念来开拓建筑的新领域。他在公园网格的节点上都安排了一个鲜红色的构筑物——"Folies"，一共26个作为整个布局中的点要素。这些构筑物都是以边长10米的立方体为基本形体，再附加构件拼接而成，因此屈米称它为"世界上最大的不连续的建筑物"（图1-9）。

屈米在谈论拉维莱特的设计时声称解构主义既不是一种运动，也不是一种风格，而是一种消解界限的探索。他认为文化环境的变化向建筑和建筑师提出了新课题，要求超越传统界限的限制，对传统的设计规律、方法、技巧各方面都要革新。抛弃传统上被公认的统一、意志、协调等已有的美学原则。他强调运用分裂、极限、间隔等新的构思手法，才能创造出反映新时代特征的设计作品。

3．对结构技术的侧重

在多种建筑观念的交汇中，高技派（High-Tech）随着经济的发展，作为一股新思潮在20世纪60年代开始活跃起来，体现了人们对"高度工业技术"的倾向。其思想主要体现在三个方面：首先，高技派强调新材料、新结构、新设备与新技术的优越性，新建筑的设计应考虑技术的决定因素；其次，审美观应以技术因素作为装饰题材；再次，高技派认为功能可变，结构不变，因此表现技术的合理性和空间的灵活性既能适应多功能的需要，又能达到机器美学效果。建筑评论家查尔斯·詹克斯（Charles Jencks）在《高技术之战：伴随着重大谬误的伟大建筑中》列出了高技术的六大特征：①展示内在的

图1-9 屈米——巴黎拉维莱特公园

结构及设备；②展示象征功能及生产流程；③透明性、层次及运动感；④明亮的色彩；⑤质轻细巧的张拉杆件；⑥对科学技术及文化的信仰。高技派可以说是与科技发展结合最紧密的"时代歌者"，他们用最物化的手段与极简的形象体现出对技术文明的赞赏。

高技派的思潮使建筑师与结构、设备工程师融为一体，代表人物有意大利建筑师皮阿诺和英国建筑师罗杰斯（Renzo Piano and Richard Rogers），代表作是巴黎蓬皮杜艺术与文化中心（Centre National d'art etde Culture Georges Pompidou）。此建筑充分反映了高技派建筑的特征。整座建筑外部用玻璃幕墙维护，为了保持室内空间的完整性，钢结构构架与各种设备管道全暴露在建筑外部，加上透明塑料覆盖的露天自动扶梯从底到顶曲折上升，形成工厂外貌（图1-10）。除了这种骨骼暴露的机器美学，还有以日本建筑师为代表的"新陈代谢派"（Metabolism）。该学派借用"新陈代谢"这一生物学用语，提出了保持建筑主体结构，取换单位部件的"可更换舱体"设想，以适应建筑的变化。代表作有黑川纪章（Kukokawa）在1970年设计的大阪博览会座舱是强调结构的技术美和极端的装配性，极富有表现力的高技形象（图1-11）。

图1-10 巴黎蓬皮杜艺术与文化中心

图1-11 黑川纪章——大阪博览会座舱

4.对环境的侧重

多年来，许多建筑师为了适应社会的需求，从建筑的功能、技术、艺术等各方面进行了大量的探索和实践，形成并发展了现代建筑的体系。但是人类社会还在不断进步和发展，人们逐渐意识到环境的重要性。总的来说，侧重环境的新流派主要有以下几个：

（1）地域主义建筑

①现代主义中的地域主义倾向

早在现代主义建筑思潮期间，就出现以弗兰克·劳埃德·赖特（Frank Lioyd Wrignt）为代表注重与环境结合的地域主义倾向。草原式住宅（Prairie House）是赖特20世纪初开创的美国中西部地域性建筑风格。这些建筑大多坐落在地域宽阔、环境优美的郊外，建筑平面布局从生活实际出发，建筑外观反映出内部空间的关系，材料的自然本色得到了淋漓尽致的表达。建筑形态水平伸展反映了美国中西部草原地区的地貌特征（图1-12）。此外，赖特还提出了有机建筑论（Organic Architecture）。他认为建筑是自然的，应当成为自然的一部分，属于基地条件和周围地形，流水别墅（图1-13）

是有机建筑论的典范之作。

另一位现代主义建筑大师——来自芬兰的阿尔瓦·阿尔托（Alvar Aalto）也是注重与环境结合的地域主义倾向的代表。他主张注重建筑自由构思结合地方特色和当地居民生活习惯的倾向。他反对"不合人情的庞大体积"，注意将建筑体量化整为零，以获得亲切宜人的尺度（图1-14）。

图1-12　罗比住宅

图1-13　流水别墅

图1-14　玛利亚别墅

②新地域主义与批判地域主义

新地域主义（New Regionalism）实际上是一种遍布广泛、形式多样的建筑实践倾向，并不像后现代主义一样能列出一系列标志性建筑活动和代表人物的建筑思潮，它出现于20世纪70年代。建筑总是联系着一个地区的文化和地域特征，应该创造适应和表征地方精神的建筑。新地域主义是关注于那些试图从场地、气候、自然条件以及传统习俗和都市文脉中去思考当代建筑的生成条件与设计原则，使建筑重新获得场所感与归属感。在当代新地域主义的理论与实践中，批判的地域主义（Critical Regionalism）是其中最有活力的一个分支。批判地域主义倡导对地域性要素进行现代性的重构。K·弗兰普顿（Kenneth Frampton）教授在"批判的地域主义"中提出了七个特征：在坚持批判的态度的同时，并不拒绝现代建筑带来的进步；关注"场所—形式"（place-form）的关联性，认识到一种有边界的建筑，即建筑总是生成于一定环境中；建筑设计注重"建构的事实"（tectonic fact），而非建筑沦为舞台布景；关注建筑如何回应场地的因素，如地形、气候、光等；关注视觉之外的建筑品质，如温度、湿度、空气流动以及表面材料对人体的影响等；反对感情用事地模仿乡土建筑，而要寻找乡土建筑的转译方式；要在世界文化的背景中培育具有当代特征的地方精神；可以在摆脱普世文明理想文化间隙中获得繁荣。

其代表人物有西班牙建筑师J.R.莫奈奥（Jose Rafael Mmoneo）。他设计的国家罗马艺术博物馆，成熟地显现出了建筑来源于场地又超越场地的设计策略。建筑中对地方、历史元素的运用呈现了历史的场景特征（图1-15）。

图1-15　国家罗马艺术博物馆

图1-16　福尔克·埃格斯特龙住宅庭院

　　另一位代表人物墨西哥建筑师路易斯·巴拉干（Luis Barragan），也取得引人注目的成果。他从墨西哥土著村民中吸取灵感，借鉴他们热情奔放的色彩和高墙围绕的生活空间形态（图1-16）。

　　（2）与自然共生的生态建筑

　　建筑师发现之前利用自然、改造自然取得骄人成绩的同时也付出了沉重的环境代价，于是保护环境与回顾生态环境成为建筑设计的主

流价值观和发展趋势，生态建筑与可持续发展建筑成为新的建筑研究主题。这类建筑将自身置于生态大系统中，提倡与自然共生，从其建造、运行到终结都和任何生态子系统一样是开放系统，就像有机物一样与外界进行物质循环与能量交换，能自我平衡，并对环境气候做出自主反应。从宏观理论思潮来看，我们称为可持续建筑；从建筑整个生产过程看，我们称之为绿色建筑；涉及具体建筑设计阶段时，我们称为生态建筑。

　　可持续建筑——以可持续发展观规划、建造的建筑，内容包括从建筑材料、建筑规模大小等，到与这些有关的功能性、经济性、社会文化和生态等。定义有四个原则：①资源的应用效率原则；②能源的使用效率原则；③污染的防治原则；④环境的和谐原则。

　　绿色建筑——指在建筑生命周期内，包括由建材生产到建筑物的规划、设计、施工、使用、管理以及拆除等系列过程，要求消耗最少的地球资源，使用最少的能源，做到节能、环保和舒适。

　　生态建筑——尽可能利用建筑物当地的环境特色以及相关的自然因素，比如地势、地貌、气候条件、阳光、空气、水流等，使之符合人类居住，并且降低任何不利于环境因素的作用。

　　其实，在整个现代建筑发展的过程中就有多位建筑师表达了尊重自然的、朴素的、注重生态的建筑观。生态建筑的杰出代表人物是诺曼·福斯特（N.Foster）。由他设计的柏林新国会大厦，其造型上最大的特点是具有采光、通

风、参观等多种功能的大玻璃穹顶及下垂的倒玻璃锥体（图1-17）。中央由360块镜面玻璃嵌拼四周的倒圆锥体，既能将透射的阳光均匀漫反射到内部空间，同时还能实现烟囱效应，将滞留高处的暖空气排出，而附设在锥体内部的轴流风机及热交换器则从排出的空气中回收热量。穹顶上方设有太阳能发电装置，夏季余热则储存于地下蓄水层中，供大厦循环使用，使整座建筑充满技术的智慧。

图1-17 诺曼·福斯特——柏林新国会大厦

（3）仿生建筑

这类建筑是在建筑形态上与自然共生，是对自然形态的仿生与象征。用生动拟人的建筑修辞手法，将建筑明喻或隐喻为相似的有机体。这种运用抽象象征手法的建筑大师在西方建筑实践中也不乏其人。

二战后，现代主义建筑大师勒·柯布西耶由于社会经济环境的改变，他的建筑风格一改以往的理性精神，转而强调感性因素，多采用混凝土表面的"粗野主义"的可塑性体。代表作有20世纪50年代设计建造的朗香教堂（La Chapelle de Ronchamp）（图1-18）。其弯曲的墙面顶着翻卷朝天的混凝土本色屋顶，隐喻着多种形态，例如轮船、帽子、手势等。

图1-18 勒·柯布西耶——朗香教堂

西班牙建筑师安东尼·高迪·科尔内特（Antoni Gaudíi Cornet）设计的巴塞罗那圣家族教堂（Sagrada Familia, Barcelona）让我们不仅体验到激情，同时也被他雕塑般的手法所感染（图1-19）。

图1-19 安东尼·高迪——圣家族教堂

第二节 环境建筑设计

一、现代建筑发展的必然——对环境的重视

通过以上对现代建筑设计思潮历史演变的简单介绍可以看出，随着时代的发展，建筑设计的发展趋势可以总结为四个战略层面（图1-20）。

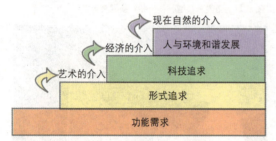

图1-20 现代建筑设计发展趋势

从最基本的对功能需求——艺术的介入产生对形式的追求——经济的介入对科技等附加值的追求——现在自然的介入对更高的人与环境和谐共处的新的价值观的追求。整个过程是从基于物质专业设计的单一思维发展到基于非物质系统设计的可持续发展思维。因此在这一宏观趋势指导和影响下，我们认为新世纪建筑设计的新趋势即强调对环境的关注，最终达到"人—建筑—环境"三者的共生。从具体的设计策略来看，在新形势下相关的设计因素被重视起来。

1. 自然化、生态化与科技化

新世纪保护自然、合理利用自然环境已经成为全世界的共识。一些有创见的建筑告知大众保护与恢复生态环境的必要性。在功能方面我们运用生态学的原理，充分利用太阳能，建造所使用的材料和设备也向无公害、健康性的绿色方向发展。同时，景观生态学的发展，为环境设计提供更科学的依据，以更优化的方式

和手段，在不破坏土壤、水文、植被等生物生存环境的前提下，创造出和谐的人类聚居环境。在建筑形态方面，生动拟人的建筑修辞手法将建筑明喻或隐喻为相似的机体，从而形成一种新的生态审美标准。在这一过程中，科学技术起着至关重要的作用，是一切社会变迁的原动力。一方面，新兴材料层出不穷，施工技术不断进步等为建筑的生态化提供了坚实的物质和技术基础；另一方面，信息时代的到来影响和改变着人们的设计观念。计算机辅助设计系统的运用，可以模拟建立高度复杂的建筑空间形式，智能化的程序设计极大提高了环境设计工作的质量和效率。

2. 历史化、地域化与多元化

随着人们环境意识的提高和环境设计学科的兴起，我们更关注人居环境的精神内涵和历史文化气质。这种历史性的回归化解了国际化带来的环境趋同现象，形成地域性，在立足地域文化的基础上，对外来文化兼收并蓄，呈现出多层次、多风格的发展趋势，这种多元化的趋势正是建筑设计在未来发展中所要追求的环境层次。这股趋势主要体现在三个方面：一是设计中对历史文化精神、思想的继承；二是历史文化设计元素在设计中的运用；三是在设计中对历史地域环境进行保护。

3. 人性化

人是环境的主体，环境与建筑设计的最终目的是为人类服务，为人类创造

舒适的生存与生活空间。因此，了解使用者的需求是设计过程中不可缺少的环节，于是出现了人性化设计。所谓的人性化设计就是以人的需求为中心，设计出满足人的生理、心理需要，物质和精神需要的设计作品，使人获得和谐、舒适与满足的感觉。因此让公众参与到设计过程中是一个新的设计趋势，有利于使设计构思贴近大众、贴近生活。以人为本的设计理念又拓展了环境建筑设计的新天地。

二、环境与环境设计

1. 环境的含义

"环境"二字，其含义十分广泛，不同的学科对环境含义的解释具有不同的出发点。就建筑学科的研究角度而言，通常环境是指人类赖以生存与发展的外部客观空间，是人类进行一切活动的基础条件，也是人类按自身的理想不断改造和创造的对象，一般包括自然环境、人工环境和社会环境三个范畴（图1-21）。

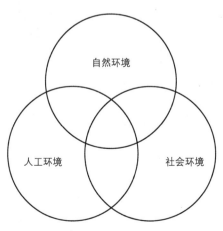

图1-21　环境的范畴

（1）自然环境

从广义上讲，自然环境的范畴包含我们能认识到的世界一切物质存在，大到整个宇宙，小到微观的基本粒子；从狭义上讲，自然环境是指自然界中原有的山川、河流、地形、地貌、植被等自然构成的系统。

（2）人工环境

郑曙阳老师在《室内设计程序》一书中提到"人工环境是人类为扩展自己生存的空间而征服自然的产物，从传统的农牧业到近现代的大工业，为人类单方面的需要，建筑其形形色色、风格迥异的房屋殿堂、堤坝桥梁，组成大大小小无数的城镇乡村、矿山工厂——所有这些依靠人的力量，在原生的自然环境中建成的物质实体，包括它们之间的虚空和排放物，构成了次生的人工环境"。也就是说，人工环境是指由人主观创造的实体环境，其主体是建筑。随着人类掌握的科技手段的不断增强，在不同的历史时期出现了不同的建筑风格，建筑形式改变着地表的形态并造就了现代物质文明。

（3）社会环境

社会环境指人类创造的非实体环境，与自然环境、人工环境不同，属于意识形态范畴。由社会结构、生活方式、价值观念和历史传统所构成的整个社会文化体系。例如地域的生活文化、社会习俗等。人们在生活的交往中组成不同的群体，从而形成各自的社会圈，构成特定的社会环境，这些社会环境受社会发展变化的影响，呈现出完全不同的形态，从而影响了人工环境的发展。

以上从自然环境、人工环境和社会环境来对环境的含义进行了阐述，三者的关系并不是截然分开的而是结合在一起的，共同作用与协调发展构成了人类的生存空间。一般来说，从设计的角度看，环境主要指人们从事生活、工作、娱乐、交往等活动所处的各种空间场所。以人工环境为主，但又受到其他两个环境的制约和影响。人工环境是人类对自然环境的改造，改造方式又受到人们所处的社会环境的引导。

2．环境设计

在前文中我们将"设计"的范畴归纳为三大类，产品设计、视觉传达设计和环境或空间设计，其中环境设计作为其中一个重要的分类，其范围包含甚广，包括一切范围的社会、自然环境设计，大到城市设计，小到室内设计，等等。这里的环境设计只是作为一个范畴将设计进行分类，对其学科定义并未有明确的规定。

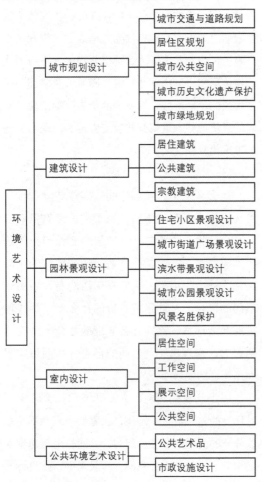

图1-22　环境艺术设计范畴

从学科角度看，环境设计（Environmental Design）是一门尚处在发展中的学科，关于它的定义、学科知识体系的构架和内容也尚未形成定论。就目前学科发展情况总结，我们通常将"环境设计"又称为"环境艺术（Environmental Art）"，强调艺术设计的内容。著名的环境艺术理论家多伯（Richard P.Dober）曾这样说："作为一种艺术，它比建筑艺术更巨大，比规划更广泛，比工程更富有感情。这是一种重实效的艺术，是早已被传统所瞩目的艺术。环境艺术的实践与人影响其周围环境功能的能力、赋予环境视觉次序的能力，以及提高人类居住环境质量和装饰水平的能力是紧密联系在一起的。"

由此可见，环境设计是人们为了获得更适宜人类的生存、生活空间，通过科学和艺术的设计手段对人类的聚居环境进行的创造性活动。尹定邦老师在《设计学概论》中提到："从狭义上讲，环境艺术设计是指以人工环境的主体建筑为背景，在其内外空间展开的设计，按其空间的性质可分为建筑景观和建筑室内两个部分，按其解决问题的性质、内容和尺度的不同，它又包含城市规划设计、建筑设计、园林景观设计、室内设计及公共环境艺术设计等几个板块的内容。"（图1-22）

三、环境建筑设计

1．环境与建筑的关系

环境与建筑之间有着密不可分的关系。一方面建筑本身就是广义环境中的一部分，属于人工环境，建筑处于环境当中，受到环境的影响。当人们想建造一座建筑时，首先得为其选址，也就是在环境中找到一个该建筑的位置，这样建筑就要受到地理、气候等自然环境条件的制约以及其他人工环境的影响。其次建筑的产生和发展与社会的生产方式、生活方式、思想意识、民族的风俗习惯等密切联系，在建造各类房屋的实践中，人类认识了各种材料和技术，经过数千年经验的积累，形成一种最高程度综合性的创造，既而建筑也深受社会环境影响。另一方面，建筑的产生也进一步创造、影响了环境。首先，建筑可以利用、改造并创建自然环境。如《园冶》中所论述的"巧于因借，精于体宜"。其次，建筑的使用价值决定了它的任务是服务于人，建立舒适有效的空间秩序和便于识别的特定场所直接体现了对生命的关注，创造出理想的、高品质的社会环境，从而进一步影响生活方式等社会环境因素（图1-23）。

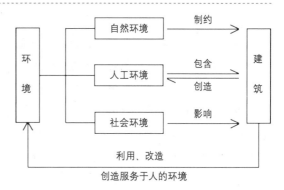

图1-23　环境与建筑的关系

图1-24　环境设计与建筑设计的关系

2.　环境设计与建筑设计的关系

环境设计与建筑设计之间也存在着不可分割的关系。从不同的角度主体出发，两者的关系也不尽相同，主要包含两种关系。一是从环境设计角度看，即宏观层面的环境设计来看，建筑设计作为主要的人工环境主体属于环境设计的范畴。二是从建筑设计的角度看，环境属于建筑设计中的一个重要因素。这里的环境主要指微观层面的环境，主要包括建筑周边环境及室内环境设计。因此，环境设计与建筑设计之间总是联系

在一起，相互交织，于是我们提出环境建筑设计的概念（图1-24）。

3.　环境建筑设计的定义

（1）环境建筑的定义

根据以上环境与建筑，环境设计与建筑设计之间的关系，我们提出环境建筑与建筑环境两个概念。

环境建筑是针对建筑创作的过程而言，以环境为"母体"，认为孕育建筑必须从"母体"环境中去立意、构思、求"个性"、出"特色"，否则就会造作出一些"低能"甚至是"怪胎"建筑。良好的环境建筑是孕出于特定环境母体的"先天优生"；从创作思维上看"环境建筑"创作是通过自觉的努力去适应客

观环境的要求。

建筑环境是针对创作成果而言，我们总是在习惯上把它看作是由建筑物所形成的环境，即建筑物、构筑物是形成环境的主体。对建筑师从事建筑创作而言，良好的建筑环境设计则是"后天调理"。从创作思维上看"建筑环境"创作是经过主观的努力去创造新的客观环境。

总的来说，两者都贯穿于创作的全过程，不容割裂，不能混同。求"优生"，善"调理"，才是建筑创作最终的追求。这里将课程定义为环境建筑设计，是指包括以上这两方面内容，突出其中"环境建筑"的创作部分，即以建筑为主体，以建筑创作的过程为重点，简单地说可以理解为"环境中的建筑创作"，重点分析环境的诸多因素对建筑创作的启发和影响，包括自然、人工和社会因素，并把握关键的特殊环境要素，提高建筑创作水平。

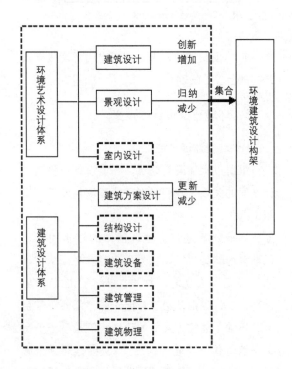

图1-25 环境建筑设计相关学科体系图

(2) 环境建筑设计的内容

综上，本课程的环境建筑设计是环境设计与建筑设计的交叉课程，是在环境艺术设计学科相关理论的指导下进行建筑设计，是基于环境设计专业的建筑设计课程。课程内容上侧重建筑的艺术设计，以建筑这一限定空间的构造物为研究对象，以"人—环境—建筑"之间的关系为研究重点，以促进人与环境的和谐发展，营造出优化的人居环境为最终目标（图1-25）。

①设计范畴的界定

建筑本身成为一个界面，形成了内外两个空间环境，一个是有遮蔽的室内空间，同时也带来了一个不同于原生态的外部环境。因此环境建筑设计中除了建筑本身设计外还可以分为两大类：一是与建筑物实体关联的、建筑实体以外的室外环境设计。另一类是建筑实体围合形成的内部空间。其中对于内部空间环境的详细设计又分化出一个学科——室内环境设计。室内设计原先是建筑设计中的一方面内容，后来随专业分工的细化，室内设计从建筑设计中分化出来，成为依托于建筑学的一门相对独立的学科。室内设计主要研究室内的艺术处理、空间利用、装饰手法和装修技术及家具等问题。因此这里的环境建筑设计主要指建筑设计、空间设计及外环境设计，不包括室内设计的部分。

②设计任务的明确

本课程环境建筑设计的主要任务是完成环境建筑的方案设计任务。在完成建筑方案设计任务的基础上更加注重环境艺术设计学科的特色在保证建筑工程设计基础之上着重完成建筑及环境的艺术设计。艺术设计主要是指通过艺术思想研究建筑及环境作为人类寄予生存理想的载体所展现的风格、气质和形态。而工程设计是通过技术手段解决建筑及环境作为人类赖以生存的栖息场所必须具备的承重、防潮、通风、避雨等功能。具体来看，主要包括建筑外环境景观、功能、造型、结构、材料等方面设计。

4. 环境建筑设计的对象

(1) 物质实体——建筑与环境

建筑是研究的主体，在环境艺术设计范畴内的建筑设计同样分为环境建筑物设计与环境构筑物设计两大类。本课程以环境建筑物设计为其主要内容，在建筑物的外环境中会涉及部分构筑物的设计。这里的构筑物主要是指室外环境中具有美感、为环境所需要、能够满足人们某种行为需要而设置的人为构筑物，也称为小品构筑物，在环境设计当中，环境构筑物虽然体量较建筑物小，但同样影响着环境的整体形象。它既有技术上的要求，又有造型艺术上的美感要求，在城市规划、建筑设计、环境氛围营造中，已经被看作为一项重要的环境设计因素。

(2) 非物质实体——人的行为

环境建筑设计最终的服务对象是人，环境与建筑共生的最终目的就是达到与人的和谐。所以，以人为本是环境建筑设计的根本目的。人是一个主观复杂的对象，唯一能客观反映人活动状态的方式就是人的行为，因此设计一个建筑空间前必定要充分分析环境中的人的行为，并且围绕人的行为方式来展开对环境的建构。

人的任何行为都是有原因而非偶然发生的，只有处在一定的环境中受到环境氛围的感染，行为才会发生。近几十年，心理学的发展已经证明：人的行为包括动机、感觉、知觉、认知、再做出反应等一系列心理活动和外显行为，并且这一行为过程始终与环境的相互作用有关。人与环境相互作用的基本过程如图（1-26），丹麦建筑理论家扬·盖尔（Jan Gehl）

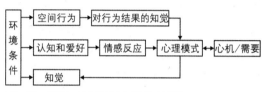

图1-26 环境与行为相互作用的基本过程

在《交往与空间》一书中认为，按照性质的不同，人在空间环境中的行为活动有三种：必要性活动、自发性活动和社会性活动，每种活动又与具体的环境有着多样复合的因果关系，其中必要性活动与外部环境关系不大，自发性活动则需要有适宜的外部条件，而适当地改善必要性活动和自发性活动的条件，就会对社会性活动有所促进（图1-27）。因此，行为的研究非常重要，虽然不是物质实体，却能够影响物质实体的组成。研究人的行为可以找到设计的本质和方法。

对于人的行为研究包含了对人心理需求的关注，人的行为的丰富多样性源于心理需求因素的不同。美国著名的人本主义心理学家亚伯拉罕·哈罗德·马斯洛（Abraham Harold Maslow,1908—1970），在1943年提出了需求层次论（图1-28）。认为人的需求是一个多层次的组织系统，由低级向高级逐级形成和实现

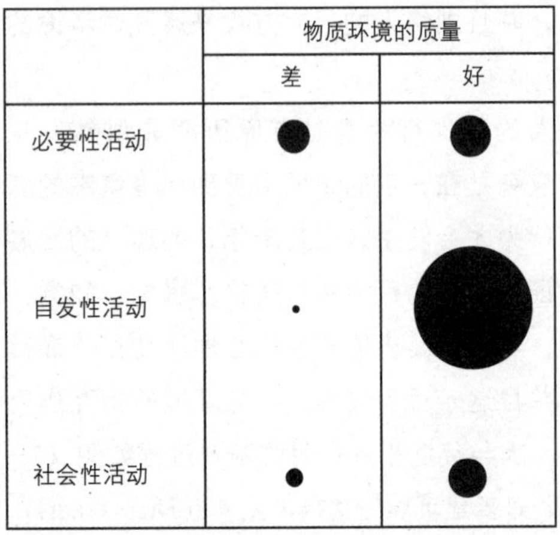

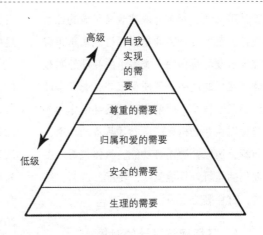

	物质环境的质量	
	差	好
必要性活动	●	●
自发性活动	·	⬤
社会性活动	●	●

图1-27 必要性活动、自发性活动和社会性活动与外部环境的关系

图1-28 马斯洛需求层次论

的：生理需要——安全需要——归属和爱的需要——尊重的需要——自我实现的需要。设计的实用功能和精神功能从不同层面上满足这五个方面的特征。人的需求、行为和环境空间设计方面发生着多样复合、相互影响的关系。

第三节　环境建筑设计的相关理论基础

一、人体工程学与环境建筑设计

1．人体工程学的概念

人体工程学（Human Engineering）也称为人类工程学、人机工程学或工效学（Ergonomics）。工效学的概念原意是讲工作和规律，Ergonomics一词来源于希腊文，其中Ergos是工作、劳动，Nomes是规律、成果。

人体工程学从不同的角度有不同的含义。一般而言，它是指研究人的工作能力及限度，使工作更有效地适应人的生理和心理特征的科学。国际工效学会（International Ergonomics Association，简称IEA）的会章中把工效学定义为："这门学科是研究人在工作环境中的解剖学、生理学等诸方面的因素，研究人—机器—环境系统中的交互作用的组成部分（效率、健康、安全、舒适等）在工作条件下，在家庭中，在休假的环境里，如何达到最优化的问题。"

2．人体工程学的内容

人机工程学研究的主要内容就是"人—机—环境"系统，简称人机系统（Man-Machine-System）。人、机、环境这三大要素可看成是人机系统中三个相对独立的子系统，分别属于行为科学、技术科学和环境科学的研究范畴。这一研究内容经历了一个由早期的"以物为中心"转到后来的"以人为中心"，再转到现在的"以人和物的和谐关系为中心"的过程。因此，人体工程学既要研究人、机、环境每个子系统的属性，又要研究三要素之间的整体结构及其属性关系（图1-29）。

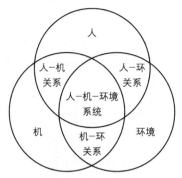

图1-29 人—机—环境系统关系图

其主要包括以下三个方面：

(1) 人——系统中的"人"指作业者、使用者。也就是与系统发生关系的人，对环境建筑来说就是指环境及建筑的使用者，建筑的服务对象。对人的系统研究建立在包含特殊人群在内的人的特性和需求的研究，是更广泛意义上的人文关怀，体现出一种更加人性化的设计关注。

(2) 机——系统中的"机"是指人操作和使用的一切产品或工程界面系统，比一般意义上的"机器"的概念要更广些，包括建筑。

(3) 境——系统中的"环境"是指人工作和生活的小环境，是与人机系统发生直接影响的环境因素，会对人产生直接或间接的影响，包括建筑环境。

3. 人体工程学在环境建筑设计中的应用

人体工程学的概念已经被我国引进多年，是环境设计、建筑设计重要的理论基础。环境建筑设计的研究对象是"人—环境—建筑"之间的关系，建筑本身属于"机的范畴"。建筑设计的最终目的是促进人与环境的和谐发展。因此，人体工程学对环境建筑设计来说，在目标、设计方法和原则方面都具有重要的指导意义。并且由于此学科的依据直接来自于人体的参照尺度，使其具有很强的可操作性。主要体现在以下三个方面：

(1) 确定人在环境中活动所需空间的主要依据

根据人体工程学中的相关数据，从人体尺度、动作范围、心理空间以及人际交往的空间等方面，可以确定人活动所需的空间范围。人的活动范围与行为所构成的特定尺度是界定其他设计尺度的标准。空间尺度需以人体为标准的绝对尺寸为基准，空间环境中人体尺寸的应用，包括静态尺寸与动态尺寸两个方面。静态尺寸是人体处于相对静止状态下所测得的尺寸，测量在坐、立、跪、卧四种姿势下所得到的基本尺度（图1-30）。动态尺度是人在进行各种动作时，各部位的尺寸值以及动作幅度所

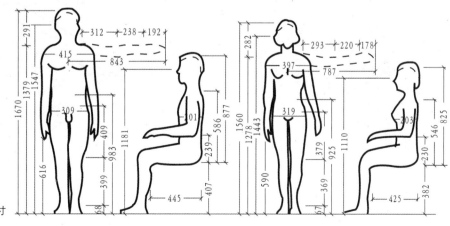

图1-30
人体静态尺寸

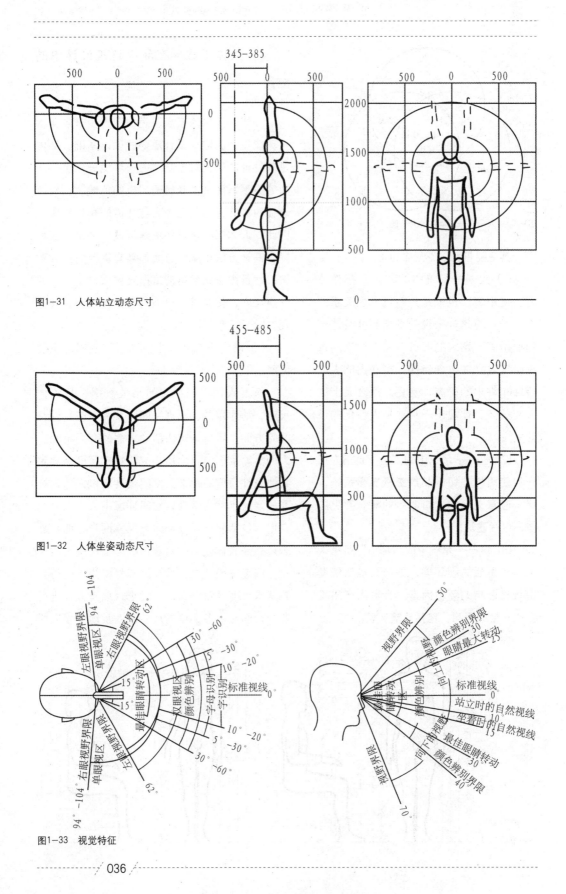

图1-31 人体站立动态尺寸

图1-32 人体坐姿动态尺寸

图1-33 视觉特征

在空间的尺度（图1-31，图1-32）。另外，空间尺度表现为实际尺度和心理尺度。实际尺度是空间设计中所形成的具体空间密度，是空间尺度的数学比例关系。心理尺度是人对空间实际尺度的心理感受。

(2) 通过对人的视觉分析确定视觉特征

视觉是人类最主要的感知能力，是人类获取信息的重要途径。在环境设计、建筑设计领域，视觉设计是一项十分重要的内容。通过视觉可以感知空间、环境、建筑的形状、大小、色彩、明暗等诸多方面的信息。人体工程学中总结了对视觉特征规律的多项科学分析以及测量数据（图1-33），这些研究成果对环境建筑设计中色彩、照明、视野有效范围、视觉最佳区域都提供了科学的依据。

(3) 确定设施的形态、尺度及使用范围

设施为人所用，因此它们的形态、尺度必须以人体尺度为主要依据。同时为了能方便地使用这些设施，其周围必须留有活动和使用的最小要求，这些要求都由人体工程学科学地予以解决。另外，设施的尺度也要与其所处的空间尺度相适宜。

二、环境行为心理学与环境建筑设计

1. 环境行为心理学的概念

环境行为心理学是从心理学研究中脱离出来而独立发展，从心理学和行为学的角度，研究环境系统与人的系统之间相互依存关系的学科。它主张利用科学手段，在复杂的环境系统中，从不同的水准、不同的方向，向更广阔的范围冲击，成为一门边缘性和综合性的学科，涉及心理学、社会学、人体工程学、生态学、规划学、建筑学以及环境艺术等诸多学科。环

境行为心理学研究人的行为心理与人所处的物质环境之间的相互关系，并应用这方面的知识改善物质环境，提高人类的生活质量，是环境行为心理学的基本任务。

环境行为心理学对于环境建筑设计来说是重要的理论基础，主要研究环境——行为两方面的因素。这里的环境，从概念上说包括自然环境与人工环境，其中重点讨论的是人工环境，再缩小其范围是与人类生活居住质量密切相关的就是建筑环境。由于环境行为心理学本身跨学科的特点，从建筑学的角度，有时直接将其称为"建筑心理学"。刘先觉在《现代建筑理论》一书中将建筑心理学作为环境心理学的一个分支，以建筑学的基本原理为基础，运用心理学的某些理论对建筑学中的一些具体问题作一般性的描述，并将心理学、社会学等有用知识用于解决建筑设计的实际问题，重点研究建筑环境中的人的心理现象及行为规律，这些行为规律与环境建筑的相互关系和相互作用，以及若干符合行为规律的设计方法。比如建筑是如何作用于人的行为、感觉、情绪，人是如何获得空间知觉、领域感，以及如何在环境设计与建造使用过程中反映出这些方式和关系。

2. 环境行为心理学的内容

环境行为心理学在环境建筑设计领域研究的内容、搜集的信息主要包括三个维度：

(1) 环境建筑这一场所本身：主要指建筑、环境、空间内的物质实体要素

以及这些要素的特性，如地理位置、类别、大小、外观、形状、色调等。场所总是为人所用，行为总是发生在一定的场所内，场所与使用者的行为密切相关，因此实体要素信息的搜集对设计人员来说具有重要的意义。

(2) 使用者群体：这一维度包括幼儿、儿童、青少年、妇女、老年人、残障人、不同社会经济地位的全体、人格 (Personality)、人格化 (Personification)、生活方式 (Life Style)、生活水平 (Life Level)、生命周期 (Life Circle) 等方面的研究信息，主要涉及不同使用群体对建筑环境的需求。其中，人格是指一个人的各种心理特点（如性格、气质、能力等）的总和，显示出个人对他人、对事物乃至对整个环境适应时的独特性。人格化的含义是对特定的建筑场所赋予个人特征，使之能反映个人独特的心理特点，并成为具有个人独特性的环境。通俗地说人格与人格化反映出"物如其人"的现象，即个人对与哪种建筑环境的偏爱。生活方式与生活水平通常用受教育程度、职业和收入三个标准来衡量，而生命周期用年龄来衡量。

(3) 环境——行为现象

环境——行为的各种现象是环境行为心理学研究的重要内容，下面就几个最主要的人在环境中的行为模式进行阐述。

个人空间：心理学家 R·索玛 (R.Sommer) 最早提出了"个人空间"的概念。他认为任何活的人体周围都存在一个既不可见又不可分的空间范围，即有一个"气泡"，由于"气泡"的存在，人们在相互交往和活动时，通常保持一定的距离，而且这种距离与人的行为反应、心理感受、心理需要等有着相当密切的关系。一般的，身体前方所需的范围大于后方，侧面的范围相对最小（图1-34）。美国人类学家爱德华·霍尔

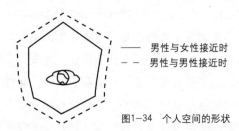

—— 男性与女性接近时
- - 男性与男性接近时

图1-34 个人空间的形状

(Edward Twitchell Hall Je) 根据人际关系的密切程度、行为特征，提出了人际距离的不同层次，即亲密距离、个体距离、社会距离和公共距离（表1-1）。由于受到不同民族、宗教信仰、性别、职业和文化程度等因素的影响，人际距离与行为特征也会有所差异。

名称	表现
亲密距离 （0—45 cm）	小于个人空间，这是一种表达温柔、舒适、亲密以及激愤等强烈感情的距离，能感觉到对方的呼吸、气味和辐射热。
个体距离 （0.45—1.20 m）	与个人空间基本一致。这是亲近朋友和家庭成员之间谈话的距离，仍可与对方接触。眼睛可以清楚地观察细微表情而不至于失真。
社会距离 （1.20—3.60 m）	在社会交往中，同事、朋友、熟人、邻居等之间日常不密切交谈的距离。此距离相互接触已不可能，由视觉提供的信息没有个人距离详细，彼此保持正常的声音水平。
公众距离 （>3.60 m）	演员或政治家等与公众正规接触所用的距离，此时无细微的感觉信息输入，无视觉细部可见。为表达意义差别，需要提高声音，甚至采用夸大的非言语行为(如动作)辅助言语表达。

表1-1 人际距离层次

私密性：心理学家阿尔托曼（I.Altman）对私密性做出以下定义："对接近自己或自己所在群体的选择性控制。"他认为私密性概念的关键是从动态和辩证的方式去理解环境与行为的关系。独处是人的需要，交往也是人的需要，人们可以通过多种方式表达这些需要。什么时间，在什么地方，独处还是交往，和什么人在一起，以什么方式交往，要取决于人格、年龄、角色、心境、场合等多种因素。当个人需要与他人接触的程度和实际所达到的接触程度相匹配时就达到了最优私密性水平，个人选择的范围越大，控制能力越强，感觉就越满意（图1-35）。

或群体为满足某种需要，拥有或占用一个场所或一个区域，并对其加以人格化和防卫的行为模式。该场所或区域就是拥有或占用它的个人或群体的领域。随着人的需求层次的不同，根据马斯洛需求层次论，领域的特征和范围也不同。如一个座位、一个房间、一个建筑，等等。领域的概念不同于个人空间，个人空间是一个随身体移动的气泡，而领域无论大小，都是一个静止的、可见的物质空间。领域性很大程度上体现了安全感。图中两个住宅，一个是具有很多领域特征的住宅，而另一个直接暴露于公共领域之中，前者更加安全（图1-36）。

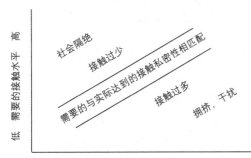

图1-35　私密性定义分析图

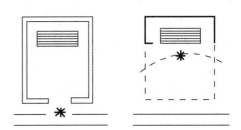

图1-36　不同程度的领域性住宅

私密性太强会导致孤独，例如现代高层住宅，独门独户，生活中缺少交流。而私密性不足则会有拥挤的感觉，破坏了正常的交往模式。例如现在的大学生活，很多学生选择不住宿舍，原因是宿舍缺乏私密性，太过拥挤。在设计中应根据具体情况采用适当的设计手法减少拥挤感。比如，一家餐厅通常会有大厅、靠墙、窗、隔断、包厢等多种座位组合，这就在有限的空间内划分出不同私密性等级的空间，满足不同人群的需要，通常有依靠的较私密的座位比较受欢迎。

领域性：阿尔托曼将领域性定义为个人

个人空间、私密性和领域性研究从不同角度了解和体察了使用者的正当需要，给设计工作带来有益的启示。除此之外对于人而言，还有好奇、从众的心理，下意识习惯性的行为也会对环境设计、建筑设计产生影响，通过对这些内容的研究，使设计能够引导这些行为的正确进行。

3．环境行为心理学在环境建筑设计中的应用意义

环境行为心理学是支撑环境建筑设

计不可缺少的理论基础，具有极强的应用性。

(1) 环境行为心理学将人在环境、建筑中的行为规律一般化，对环境设计具有一定的指导和启发作用。设计应符合人的行为模式和心理特征，不同类型的环境建筑设计应该针对不同的使用者在该环境中的行为活动特点和心理需求，进行合理的构思。这样就避免了设计师只凭经验和主观意志进行设计的问题，使设计建立在科学的基础上，体现"以人为本"的设计宗旨。

(2) 人与环境的互动关系。人们塑造着环境，环境也在塑造着人，这种互补式的关系使得设计负有更重要的责任，即在满足人们对建筑、空间、环境需求的前提下，充分重视人的行为、个性的基础上，通过有意识的向导甚至是一定程度上的制约，促进良好的行为模式产生。比如人们通常会由于喜欢抄近路的习惯而造成的破坏绿化的行为，通过一些巧妙的设计可以规避这种行为，引导正确的行为。

(3) 环境行为心理学提供了新的设计研究方法。如今对于环境行为心理学所进行的探讨任务是将大量的定性内容，通过各种现代化手段做到定量化分析。这种理想是把环境建筑的价值建立在科学的基础之上。采用了大量的数理统计等手段和一些具体的准则获取有关的信息资料，使设计工作走上计量化的道路。与以往设计人员习惯采用的观察和询问的方法相比，其结果更加客观、准确、可靠。例如认知地图的研究方法。通过对地图这一形象的信息进行收集、组织、贮存、回忆，并对其空间方位和

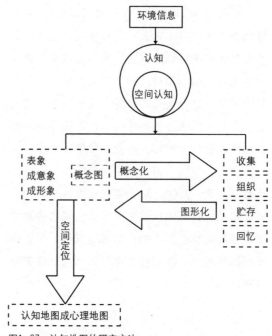

图1-37　认知地图的研究方法

特征属性加以编码形成的研究结果来反映对环境场所要素的认知（图1-37）。还有一些系统化的环境、建筑评价方法，通过这些方法对建筑进行系统分析对当前存在的设计问题的反馈和今后预见设计的内容都是极富价值的。

三、设计美学与环境建筑设计

1. 设计美学的概念与范畴

美学是研究有关审美活动规律的学科。设计美学，就是把美学原理应用到设计领域之中，是一门应用美学，探索设计的审美规律和美学问题。随着现代设计学科的完善而逐渐形成的一门边缘性、交叉性、综合性的学科。它是自然科学与社会科学、科技与艺术、物质文化与精神文化相互融合、相互渗透的产物。

对于设计美学的范畴，徐恒醇在《设计美学》一书中指出，"美是最古老、最核心的审美范畴"，"范畴是人们对事物认识的一种概括"，"我们正是从美这一核心范畴出发，将

设计领域中不同形态的美概括为相应的审美范畴，由此对这些审美形态的特性和相互联系取得一种规律性的了解"。于是根据设计活动所包含的因素，将设计美学的审美范畴归纳为形式美、技术美、功能美、艺术美、生态美五个方面。

(1) 形式美：事物自身形式因素所蕴含的审美价值。形式美是人们最容易感受到的，对象包括形状、质地、色彩以及构成某种空间秩序的相互关系和外在形象。形式美最基本的法则是和谐，经过长时期对美的形式的知觉抽象和概括形成了形式美法则，包括节奏与韵律，比例与尺度，对称与均衡，对比与协调，变化与统一。

(2) 技术美：人的劳动物化在产品中对自然规律的揭示所形成的审美价值。人类审美意识的发展始终受到科学技术的影响和制约，这在建筑艺术上的体现更为明显，建筑设计向来都是其时代最新近技术的真实体现，正是以这些先进技术为依托，才创造出许多蔚为壮观的建筑环境。因此对于人工环境的审美不得不考虑科技的因素。技术美强调科技进步与社会发展和自然环境的和谐统一。

(3) 功能美：使用产品所具有的目的性特征的形式表现。20世纪初设计界倡导的"形式依随功能"等类似口号可以看作是对功能美的一种追求，但由于其狭隘性限制了对功能美的开拓。随着设计的发展，深化对功能美的认识，为各国美学家所重视。功能美首先体现它的实用目的性，既要服从本身的功能结构，又要与其应用环境相符合。此外这种美还必须与科技发展、现代物质生活和精神生活的要求相适应。

(4) 艺术美：以表现人的社会生活和精神世界的艺术作品的美。赫伯特·里德

(HerbertRead) 在《艺术与工业——工业设计原理》（1935）一书中从艺术构成的分析中归纳出两类艺术：一类是人文主义艺术，它具有再现性和具象性特点；另一类是抽象艺术，它具有非具象性和直觉性特点，体现形式美规律。对于设计艺术美来说属于后者，即艺术抽象，是艺术的再创造，它的目标是取得使用与审美相统一的艺术效果。在环境设计、建筑设计方面体现更突出。如城市形体特征的把握，天际线、空间节奏的处理到城市构筑物如雕塑等景观形体的塑造都离不开艺术抽象。

(5) 生态美：与满足人的生态需要相关联的审美价值。生态审美是把生态环境作为审美对象而产生的审美观，它把审视的焦点集中在人与自然关系所产生的生态效应上。生态美不同于自然美，自然美是自然本身的美，而生态美是人参与生态系统感受的美。生态美的范围十分广泛，体现在环境、建筑方面表现在环境的洁净感、宜人性、舒适感，等等。

2. 设计美学对环境建筑设计的应用意义

(1) 从宏观层面看

设计美学研究的核心问题是人与产品。传统美学非常重视审美活动中人的主体地位，而现代设计不能把这种主体性绝对化，设计美学所追求的是"人—物—环境"的和谐。这与环境建筑设计的宗旨是一致的，因此，设计美学对于环境建筑设计的审美具有重要的理论指导作用。

(2) 从历史角度来看

设计美学有助于设计师从美学的视角加深对于设计历史和设计原理的理解，为设计经验的积累提供历史借鉴。前文中对建筑设计历史流派的回顾不难发现，设计流派的转变和美学观念的转变是一致的，从根本上说，是由于审美标准的变化要求新的建筑思潮的产生。

(3) 从微观层面来看

设计美学审美范畴内各个方面都具有自己的审美标准和审美规律，这些规律一方面对于环境建筑设计具有重要的实践应用价值。例如建筑造型、立面设计通常按照形式美原则来设计。另一方面这些审美标准也可以作为评价一个环境建筑设计好坏的标准。

第四节　课程介绍

一、课程目的

环境建筑设计是针对环境艺术设计专业开设的建筑设计课程，通常在环境艺术设计专业本科阶段的二年级开设此类建筑课程。经过一年级建筑初步课程的学习，掌握了建筑表达的基本手段，了解人体具体尺度。通过此课程，使学生开始真正意义上的建筑设计与表达，为今后处理不同类型和要求的建筑设计课题提供实践经验。为了让学生在建筑设计之初避免面临过多的设计难题，通常选取功能并不复杂的中小型建筑为具体设计题目，让学生通过课程学习达到以下的学习目标：

(1) 掌握正确的建筑设计思维、设计方法和设计过程，包括设计构思、方案形成、深入推敲和表达。

(2) 了解环境、空间、功能关系、造型、结构技术等重要因素在建筑设计中的作用并能综合考虑。

(3) 掌握建筑设计与外部环境的分析方法。

(4) 熟练应用建筑中常用尺寸及概念，如开间、进深、层高、门窗、楼梯、坡道、卫生洁具等。

(5) 培养良好的建筑设计表达与表现能力，进一步运用制图与表现等建筑表达的手段，重点培养徒手草图、手绘方案表现能力。

(6) 提高建筑素质，初步具备对建筑美丑或好坏的评判能力。

二、课程内容的创新

环境艺术设计专业的建筑设计课程应与建筑学专业的建筑设计课程有明显的差别并具备自身的特色。在多年的教学中，不断累积经验的同时也尝试加入新的具有针对性和实验性的内容和方法，一方面使课程内容与时俱进，另一方面强调环境艺术设计专业的特点，从而最终能更好地调动学生的创作激情。

1. 理论知识的深入浅出

考虑到建筑学中许多理论知识过深，对于环境艺术设计专业大部分学生在现有的文化、专业基础上难以理解。因此，本课程中的理论知识在内容上进行进一步的严格筛选，保留与环境艺术设计专业相匹配的建筑设计的基本知识，而对于那些深奥的系统理论，例如大量复杂的建筑力学、工程计算问题将不再是本课程的内容。同时增加环境艺术设计相关理论内容，同时力求使这些建筑的基本问题深入浅出并准确地表述清楚。此外，在介绍建筑设计方法时尽量以贴近学生生活的较为熟悉的中小型建筑为例，以避免出现建筑设计的初学者面对复杂的建筑结构和大型建筑设计时束手无策的情况。

2. 突出"环境"的重要性

在当代建筑设计发展的趋势影响下，本课程区别于以往小型建筑课程的关键在于对环境的重视。除了讲解建筑设计的基本问题、基本方法外，着重阐述建筑设计与外部环境的关系分析和处理方法，建筑设计对于各种环境因素的利用，并以此作为切入点进行方案的构思，阐述了建筑周边外部环境的设计考虑，即场地设计内容。从一开始就使初学者意识到建筑并不是孤立存在的，强调环境建筑的整体性概念和设计上的全面考量。因此，在设计和选择任务书的基地时，对基地环境因素的考虑显得尤为重要。一般分为两种情况，直接给学生假设的基地图纸，里面较全面设置了环境的限定要素，目的是为了让学生充分理解和运用这些环境因素。另一种情况是给学生真实的场地环境进行设计，目的是让学生更加主动、积极地去实地考察研究，将课堂所学运用到真实的环境中去，更具挑战性。

3. 强调艺术设计与表现

环境建筑设计涉及环境及建筑空间的形态与布局、设施与构造、材质与色彩、功能与审美等工程技术与艺术设计的整体规划和实施设计，是一项综合性很强的系统工程。设计表现是将这些方面的创意构思如同人类语言一般表达出来，是设计师与他人交流的主要渠道，

这就好比作家需要用文字与读者交流，我们也称之为视觉语言，是设计师运用图形、符号等视觉要素来表达思维，包括思考方式、思考过程和思考结果。因此，环境建筑设计表现是设计的一个重要环节，不可忽视，是对设计方案的表现，表现是否充分，是否具有美感，不仅关系到方案设计的形象效果，而且会影响到设计方案的社会认可，设计表现已成为一名设计师所必须具备的一项重要技能。

基于环境艺术设计专业相对于建筑设计专业的特点和优势，课程在设置内容上也更强调于环境建筑的艺术设计与表现。一方面，在创作建筑形态或环境意境上予以特别的启发，成为构思的源泉，以此发挥学生的艺术创作优势。另一方面本书作为本科教学的教材，除了着重介绍环境建筑设计方法的同时，艺术表现是其重要内容。这里的表现主要指徒手表现，包括手绘图纸、制作三维模型等。这些艺术表现形式贯穿整个设计过程，既有利于设计构思，又更好地表达了设计效果。

随着科学技术的发展，从表现方式上看，除了手绘，计算机逐渐成为主要的表现工具。计算机使设计成果得到重复利用，极大地减轻了设计师日常重复的绘图劳动，同时对设计标准化和产业化起到一定的推动作用，不仅能精确地表达点、线、面、体，随着影像处理、渲染、动画技术的发展，完美的阴影，无瑕的线条，造就了新的视觉体验。因此手绘表现受到巨大威胁。但另一方面可以肯定的是手绘表现是无法取代的，正是由于计算机表现过分的精准性会扼杀方案构思设计阶段设

计思维的随机性和创造性，进而影响设计灵感。因此手绘表现或者是手绘与计算机相结合的表现在环境建筑设计中仍具有重要地位，尤其是在设计构思阶段。此外对于刚刚开始设计起步的学生来说，过早地接触计算机绘图会破坏良好的设计习惯的养成，同时扼杀了活跃的创作思维和创作激情，手绘表现不仅是一门重要的基本技能，更是建筑设计一个有效辅助工具。

4. 课程设计内容的实验性

本课程最终以课程设计项目作为检验学习成果的形式和指标，使理论与实践结合。在课程设计题目的选择上考虑到实验性与可操作性，选择小型环境建筑为题目，例如居住类建筑中的别墅设计，小型公共建筑如咖啡厅、茶室等。选择这样题目的原因有：

(1) 符合课程的主题——"环境建筑"。无论是别墅还是咖啡厅对周边的环境要求特别高，与环境结合紧密的建筑类型，都是"环境建筑"的典型代表，使其与环境产生积极合理的关系正反映了课程的重点内容。

(2) 别墅和咖啡厅分别是居住类建筑和公共类建筑的代表，虽然建筑面积不大，可是五脏俱全，需要仔细考虑功能与空间的分布与组织，同时在建筑造型上需要有新颖的创造，对于学生来说更有发挥创作的余地。

(3) 对于环境艺术设计专业初学建筑设计的学生而言，日常居住经验和对生活方式的想象会让学生对别墅、咖啡厅这类题目感到亲切、熟悉，其规模和难度正适合用来作为建筑学习入门的第一

个设计。同时在具体课题安排上，又具有延续性和完整性，由住宅到公建两大类型，一个是虚拟项目，一个是真实项目，体现了由易到难的过渡与深入。

三、课程组织

没有任何一所设计院校的学生，仅仅接受了有限的学校教育就能够完全应对品类复杂的环境建筑设计，即便是那些有着丰富设计实践经验的知名建筑师，也不可能独立完成所有类型的建筑设计。因此，环境建筑设计的教学，主要目标在于培养学生了解和掌握环境建筑设计的基本方法，以便其在今后的设计实践中不断学习和提高。

"方法"是完成某项工作或做某件事所遵循的步骤、程序和途径以及所采用的手段。从本质上说，方法也就是工具。"工欲善其事，必先利其器"，做任何事情都要讲究方法。方法关乎事情的成功和失败。方法得当，事半功倍，反之则事与愿违。方法不是孤立存在的，首先方法与任务联系在一起。不同的任务、不同的目的要求不同的方法。其次，方法与理论联系在一起。方法不但与所要完成的各种具体对象的理论有关，而且同与之直接或间接关联的各种理论知识和思想观念有关。在某种意义上说，方法就是人们已有理论、思想的一种特殊的具体化。第三，方法与实践联系在一起。方法可以被看成在一定理论指导下的一种特殊的实践活动，而且是极富创造性的活动。

对于环境建筑设计来说，我们按照设计方法的内容来组织课程，通过理论讲解和设计实践相互穿插、结合的形式，大致分为以下几个阶段（表1-2）：

课程阶段		课程内容	课程形式
理论准备阶段		1．概述 2．外部环境设计 3．建筑设计的基本问题	以讲课为主，了解环境设计要素和建筑设计要素以及基本程序
课程设计阶段	设计前期阶段	1．阅读任务书 2．分析调研设计信息 3．设计前期阶段的表现形式和方法	1．讲课 2．分组调研辅导 3．学生在课外进行设计资料收集、设计地段调研和分析，详细确定个人设计任务书
	方案构思、形与草图表现	1．方案构思的方法 2．方案构思的过程 3．设计构思阶段的表现形式和方法	1．讲课 2．通过多次辅导学生方案构思的修改指导形成初步方案
	方案深入、完善与成果表达	1．方案的平面深入 2．立面深入 3．剖面深入 4．总平面深入 5．方案深入、完善阶段的表现形式与方法	1．讲课 2．辅导学生进行方案的推敲修改，形成最终方案 3．指导学生完成最后方案的表现
	方案的评价阶段	通过作品的展示、比较以及老师的评语进行最终评价	

表1—2

第二章　外部环境与建筑设计

任何建筑都必然要处在一定的环境之中，并和环境保持着某种联系，只有当它和环境融为一体，才能充分显示出它的价值和表现力。如果脱离环境而孤立地存在，即使本身尽善尽美，也不可避免地会因为失去了烘托而大为减色。因此，在拟订建筑计划时，首先面临的问题就是环境的选择和利用，力求使建筑能够与环境取得有机的联系。在我国，早在《园冶》一书中就开始强调"相地"的重要性，并用相当大的篇幅来分析各类地形环境的特点。园林建筑是这样，其他类型的建筑也不例外，十分注重选择有利的自然地形及环境。国外情况也一样，提出"景观建筑"（Landscape Architecture）这一概念，物色优美的自然环境是其重要的关注点。由此可见，从古至今，从内到外在建筑设计过程中，环境的好坏对建筑的影响甚大，并且影响因素是极其复杂和多方面的，要使建筑与环境有机地融合在一起，必须从各个方面来考虑它们之间的相互影响和联系。本课程提出的环境建筑设计正是希望从设计的启蒙阶段强调环境对于建筑设计的重要性，培养初学者从环境中创作建筑的思维习惯，分析众多环境因素对建筑设计的影响，而不仅仅将环境作为建筑成果。此外，这样的课程安排也突显了环境艺术设计专业内建筑设计课程的学科特色。从环境艺术设计的角度对不同层面的环境及其环境要素进行研究分析，形成一个初步的在建筑设计时可以参考的环境构思框架，有助于清晰、系统地对建筑设计问题进行思考。

对于如何在建筑设计中利用环境，各个建筑师的看法很不相同。总结下来主要有两个方向的观点。一种观点是建筑应当模仿自然界有机体的形式，从而和自然环境保持和谐一致的关系，这种应当说是处理建筑和自然环境关系的一种代表性主张。代表人物有现代建筑大师赖特，他极力主张"建筑应该是自然的，要成为自然的一部分"。从"草原式"住宅开始逐渐形成"有机建筑"论，流露出他对世俗的厌烦而企图寻求世外桃源，并把对大自然的向往当作是一种精神寄托。另一种观点是认为建筑是人工产品，不应当模仿有机体，而应与自然构成一种对比的关系。代表人物有后起建筑师马瑟·布劳亚，他在谈到"风景中的建筑"时说："建筑是人造的东西，晶体般的构造物，它没有必要模仿自然，应当和自然形成对比。一幢建筑物具有直线的、几何形式的线条，即使其中也有自然曲线，它也应该明确地表现出它是人工建造的，而不是自然生长的。我找不出任何一点理由说明建筑应当模拟自然，模拟有机体或者自发生长出来的形式。"这两种观点尽管所强调的侧重有所不同，但都不否定建筑应当与环境共存，并互相联系，这实际上就是建筑与环境相统一。所不同的是一个通过调和而达到统一，另一个则是通过对比达到统一。在这个问题上，我国古典园林也有其独到之处，它一方面强调利用自然环境，但同时又不惜以人工的方法来"造景"——按照人的意图创造自然环境；它既强调效法自然，但又不是简单地模仿自然，而是艺术地再现自然。另外，在建筑物的配置上也是尽量顺应自然，融为一体，达到"虽由人作，宛自天开"的效果。总的来说，以上无论是哪种观点，哪些营造手法，最终目的都是使建筑与环境相统一。

第一节　建筑外部环境的范畴

建筑的外部环境一方面根据其内涵分为自然环境、人工环境和人文环境三大类。另一方面根据其影响的规模和范围以城市为单位分为从大到小的三个层面：①宏观大层面——城市层面；②中观中层面——地段层面；③微观小层面——场地层面。无论是宏观、中观还是微观环境，每个层面都包含自然、人工和人文三方面的环境要素，这些环境要素都体现了每一层面的环境特征（表2-1）。

一、宏观大层面——城市层面

1. 内涵

城市层面主要是指体现城市整体性特征的环境层面。任何一座城市经过历史的积累都逐步形成各自特有的城市环境。从宏观上来看，建筑设计要与城市整体的环境相联系，强化城市的环境特征，使建筑清晰地融入城市环境之中。城市层面的环境特征有：意义性特征，指城市空间具有较强的可识别性、归属性、安全性等；整体性特征，指经过城市历史的积累逐步体现出的一定的整体秩序性；生长性特征，指随着经济的发展及人们生活方式、生活结构的变化，导致城市的环境结构处于不断的新陈代谢之中的性质；多样性特征，指社会生活对建筑及外部环境需求的多样性。

2. 环境要素

(1) 自然要素

城市层面环境的自然要素是指城市中自然形成的地理条件，如地形地貌、水体绿地等，还包括气候等城市生态因素，如日照、风向、降雨量、气温等。

①地形地貌

城市层面环境中的地形地貌指的是城市的地表特征，为城市提供各具特色的城市自然景观特征。例如平原地形以线或面的形式展现等。

②自然水体

城市层面的自然水体气势恢宏，是形成城市自然形态的重要因素，包括江河湖泊等一切形式的水体。水体岸线是城市中最富有魅力和生机的场所，也是一种联系空间的介质。

表2-1　建筑外部环境的范畴

	宏观（城市层面）	中观（地段层面）	微观（场地层面）
自然环境要素	①城市地理 ②城市气候	①地段自然景观 ②地段特殊气候	①场地自然景观 ②场地小气候
人工环境要素	①城市景观 ②城市空间结构 ③城市功能	①地段环境框架 ②地段环境空间 ③地段环境形体	场地及周边用地条件
人文环境要素	①历史文化形态 ②社会形态 ③城市发展政策	场所与场所精神	场地中的场所精神

③绿地

城市中的绿地包括乔木、灌木、花卉、草地及地被植物。城市绿地具有空间性、时间性和地域性三方面特征。绿化的不同高度具有不同的空间感；绿化的生长具有时间性，除了随着时间的变化而出现的形态上的变化，还有给人们带来不同的回忆；此外由于绿化受气候因素影响较强，因此具有很强的地域性，能反映一个城市的个性和特色。

④气候条件

城市的形体空间与城市所处的地域气候条件有着直接或必然的联系，从而使不同城市具有不同的气候条件。气候的炎热与寒冷，温、湿度的变化及不同动植物群落，必定在城市形态中有所反映。

城市的自然要素不仅为城市提供必需的用地条件，也影响城市的发展和建筑的布局，还赋予城市环境以生命的气息，决定城市整体景观的潜在构造，给予城市独特的个性。

(2) 人工要素

城市层面环境的人工要素是指城市中人工建设的城市景观体系、城市空间结构和城市功能等。

①城市景观

城市景观是指在城市范围内各种视觉事物和视觉事件构成的视觉总体。因此，城市景观是城市视觉形式的表达，从城市景观中人们可以获得城市环境意象。凯文·林奇 (Kevin Lynch) 曾说过："城市景观是一些可被看、被记忆、被喜欢的东西。"林奇将意象概念运用于城市空间形态的分析和设计中，

提出了城市空间环境的两个要求，可识别性 (Legibility) 和意象性 (Imaginability)，前者是后者的保证，但并非所有可识别性环境都可导致意象性，只有经过理性的辨认引起的视觉反应才叫意象。林奇概括出形成城市意象的5个要素，分别是：通道 (Path)，即人们经常移动的路线；边 (Edge)，常见于两个面的分界线；区 (District)，是一种二维的面状空间要素，人对其有一种进入"内部"的体验；节点 (Node)，是城市中重要的空间点，如城市结构的转折点，设计时应注意其主题、特征和形成的空间力场；标志 (Landmark)，即城市中的点状要素，通常是明确而肯定的具体对象。这五个要素共同构成了城市景观的整体结构(图2-1)。

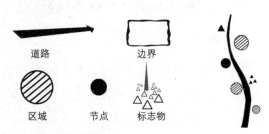

图2-1 城市意象五要素

②城市空间结构

城市空间结构是指城市各人工要素的空间区位分布特征及其组合规律，这是在复杂的政治、经济、社会、文化活动在长期的历史发展中形成的。通常有三种形式，一是中心型结构，这种城市结构通常围绕一个中心空间组织建筑群，表达了城市居民精神上的共同追求，深刻反映出一种社会向心概念，体现社会的理性和秩序，这样的城市具有较强的整体性、象征性，例如法国巴黎、莫斯科 (图2-2,图2-3)。二是网格型结构，这种城市具有层次十分清晰的网格秩序。这种秩序通常表达机会平等的理想，例如美国纽约曼哈顿 (图2-4)。三

是线形结构，这种城市的布局通过沿街道、河道布置建筑物，自然生长，或通过某个建筑群的轴线关系纵向延伸，最终串联成若干主要节点场所，是以功能合理的地域条件和经济条件为准则的众多个体形象逐渐积累的结果。例如西班牙带形城市（图2-5）、巴黎德方斯副中心（图2-6），根据大巴黎的长远规划，为打破巴黎城的聚焦式结构，城市向塞纳河下游即城市西北方向发展，形成带形城市。

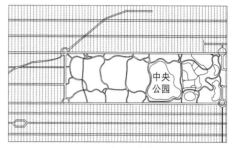

图2-4　美国纽约曼哈顿网格型城市结构

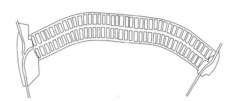

图2-5　西班牙带形城市结构

图2-2　法国巴黎中心型城市结构

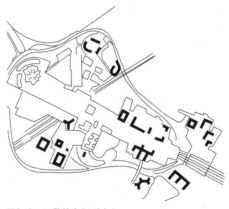

图2-6　巴黎德方斯副中心

③城市功能

城市的功能也是城市的人工要素，对城市的正常运行起着至关重要的作用，城市功能与城市空间结构和形态密切相关。随着生产力的发展和生产关系的转变，城市功能也随之发生变化，城市功能从工业时代的生产型城市发展到现在集商业、工业、交通、金融、管理等专门化多功能，产生了现代城市中不同用地的功能分区。当今社会还在发生

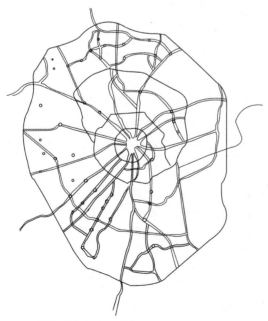

图2-3　莫斯科中心型城市结构

迅速转变，城市功能仍会随之变化。

(3) 人文要素

城市层面环境的人文要素是指城市中长期形成的历史文化形态、社会形态、城市发展政策等，这些人文要素展现了城市的地域性特征。

①历史文化形态

城市是人类文明的缩影，具有悠久的历史文化和丰富的古迹与遗产，是人类赖以生存的精神依托。城市作为一种物质载体，真实地记录了人类进步的历程，具有历史延续性，在每一特定地区，种族群体的文化传统及其演进对城市空间的组织与发展产生影响，形成了城市空间的地域文化风格。

②社会形态

城市社会形态是由血缘、地缘、宗教缘等经过长期的历史积累积淀而成的，潜藏在城市物质形态背后的人与物、人与人的各种关系和社会网络。它包含生活于整个网络中的各个社会组织、伦理道德、风俗习惯等。由于历史的积淀，城市社会形态在相当长的历史时期具有相当的稳定性和较强的凝聚力，能使人强烈地感受到它的无形组织，以及它对人类精神依托不可估量的作用。

③城市发展政策

对建筑设计具有制约作用的城市各项政策及法规要素主要是指城市规划方面的，包括城市总体规划、详细规划。建筑目的、性质要符合城市总体规划下的结构布局原则；控制性详细规划对建筑项目要求更为具体，建筑设计必须切实反映详细规划之中的土地使用和建筑布局等各项细则。此外还包含一些政治环境及城市的法规要素，因为绝大多数城市建设活动都曾受到政治因素、宗教信仰、统治方式等的影响。

二、中观层面——地段层面

1. 内涵

地段层面主要是指体现地段整体性特征的环境层面，是指城市中特定环境建筑建设项目周边具有相对整体性的建筑外部环境。地段层面环境是建筑布局的基本依据，建筑布局对地段层面的外部环境又具有反作用，这一互动过程使建筑环境具体化。地段层面环境是城市规划与建筑设计、城市空间与建筑空间的连接点，每一个地段都是城市总体结构的一部分，可以反映城市的整体性特征，同一地段环境具有某些共同的连续性特征，在很大程度上强化了地段环境特征。

2. 环境要素

(1) 自然要素

地段层面环境中的自然要素指特定地段范围内的自然景观和气候条件。这里的自然景观主要指自然形态因素，如地形地貌、绿化水域等，相对于城市自然环境因素来说范围较小，为地段所特有；气候条件主要指由于受气候因素如日照、风向、降雨量等影响所形成的地段特殊气候条件。在考虑地段环境的自然要素时，建筑设计首先要寻找地段环境中自然因素的特性，使自然与建筑共生。

(2) 人工要素

地段层面环境中的人工要素主要包括地段环境的框架、空间和形体等方面。

①地段环境框架

地段环境框架指地段所有人工要素及其规律的表现形式，是在特定的建筑环境条件下，人类各种活动和自然因素相互作用的综合反映，包括城市肌理、道路布局及建筑轮廓，等等。地段环境整体框架的构成关系与组合特征是多种多样的，建筑构成与环境框架之间是相互作用的，设计过程是由"建筑"向"环境"和由"环境"向"建筑"不断调整的双向过程。

②地段环境空间

外部空间是由建筑实体围合、限定而成的虚空部分，也即实体之间的空隙部分，它随着建筑实体的产生而从原空间中分离出来，成为有特性的、有别于原空间的建筑外部空间。它和建筑内部空间不同，是由基地表面与建筑实体共同界定、围护而成的。建筑设计与地段环境的外部空间相关联、与地段的整体空间环境相融合，形成有机整体。

③地段环境形体

整个地段环境中最主要的人工形体要素就是原有建筑形体。形体与空间具有"底"和"图"的关系，二者相互依存，是建筑环境的存在方式。在时空的延续中，建筑形体呈现动态发展的过程，又显现出相对的稳定性，在一个具有良好结构的环境中，形体的展示是明晰的、有序的，它们形成人们认知环境的同时，又影响人们的行为活动，建筑形体是环境的一个重要层面，是环境特色的物质基础。

(3) 人文要素

地段层面环境中的人文要素主要包括地段环境中的历史文化因素和人性化空间，如人的行为方式、社会组织结构。这些人文要素是受城市环境层面人文因素的影响，并结合地段所特有的人文特征形成的。

地段环境由于其范围的特定性，其中的历史文化、社会结构等人文因素显得更加突出和明显，这些因素使地段环境成为有意义的整体，被称为"场所"。这样的场所空间里存在某种内在的力量，克里斯蒂安·诺伯格·舒尔茨（Christian Norberg-Schultz）将这种内在力量称之为"场所精神"，这种场所精神使生活在其中的使用者在行为上积极互动、相互依存，并在精神心态上形成"一体化"的感觉。场所精神是无形的，但却是丰富的，会随着历史文化、社会结构的发展而变化，有积极的也有消极的，积极的变化能使场所精神以新的方式体现出来，表现出时代、地域特征，而消极的变化则会破坏场所结构，导致场所精神的丧失，因此我们要创造出具有时代地域特征的场所空间，必须根据以历史文化、社会结构为根据，创造出符合此地段内人的生活方式的变化及人们行为活动的特征环境空间，满足在此场所中使用者对开放性、多样性、领域性和休闲性的需要。

三、微观层面——场地层面

1. 内涵

场地层面主要指体现场地整体性特征的环境层面。主要是场地内建筑实体、道路、绿化等要素及其相互作用所组成的整体。场地层面环境的特征是：任何一块场地都是其所处地段中的一个片段，是建筑环境的具体表现。它属于城市环境、地段环境的范畴，并与它们密切相关。场地环境与建筑设计有着直接、密切的关系，建筑设计的目的就是使场地中的各要素共同形成一个有机整体，因此是环境建筑物设计研究的重点环境范畴。

2. 环境要素

(1) 自然要素

场地层面环境中的自然要素主要指建设项目所处场地的地形地貌、水文绿化、气候条件等，对建筑的布局形成直接的制约。

①地形地貌

这里的地形是指场地的形态基础，场地的坡度、地势情况是地形的基本特征。地形对于建筑设计制约作用的强弱与它自身变化的程度有关，变化越大影响越强。地貌是指场地的表面情况。它是由场地的表面构成元素、各元素的形态及所占比例决定的。一般包括土壤、岩石、植被、水面等方面情况。

②水文条件

场地内的水文条件是指场地内及周边江河湖泊等水体以及场地内地下水的存在形式。水文条件不仅关系着场地中建筑物位置的选择，也关系到地下工程设施、管线的布置方式以及排水的组织方式。

③绿化

绿化是建筑场地环境的重要组成部分。绿化除了具有调节气候、净化空气、保持水土、美化环境等基本生态功能外，在场地环境内又具有组织空间、丰富环境色彩等作用。

④气候条件

气候与小气候是场地条件的重要组成部分。气候条件是促成建筑设计地方特色形成的重要因素，在一定程度上属于城市环境、地段环境的范畴。一个城市通常具有相似的大气候。然而，由于受到场地及其周围环境一些具体设计条件（如地形、植被情况、周围的建筑物构成情况等）的影响，场地内的具体条件会在地区整个气候条件的基础上有所变化，形成特定的小气候，这种小气候会因为具体影响因素不同而不同。建筑设计要从节约能源、保护生态环境出发，与场地气候条件相适应，创造更加良好的小气候环境。

(2) 人工要素

场地层面环境中的人工要素主要指建设项目场地的各项用地条件，包括场地的基本情况和设施情况。场地的基本情况例如场地的形状、面积大小等。场地设施是指场地内部及其周围所有非自然形成的基地条件。

场地中除了自然条件外，常会有一些原来建设的人工要素如现状交通情况、市政设施状况、广场等场地景观特征、建筑物、构筑物等，对建筑设计有不可避免的影响。此外，场地周围的环境也是场地的重要背景，是影响场地布局的重要因素。如场地在地段环境中所处的位置、场地周围土地使用情况、道路分布形态、重要建筑物与构筑物、公共服务设施等这些因素直接影响场地的布局和城市的和谐关系。

(3) 人文要素

场地层面环境中的人文要素包括场地内的历史与文化特征，使用者的心理、行为特征等内容。这种人文因素的形成往往是城市、地段、场地三个层面环境综合作用的结果，建筑设计要综合分析这些因素，使场地具有历史和文化的延续性，创造出具有场所意义体现场所精神的场地环境。

综上，三个环境层面共同构成建筑外部

环境的特征，三者既相互联系又相互独立，从范围来看越来越小，从环境要素来看越来越具体、越来越深入。对环境层面的分析，有助于建筑设计的深入，使建筑设计在功能、形式、空间等方面与建筑所处的外部环境相契合。

任何建筑设计之初都必须对建筑的外环境进行分析，大到宏观城市层面，小到建设项目场地环境，不同情况下的建筑对环境层面分析的侧重不同。对于环境建筑设计来说，一般情况下首先与其设计过程联系最直接、最紧密的环境层面是指此建筑物的场地环境，也称为基地环境，通常设计前会重点详细分析，其直接影响建筑的形态、布局等设计因素。其次，建筑物所处的这块场地也会受到周围环境的影响，与其所处的地段环境也有密切关系，因此对地段环境的分析也必不可少。此外，城市层面的环境要素也应考虑其中，通常从宏观上、本质上影响建筑设计的思路和方案，例如此建筑在城市空间中的位置、城市历史文化因素的体现等因素。对于环境建筑来说，由于建筑规模一般不大，通常受宏观层面环境因素的影响较小，其场地层面的外部环境分析是重点是基

础，地段环境和城市环境也需要考虑。在诸多的环境要素中，自然、人工、人文这三方面都需考虑，但不同的建筑类型对其重视程度也有主次之分。例如生态类型的建筑对自然因素考虑更多；现代主义建筑对人工因素考虑较多；而地域性建筑更多重视人文方面的因素，等等。这些环境因素对建筑的影响是极其复杂和多方面的，不仅体现在建筑物的体形组合和立面处理上，还体现在内部空间的组织和安排上，甚至还影响使用者的心理。因此要使建筑与环境有机地融合在一起，必须从各个方面来考虑它们之间的相互影响和联系。只有这样，才能最大限度地利用自然条件来美化环境。

以下内容将以环境建筑物为主要研究对象，重点分析中观、微观层面的外部环境所包含的自然、人工、人文环境因素对建筑设计的影响，从环境建筑设计的角度考虑各种相应的策略，完成一个环境建筑化的过程。

第二节　自然环境与建筑设计

高质量建筑环境的形成应与自然景观因素相协调，总的来说主要体现在两方面，一方面与整体自然景观环境有机协调，以自然景观要素为依据，对自然景观进行模仿、提炼和重整，这正体现了"环境建筑"的主题，把建筑空间形态融入自然环境之中，这种协调源于对地段环境的分析与利用，最终达到与环境和谐。建筑设计采用主动方式与环境协调，使建筑在环境中相对"隐匿"为"显露"的方式，从而建立新的局部环境，但在大的城市环境内仍保持高层次的统一协调效果。

一、自然景观要素

1. 地理条件

(1) 场地地质条件

需要对场地的地质条件——土壤特性与承载力、地震设计强度进行了解，避免在不良地质现象多发地建立建筑物，同时根据土地承载力的制约考虑建造层数。

(2) 场地及周边地段地形的变化与利用

场地地形一般分为平地和坡地两种形式。原有的基地无论是平地还是坡地我们都可以根据需要加以利用和改变。例如将坡地进行平整或者变成台阶式的平台，或者将平地变成高低不同的台地（图2-7）。地形设计的原则仍是合理利用原有地形为原则，一般来说，当自然坡度小于3%时，应选用坡度与标高无明显变化的平坡式布局，当自然坡度大于8%时，选用标高陡然变化的台阶式布局较经济自然。地形的坡度太小不利于排水，太大不利于活动场地的布置。合理的布置能够避免水土流失，产生良好的地表排水，同时有利于各级道路的布置与组织。

此外，地形的变化可以创造出新的环境景观，界定新的空间，有时还具有气候屏障的作用，例如挡风遮雨隔噪音。地形对于景观的形成也具有重要作用，它可以自身成景，引导视线，成为视觉焦点；或者为形成开阔、发散的空间起到背景的作用，同时能够遮挡、引导视线，以形成独特的景观格局，我们在设计的过程中应把握住各种地形的性质特点，同时注意视距与构图的控制。

场地及周边地段的地形对建筑形体布局产生显著影响，不同的地形各自暗示了不同的建筑格局。例如坡地地形中，建筑的布局与坡地等高线之间存在着微妙的关系，可以沿着等高线排列，也可以与等高线斜交，也可以垂直排列（图2-8）。

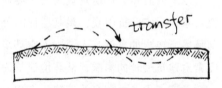

基地内有小土丘，利用掘削、填土使基地平整

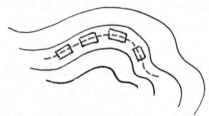

建筑沿着等高线排列

基地内有小土丘，利用掘削使基地平整

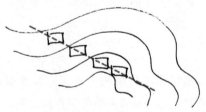

建筑排列与等高线斜交

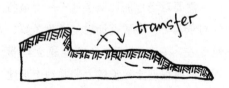

利用掘削、堆积方式整地，产生平台

图2-7 场地及周边地段地形的变化与利用

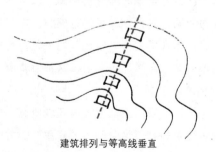

建筑排列与等高线垂直

图2-8 等高线对建筑布局的影响

（3）场地及周边地段的地貌影响

首先考虑场地及周边地段的地貌自身是否具有景观特征；其次场地特殊地貌对建筑的造型和建筑材质肌理都有影响，从而达到建筑与环境的和谐统一。赖特设计的西塔里埃森（taliesin west）"生长"在荒漠沙石中，纵横交错的木架与粗粝的石墙插入大地，其造型与选材都与场地地貌保持着自内而外的统一（图2-9）。

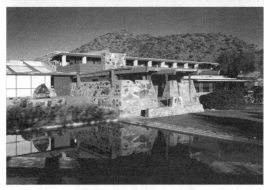

图2-9 西塔里埃森

此外，对于自然地理环境的利用有时候不仅限于邻近建筑物四周的地形、地貌，还可以扩大到相当远的范围。主要考虑宏观层面的地形地貌对建筑定位和构图的重要影响。通常体现在山体建筑上。例如美国托马斯住宅设计（图2-10），地段坐落于狭长的湖岸北端，四面环山，岗峦起伏，并有数个山峰兀立于湖岸两侧，风景十分优美。为充分利用如此的地理条件，使建筑物呈"T字形"，背山面水，使山体成为建筑无形的背景，高差上的变化带来视觉景观上的趣味。

图2-10 美国托马斯住宅

2．水文条件

（1）明确场地周边水体情况

首先分析场地内及周边是否有江河湖泊、水库、地下水等水源。如果有，充分掌握此水源与场地位置、空间、交通、景观等方面的关系。

（2）建筑物与水关系的处理（图2-11）

平面上：水体的形态影响建筑形态。水面形状有规则式和自然式之分。为了达到建筑与环境的和谐统一，建筑的形体一般采用与水体一致的形式，例如规则式的水体周围建筑布局也较归整，多采用与水体形式类似的几何形。如果是自然形式的水体通常在建筑设计时应顺应水的形状依势而形成相应的形状，做到与水的交融。

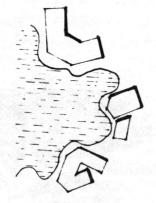
与建筑物自由交错的水域

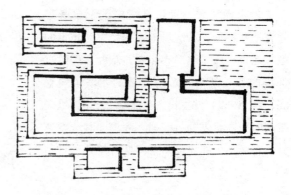
几何化分布于建筑群之间的水域

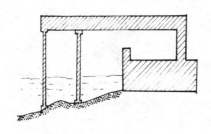
将水域引入室内

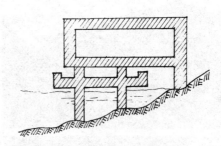
将建筑延伸至水面上方

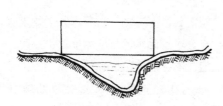
建筑物横跨于水面之上

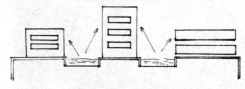
借反射作用使建筑物有整体性

图2-11　建筑物与水关系的处理

空间上：在空间上处理好水与建筑的关系，可以充分享受到水景，通常有以下几种形式。一是最普遍的情况，建筑物临水而建；二是将建筑物延伸到水面上方；三是将水域引入室内；四是建筑物横跨于水面之上；五是利用水面的反射作用使建筑物具有整体性。

(3) 场地内排水组织处理

通常建筑物应避免位于排水困难的低洼地区。场地排水组织一般有两种形式：一种是利用自然地形的高低或在建筑物四周铺筑有坡度的硬地来排水称为明沟排水；二是采取地下排水系统，即暗管排水（图2-12）。前者用于场地内建筑物、构筑物比较分散的情况，后者用于集中的情况。此外，可以利用建筑设计更好地组织排水，改变排水方向等（图2-13）。

地面排水系统

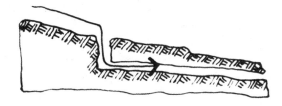

地下排水系统

图2-12　场地排水组织

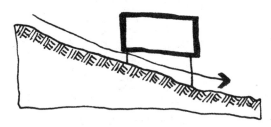

挑高建筑物，方便排水

建筑物前面有一道墙，改变排水方向

图2-13　建筑物与排水组织

3. 绿化条件

从宏观层面来看，绿化一方面具有提高环境质量的功能，能够净化空气、保持水土、调解气温，对改善建筑外部大环境具有非常重要的作用。另一方面，绿化作为景观元素，在造型、色彩上都有各自的特点，这些视觉元素不仅对建筑设计产生影响，而且一定程度上形成了城市环境的特征。除此之外，绿化还有分隔和组织空间的作用。将绿化具体应用到地段、场地层面时，需要注意以下设计事项：

（1）绿化与场地建筑空间布局的关系

不同形状的绿化布置对场地中建筑、空间的划分具有直接影响作用。例如点状绿化由于其规模小，布置灵活性大，通常用来点缀环境和建筑，较为均衡地分布在建筑周围，是丰富场地景观的一种有效方式。带状的绿地通常指行道树、绿篱等较狭长的绿地，通常用以划分围合场地空间。面状绿地是指大块的集中绿地，对建筑景观形成起很大作用（图2-14）。此外，绿化的布置应与建筑物保持一定的间距，以免与地上界面或地下的管线发生干扰。

（2）绿化与建筑造型的关系

绿化对建筑造型的影响主要表现为两方面，一方面，植物有灌、乔、藤、竹、花、草等多种类型，各自有不同的形态，当绿化在建筑物周围出现或作为背景出现时，建筑物的轮廓与造型会受其影响。一般有两种表现形式，一种是建筑物的轮廓造型与树木和谐相似，另一种是产生对比以达到平衡（图2-15）。另一方面，随着生态主题的强化，出现了建筑物将绿化视为其自身的一个组成部分，例如壁体绿化、构件绿化、屋顶绿化等形式，从而直接参与到建筑造型之中。

建筑物分散于树林中

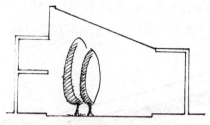

树木成为建筑内部造景要素

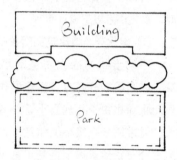

利用树木界定基地分区

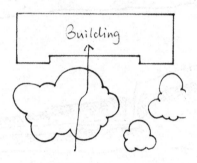

穿越树林的入口，造成特殊感受

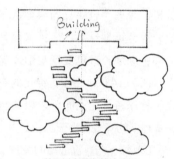

利用树木界定基地分区

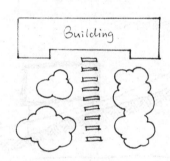

铲除树木作为入口通道

图2-14　绿化与场地建筑空间布局

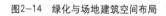

建筑物轮廓与树林轮廓类似

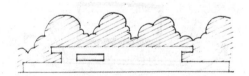

建筑物轮廓与树林轮廓形成对比

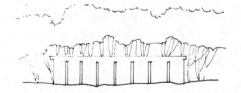

建筑物造型与树干垂直方向类似

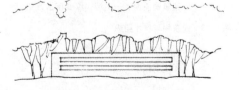

建筑物造型与树干垂直方向形成对比

图2-15　绿化与建筑造型关系

二、气候条件要素

场地和地段都处于城市之中，因此它们一方面受城市环境气候的影响，不同的气候产生不同的建筑形式和建筑组群形态，从而形成城市的地域特征及城市的个性和特色。如炎热地区的建筑及城市空间具有一定的通透性，以削弱热量（图2-16）；寒冷地区的建筑间距加大，以求在寒冷冬季获得必需的日照，建筑也趋于封闭和密实（图2-17）。另一方面设计建筑所在场地和地段也可以通过一些设计策略改变和利用一些条件形成自己小范围内的特殊气候条件，有效利用有益的气候条件而规避一些不利的气候因素，从而进一步影响建筑设计。

图2-16 东南亚建筑

图2-17 北欧建筑

建筑设计与气候条件的关系主要体现在三个方面：一是对自然气候特征的保护，主要指在建筑设计中对周围环境的光、风向、气温等气候条件的考虑以及相应环境技术的运用，以形成有利的气候条件来保持建筑周边环境生态系统的平衡。二是对自然气候条件的利用，主要指建筑设计对自然采光和通风等考虑，以及对自然气候各种能源的利用，以创造布局合理、舒适的建筑环境。三是自然气候灾害的预防，主要指建筑设计所采用的隔热、防寒、遮蔽直射阳光以及其他建筑防灾的措施。

无论是城市、地段还是场地，环境气候条件中对建筑影响较大的因素主要包括日照、风向、气温和降水这几个方面。

（1）日照

"建筑是一些搭配起来的体块在光线下辉煌、正确和聪明的表演"，因此日照是建筑不可回避的背景因素，建筑形式和技术以各种方式对这一气候因素做出反应，参与其中，趋利避害。主要体现在以下两个方面：

①日照对建筑朝向的影响

建筑朝向是指一幢建筑的空间方位，一般以主要房间向外最集中的方向为标志。确定建筑朝向时要考虑建筑主要功能区域的采光或是遮阳以及太阳能利用等方面。总的来说，一般北半球南向光照条件最有利，南半球北向最有利。这是因为南北向布置的建筑物由于夏季太阳高度角比冬季大得多，因而冬季墙面上接受的太阳辐射热量与经过南向窗户照射到室内阳光的深度都比夏季多。寒带地区以冬季争取更多日照为主，亚热带地区则把夏季避免过多日照作为主要问题。我国广大温带与亚热带适合采用南北朝向；北纬45度以上的亚寒带、寒带地区可采用东西向。我国规定不同使用功能的建筑空间有不同的日照标准（表2-2）。

干扰等，日照只是其中一个。

(2) 风向

风向对建筑物朝向、造型和间距都有影响，建筑物所在场地的主导风向、强度及污染系数决定了在建筑物设计时选择不同的气流组织方式。一般正常情况下，建筑需要有利的自

表2-2

建筑类型	冬至日满窗 日照标准
住宅至少一个居室	1
宿舍每层有半数以上的居室	1
托、幼、老人住宅主要居室	3
医疗半数以上的病房及疗养室	3

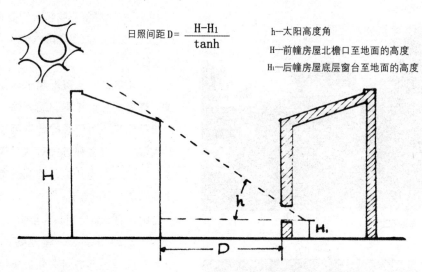

日照间距 $D = \dfrac{H-H_1}{\tanh}$

h—太阳高度角

H—前幢房屋北檐口至地面的高度

H_1—后幢房屋底层窗台至地面的高度

图2-18 日照间距的计算

②日照对建筑间距的影响

在建筑群体布局过程中，根据日照标准考虑恰当的日照间距，才不致使建筑物出现前后光线遮挡的现象。我们利用建筑物高度、太阳高度角以及冬季底层满窗日照时间，可以计算出日照间距的基本要求（图2-18）。当然建筑间距还受到其他条件制约，如防火、卫生、通风、视线

然通风，建筑朝向应与当地主导风向相结合进行建筑布局，以引进充足的风量，增加自然通风效果，但由于所在基地的地形条件、环境条件与建筑组群布置，地区风向是会变化的，如山与谷、水与陆之间的温度差会产生相反方向的风向，对这些因素形成的局部风向，在布置朝向时需要考虑。如果是在强风地带，我们应考虑强风造成的危害，应利用建筑造型或外墙

设施做阻隔风力的屏障，同时避免两幢建筑之间出现狭长地带的情况（图2-19）。总之，建筑的布局和自然通风可以成不同角度布置，如将建筑组群的布置前后左右交错排列或与主导风向成一角度布置，可获得不同风量效果。此外，风向对建筑间距也有影响，主要体现在建筑为了获得良好的自然通风，前面的建筑不要遮挡后面建筑的自然通风。

（3）气温与降水

气温与降水一般是以城市层面来划分的气候条件，它们也对建筑设计有直接影响。对于炎热地区，在建筑设计上为了避免高温通常采用的策略有，利用建筑方位与造型避免阳光直射，控制光照时间；同时设置挑檐、遮阳措施；加厚围护墙体与屋顶，保持房屋通风的同时尽量减少日晒面开窗面积以此来降低传热（图2-20）。相反，如果在寒冷地区则需要尽可能多地获得日照的同时做好建筑保温工作。

对于降雨多的地区应该考虑建筑场地的排水能力，可以增大屋顶坡度以迅速排水，在入口处应设置出挑较深远的雨篷以免受雨落影响，此外还可以考虑雨水收集再利用的问题（图2-21）。

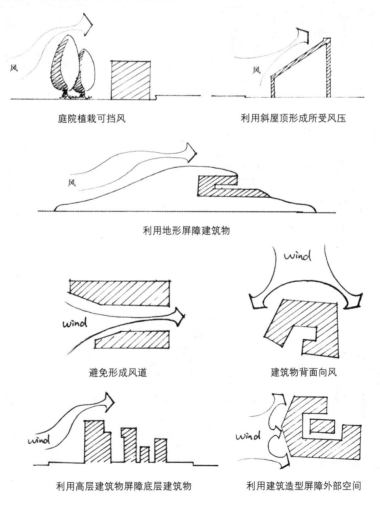

庭院植栽可挡风　　　　　　利用斜屋顶形成所受风压

利用地形屏障建筑物

避免形成风道　　　　　　建筑物背面向风

图2-19
利用建筑设计
影响风向　　　　利用高层建筑物屏障底层建筑物　　　利用建筑造型屏障外部空间

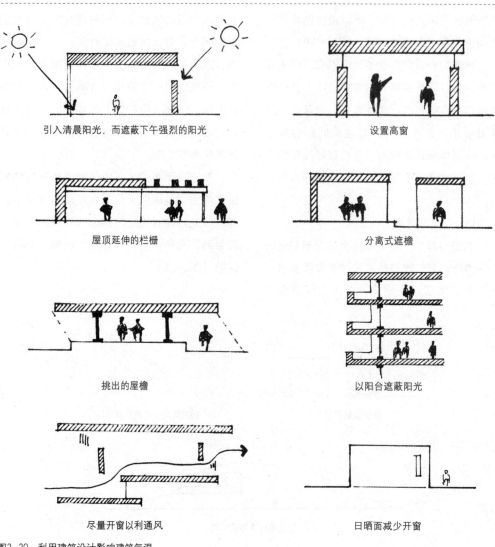

引入清晨阳光，而遮蔽下午强烈的阳光　　　　　　设置高窗

屋顶延伸的栏栅　　　　　　　　　　　　分离式遮檐

挑出的屋檐　　　　　　　　　　　　以阳台遮蔽阳光

尽量开窗以利通风　　　　　　　　　　日晒面减少开窗

图2-20　利用建筑设计影响建筑气温

屋顶延伸至地面以增加防水性　　　增大屋顶坡度使排水迅速　　　入口处设置雨篷

图2-21　建筑设计与降水影响

第三节 人工环境与建筑设计

一、城市层面人工环境与建筑设计

城市层面的人工要素主要包括城市景观体系、城市空间结构和城市功能。通常是大中型建筑设计时需要对这三方面因素的影响作用做出相应的对策，使建筑设计符合城市地域特征。

1. 建筑设计与城市景观的关系

根据凯文·林奇的城市意象将城市景观构成分成区域、边缘、通道、节点、标志物五个要素，其中不难发现建筑物是构成空间、形成区域特征、构成边缘、形成节点和标志的重要因素，因此建筑物在形成城市景观方面起着重要作用。特别是重要建筑的标志性是形成城市意象的基础，建筑的选址布局需从城市整体结构特征出发，在城市中建立一套标志体系，帮助人们进行交通导向和定位并形成清晰的城市认知地图。要使建筑物在城市环境层面既具有很强的识别性和意象性，又与城市景观和谐统一，在设计时应注意以下两个方面：

（1）城市轮廓线的保护

城市轮廓线是人们感知城市的一种特殊视觉形态，在城市轮廓线中最有影响力的就是建筑。建筑物与城市特定的地形、绿化和水面组成了丰富的空间轮廓线，给人以强烈的视觉感受，对城市特征的表达发挥着极其重要的作用。在建筑设计中为了控制与保护城市轮廓线要注意以下几点：首先，确定构成城市轮廓线的主要因素和次要因素，为了强调主要因素就必须限制次要因素的扩张。城市轮廓线组织的关键是合理控制建筑物高度、体量和体形等，从而使主要因素突出，次要因素削弱，使轮廓线更加明晰。其次，高层建筑是城市中的重要景观因素，对城市轮廓线发展的影响巨大。因此，对高层建筑的选址、高度、体量造型等认真研究，弄清高层建筑的分布规律，建立和谐一致的视觉形象和空间轮廓线。再次，在城市中，对城市轮廓线的感知与人们所处的场所直接相关，对轮廓线的感受因距离、空间尺度变得更为具体，建筑的选址及体量要考虑观赏点的因素，便于人们观赏城市的主要建筑物与城市的组合关系，从而使城市景观更加清晰。例如上海的外滩，站在黄浦江的西岸看黄浦江以东陆家嘴地区的城市轮廓线（图2-22）。

图2-22 上海外滩城市轮廓线

（2）城市空间轴线的利用

城市景观空间通常结合建筑的功能、外部环境的特征以及人流活动的规律形成不同的空间序列，不同的城市有不同的空间序列，同一城市不同地段也具有不同的空间序列，这些序列是沿着一定的空间轴线发展的，轴线虽然看不见，但是一种对空间能产生强烈制约的内在因素，能使空间内的各要素产生强烈的视觉联系，轴线加强可以增强城市空间的序列感，从而突出城市景观的空间特征。因此，在建筑设计时常常利用城市空间轴线的手段来组织城市空间。一方面，建筑要符合城市轴线的功能。不同城市空间序列具有不同的轴线功能，例如道路轴线、娱乐轴线、政治轴线、纪念意义的历史文化轴线，等等，通过不同功能的轴线来围合空间的形体结构，组织人的活动路线，控制、引导人的视觉。另一方面，建筑要符合轴线的性质，即明确建筑在轴线上的位置。建筑是处于轴线上，按照轴线的生长发展来布置、设计，还是处于轴线的节点上甚至是终点上，形成标志性建筑物，因此不同的位置暗示了不同的建筑格局。

例如法国巴黎最主要的一条轴线，是东西向的，是典型的政治轴线。在这条约8km的城市主轴线上，串联着众多的标志性建筑和公众活动开放空间。包括罗浮宫、协和广场、香榭丽舍大街、凯旋门、德方斯副中心，都是巴黎城市建设的艺术精华、人工标志（图2-23）。

又如美国华盛顿两条城市轴线，由美国国会大厦向西的轴线和由白宫向南的轴线组成。两条轴线既是道路轴线，又是典型的纪念性轴线。首先都采用了交通走廊之间的发展模式，轴线中央为宽阔的绿化带，两侧是车型通道，地铁线路都在纪念轴线上设置车站，给集散人流提供方便。两条轴线的交叉处是华盛顿纪念碑作为重要的构筑物节点。轴线区段两侧都是重要的政府机构和美术馆、博物馆等公共建筑，给人留下深刻印象（图2-24）。

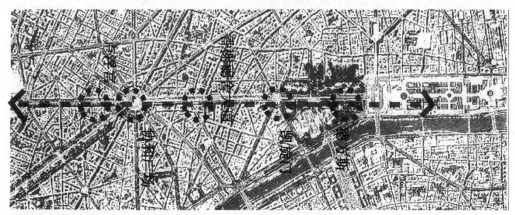

图2-23 法国巴黎轴线

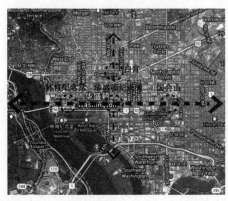

图2-24 美国华盛顿轴线

2. 建筑设计与城市空间结构的关系

(1) 协调关系

在建筑物设计过程中必须注意与城市空间结构相协调。首先，在城市结构形成和发展过程中，由于受城市基础设施、环境容量等限制，使城市结构具有一定秩序化的稳定性，这种稳定性对建筑设计形成一种制约。其次，城市空间结构形成了城市独特的形象特征，这种特征不仅具有时间的延续性还具有空间的连续性，因此在建筑设计时必须尊重城市的文脉，注重对城市结构的保护和延续。

在建筑设计时要做到协调关系，具体来说可以采用直接将城市语言引进建筑设计的手法。这种设计方法一方面使建筑与城市在设计上互为参照，注重对城市结构的系统把握，将建筑打碎、重组，创造宜人尺度，使新建筑更容易、更自然地融入城市环境中，通过创造近人的空间尺度和移步换景的视觉效果与现有的城市文脉进行对话。另一方面通过进行城市形态的空间围合与形体构成来组织人的活动路线，或者在建筑形态上引入城市语言，使人在行进与使用过程中感受和体验城市空间，在保持和强化原有城市空间秩序的基础上，以提示和重现等方法来引导人们进入和渗透到城市化的建筑空间中。

(2) 重整关系

城市结构的稳定和城市经济发展之间的矛盾作用推动了城市的发展。城市有一种维持原来内部组织系统的秩序和相互联系的趋向，使内部结构具有较强的秩序性和较严密的组织结构。但随着城市经济结构和社会结构的演变，城市空间结构也将随之改变，例如城市交通的发展必将使城市街道发生变化，社会生产使城市产生各类中心，随着人口的迁移，城市原有的邻里结构也可能随之发生变化等。于是导致了城市空间结构不能适应快速的城市发展，出现局部混乱的现象，使城市结构的发展失衡，失去特色。因此在建筑设计时必须和城市规划、城市设计相结合，针对城市结构的衰退，在延续、承传并发展原有秩序的基础上建立新的秩序——一种新的动态平衡。具体来看，建筑设计时需要新的建筑形式，突出原有平淡的城市空间结构，以新颖而合理的形态来充实原有的环境，使城市成为生动而丰富的场所。新

建筑的风格可以是多样化的，从而创造出多样化的城市环境，使城市空间的层次也更为丰富。

(3) 建筑设计与城市功能的关系

建筑设计一方面要注意把握城市功能的演变，建筑实体的功能要符合城市功能的演变规律，从而使城市功能随城市经济发展而不断变化，防止城市功能的老化。例如，当今社会出现了许多新的大型综合建筑，集商业、金融、休闲、娱乐等功能于一体，这种建筑模式的出现正是顺应城市功能演变而形成的。另一方面，当城市功能混乱时，建筑具有整合城市的功能，使城市各部分功能相互协调。例如位于交通密集地段的建筑应当在城市整体交通结构的层面上协调解决人车集散问题，即使不是以城市交通职能为主的建筑也可以与城市交通体系密切结合而发挥重要作用。例如上海体育馆，空中有多条高架路汇聚在此，并有一条轻轨；地面是公交车、旅游巴士的集散地，地下是多条地铁线路的交汇点，因此，多层次的交通与建筑的布局紧密联系（图2-25）。

图2-25　上海体育馆鸟瞰

二、场地及周边地段环境的人工要素与建筑设计

环境建筑通常属于中小型建筑，城市层面的宏观人工要素对其的影响相对较小，建筑本身对于整个城市人工环境的改变作用也较弱，因此在环境建筑设计中宏观层面的要素考虑较少，其建设项目的场地人工环境是研究重点，而场地总是处于一定的地段环境中，尤其与场地周围的地段环境有着不可分割的密切联系，在进行建筑及场地环境设计时，不得不考虑周围地段环境的因素，地段环境因素无法与场地环境分开讨论。

1. 建筑物设计与场地基本状况

首先，建筑物所处的场地受到城市规划相关的限制，只有在规定的范围内才能进行场地环境设计、建筑物建设。这里的限制主要包括以下几个方面：

（1）征地范围

征地范围由城市规划管理部门根据城市规划要求而划定，它包括建设用地、代征道路用地、代征绿化用地等（图2-26）。

（2）道路红线

道路红线是城市道路（含居住区级道路）用地的规划控制线。道路红线总是成对出现，其间的用地为城市道路用地，包括城市绿化带、人行道、非机动车道、隔离带、机动车道及道路岔路口等部分（图2-27）。

（3）建筑红线

建筑红线也称建筑控制线，是建筑物基底位置的控制线，通常需要退后，俗称"红线退后"。一般来说，当场地与道路红线重合时，建筑红线会从道路红线后退一定距离，用来安排台阶、建筑基础、道路、广场、绿化及地下管线和临时性建筑物等设施（图2-28）。当场地以相邻建筑物用地边界线为界限时，城规主管部门一般以相邻建筑物用地边界线退后来作为新建建筑物的建筑控制线。

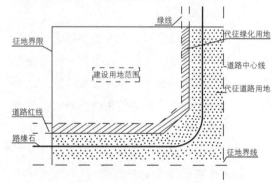

图2-26 征地范围和建筑用地范围

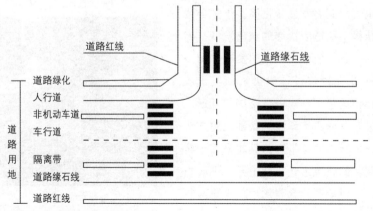

图2-27 道路红线与城市道路用地

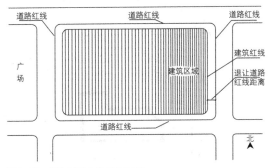

图2-28 基地形状与建筑物形状

2．场地设施与建筑设计

这里的场地设施主要指建设场地及周围地段市政设施、建筑物、构筑物等人工建造物。

首先，建筑设计前期应了解市政基础设施的布置情况，选择合适的建造地址，使建筑从功能和技术方面能合理有效地利用这些基础设施。其次，场地及场地周围地段的建筑物、构筑物以及它们形成的环境空间对场地内的环境和建筑设计具有重要的影响作用，在分析时要充分发掘其中的有利因素，为确定场地内的空间布局提供依据。

总之，确定建筑物设计的基底区域必须是在建筑红线之内，此外还需考虑与相邻建筑之间的日照、消防间距等因素。

其次，场地的形状、大小影响建筑的体形和布局。一般来说，为了提高土地的使用率同时做到建筑物与环境的融合，建筑体形的外轮廓通常与场地地形的外轮廓相呼应。此外，还可利用建筑物与基地之间的户外空间形成缓冲区域（图2-29）。

（1）与场地周边地段中的建筑物、构筑物的关系

地段环境中的人工要素对场地中新建建筑物具有重要的影响。环境建筑物设计时首先要考虑所建场地在地段轴线、街道网络中所处的位置和重要性程度，直接影响了建筑平面布局、体型、尺度等方面（图2-30）；其次地段环境的基本轮廓和原有地段其他建筑的轮廓、造型、风格对新建建筑的轮廓、立面以及细部形式的造型，以达到具有连续性的效果（图2-31）。

（2）与场地内原有的建筑物、构筑物的关系

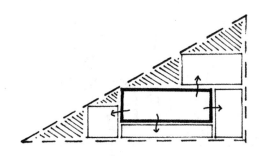

庭院式户外空间与建筑物之间的缓冲空间

当场地内原有建筑物、构筑物较小，状况较差，时间久而无历史价值，或者原有建筑物内容与新建项目要求差距大，这类情况对设计的制约和影响小，应予以拆除重建；另一方面场地中存留的设施具有一定规模、状况好，不应采取全部拆除的办法，要采用保留、保护利用、改造与新建相结合的多种方

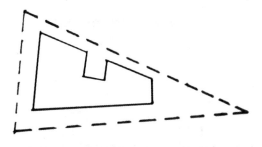

基地形状塑造建筑物形状

图2-29 基地形状与建筑物形状

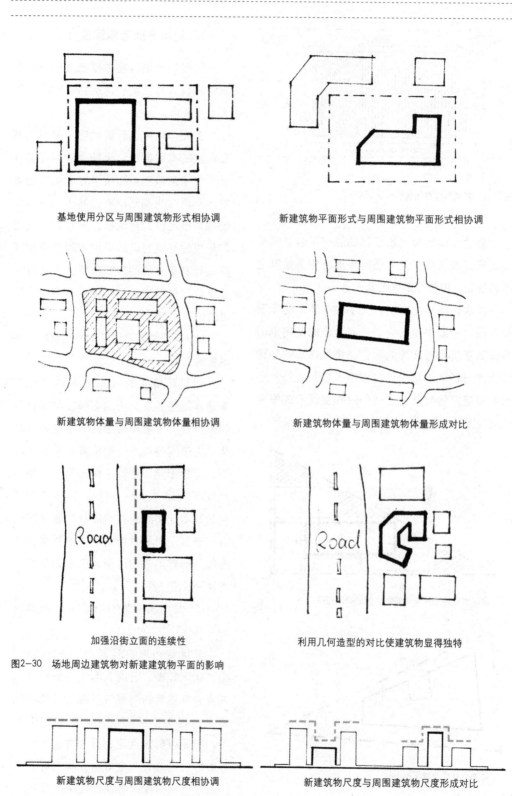

基地使用分区与周围建筑物形式相协调　　　　新建筑物平面形式与周围建筑物平面形式相协调

新建筑物体量与周围建筑物体量相协调　　　　新建筑物体量与周围建筑物体量形成对比

加强沿街立面的连续性　　　　利用几何造型的对比使建筑物显得独特

图2-30　场地周边建筑物对新建建筑物平面的影响

新建筑物尺度与周围建筑物尺度相协调　　　　新建筑物尺度与周围建筑物尺度形成对比

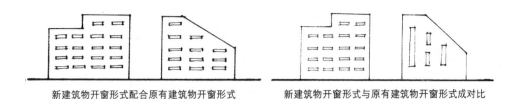

新建筑物开窗形式配合原有建筑物开窗形式　　　　　新建筑物开窗形式与原有建筑物开窗形式成对比

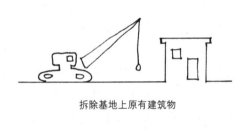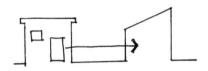

新建筑物虚实感觉与周围建筑物虚实感觉相协调　　　　新建筑物虚实感觉与周围建筑物虚实感觉形成对比

图2-31　场地周边建筑物对新建建筑物立面的影响

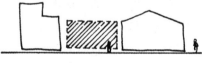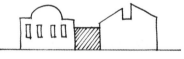

拆除基地上原有建筑物　　　　　　　　　　　拆除原有建筑物，其旧料可再利用

新旧建筑物间留置适当空间　　　　　　　　新旧建筑物之间以回廊等过渡空间联
　　　　　　　　　　　　　　　　　　　　系，保持建筑物造型的完整性

新建筑物成为原有建筑物的背景　　　　　　　　　原有建筑物衬托新建建筑物

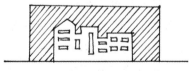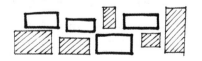

将新建筑物融入原有建筑物中　　　　　　　　　原有建筑物间布置新建筑物

图2-32　新建建筑与场地内建筑的关系

法，如场地中原有人工因素具有一定的历史价值，如一些历史建筑、广场等，设计中要尽量保留利用，而且应给予相应的地位，展现其价值（图2-32）。

3．交通组织与建筑设计

交通组织是决定建筑物位置、用地布局的因素之一，合理布置场地内的道路、广场是组织好场地内人流、车流交通的前提。交通组织的目的在于满足场地内各种活动的交通要求，从而为场地功能布局提供良好的内外交通条件，确立场地基本的交通组织方式。这种组织方式表达了场地内建筑、人、车运动的基本模式和基本轨迹。从场地环境结构的角度看，是为场地确立一个道路交通的基本骨架，场地内的道路、广场设施是组织各种交通流线的基本物质条件。

整个交通组织通常具有两方面的作用，其一是对外连接周边地段，使该建筑融入到城市当中；有时通过与广场结合成为交通的纽带；二是内部联系作用，通过道路交通的安排将场地上各自孤立的部分连接起来，使场地内的建筑功能有效地运行。道理交通系统包括三个组成要素，即出入口、道路（动态交通）、停车场（静态交通），三者成为一个有机的整体。

（1）出入口的设置

场地周边道路及其他交通设施对场地及建筑物设计的影响最主要体现在场地与建筑出入口的位置。入口选择是否恰当直接关系到场地与城市道路的衔接是否合理，后续设计中室外场地各种流线组织是否有序，建筑物主入口、门厅以及其他功能布局是否合理，等等。

（2）道路——动态交通

场地内道路的功能、分类取决于场地的规模、性质等因素。一般中、小型民用建筑场地中道路的功能相对简单，应根据需要设置一级或二级可供机动车通行的道路以及非机动车、人行专用道等；大型场地内的道路需依据功能及特征明确确定道路的性质，组成高效、安全的场地道路网。场地内的道路一般可划分为主干道、次干道、场地支路、引道、人行道等。

场地道路的形态常常影响建筑布局。场地主干道是场地道路的基本骨架，通常交通流量大、道路路幅宽、景观要求高。有时场地主干道的走向、线形等因素甚至能决定建筑的布局形态。场地次干道是连接场地次要入口及个别组成部分道路，它与主干道相配合。场地支路是通向场地内次要组成部分的道路，交通流量稀少，路幅窄，一般是为保证交通的可达性及消防要求而设。引道即通向建筑物、构筑物出入口、并与主干道、次干道或支路相连的道路。人行道包括独立设置的只供行人和非机动车通行的步行专用道、机动车道一侧或两侧的人行道，可与绿化、广场相结合，形成较好的建筑景观环境。

对于场地内已有的车行道路与人行道路系统，建筑物可以配合避让、架空跨越、形成"过街楼"；也可以将道路移至底下或架高，甚至与建筑物形成相互穿插的立体系统（图2-33）。

（3）停车场（静态交通）

交通空间中除了道路，还需要考虑停车场的布置。停车场一般与绿化、广场、建筑物、道路等结合布置，分为地面和多层停车场两种。停车场的集中式布局有利于简化流线关系，使之更具有规律性，易做到人车分流，用

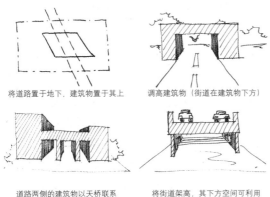

将道路置于地下，建筑物置于其上　　　调高建筑物（街道在建筑物下方）

道路两侧的建筑物以天桥联系　　　将街道架高，其下方空间可利用

图2-33　场地内已有道路处理形式

地规划更加明确，其他用地可以相对集中有效利用，结构清晰。停车场的分散布局可使场地交通的分区组织更明确，流线体系划分更细致具体，而且易于和场地中其他形态相协调，但会增加场地内整体组织形态的复杂性。此外，停车场的选址还要和城市道路相联系，避免造成交叉口的交通混乱。

第四节　人文环境与建筑设计

由于人文环境的特殊性，无法将城市、地段、场地三个层次的人文环境划分清楚，三者之间紧密联系，相互包容，共同作用于建筑设计中。因此在建筑设计中通常将人文环境从三个层面综合考虑，创造出具有地域文化风格的场所精神。

一、建筑设计与人文环境相和谐

建筑物与人文环境要素的协调，首先要有层次地从历史及文化角度进行城市、地段、场地、单体建筑物的分析，从而和城市的整体风貌特征相协调。具体来看，应把历史文化因素融入到建筑设计的架构之中，以再现历史因素及本土特征来诠释场所感。贝聿铭设计苏州博物馆就是与人文环境协调的杰作。毗邻拙政园、狮子林、忠王府等名胜的特殊地理位置赋予新馆所遵循的历史文脉，中国园林、建筑的传统形态及符号所指在新馆设计中体现得淋漓尽致。建筑采用灰色石材边饰，清晰勾勒出启承转折的白墙面几何边缘。由矩形、菱形、三角形为基本元素组合塑造出的屋顶形式，是对传统元素的抽象再现。建筑物围合形成的院落形式保留了庭院这一传统空间形式，既成为建筑物之间的过渡空间又是刻意营造的室外共享环境（图2-34）。

二、建筑设计体现人文环境的新延续

历史文化的延续性使世间万物都具有了生命力，具有一种动态性。因此，在建筑设计时要注重这种历史文化形态的延续性，要考虑建筑所在的

图2-34　贝聿铭——苏州博物馆

场地、地段、城市环境所形成的有机、流动、渗透、交叠的延伸关系，使地段、场地具有历史及文化延续性，形成有场所意义的空间特征。同时挖掘环境中历史文化因素的生命力特征，形成一种新的设计模式和尺度，依靠这种富于生机的模式和尺度所创造的新的环境，体现协调基础上的延续。具体来说，建筑的场所精神含义不是不假思索地试图模仿毗邻的、甚至是糟糕的环境和建筑，而是需要引入新的元素，突破局限性。安藤忠雄说："建筑一定不要简单地去合已有的环境，建筑和环境之间一定要有摩擦和冲突为特征的刺激性对话。这也正是有可能创造新价值的地方。"历史的记忆应该被延续而不是原封不动地保留，建筑物的设计可以与历史对话的同时创造新的未来。法国罗浮宫金字塔正是人文环境新延续的代表作，同样是贝聿铭设计的，但与苏州博物馆采用了不同的人文环境处理手法。整个罗浮宫的建筑所呈现的是石砌的厚重的古埃及文化风格，而如今建造了一个玻璃的金字塔作为总入口，在东南北面还又各另设一个小金字塔，可通往不同的展览馆，它与古典式的宫殿形成特殊而强烈的虚实对比。另一方面这个金字塔是采自然光来照亮底下的整个大厅的，把整个罗浮宫下部的阴性的东西，通过金字塔释放出来，利用金字塔来接受天体的效应，匠心独具。当年建造这个金字塔时，95%的法国人表示反对，可是经过了这么多年之后，罗浮宫金字塔却成了巴黎文化的一个象征，给法国巴黎保存了文化，同时也创造了新的延续（图2-35）。

图2-35 罗浮宫前的金字塔

第三章 建筑设计的基本问题

每一个建筑的设计都是一个综合的系统，涉及包含建筑多方面的基本问题。这些问题之间存在着不可分解的互动关系，因此，掌握所有的条件和预期的效果，平衡各方面的要求与问题并突出与众不同之处才是建筑设计的主要课题。

一、建筑物功能认知

建筑区别于绘画等纯艺术形式的首要特征就是功能。建筑的价值大部分还是决定于它对功能的满足程度，即建筑的实用性原则。在建筑学发展的不同历史时期，人们对其认识和理解不尽相同，因为人类活动都有特定的发生地点和社会环境，并随着时间而改变，必然会产生新的社会需求和新的社会活动的空间形式，此外不同背景经历的设计师在审视设计、诠释功能时也往往带有个人色彩。建筑的功能性要求这一特点在历史上也曾经发展到了极端。现代主义从20世纪30年代起迅速向世界各地区传播，成为20世纪中叶西方现代建筑中的主导潮流，讲求建筑的功能是现代主义建筑运动的重要观点之一。"功能主义者"认为建筑的空间、形式和结构都必须反映建筑功能。随着经济的发展，建筑多元化兴起，设计成为消费的时代已经到来，建筑功能的含义与内容也有了更宽泛的界定，出现了建筑功能新的特点，包括环境与建筑的关系等。赫曼·赫兹伯格（Herman Hertzberger）在《建筑学教程——设计原理》一书中指出："对个人生活方式的统一表达必须废止，我们所需要的是空间的多变，在这些空间中，不同的功能被简化为建筑原型，通过适应和吸收，并诱发所期望发生的功能和今后改变的能力，形成共同生活方式的个人表达。虽然功能主义热潮已消退，但毕竟

第一节 功能的合理配置

建筑的最初目的就是建筑的功能。

功能需求

建筑物的功能即房屋的使用者提出的使用需求，其中首先要满足人们最基本的使用要求。

（1）人的生理需要

首先，最基本的建筑功能应该满足人的生理需求。除了最基本的遮风避雨，建筑还要有良好的朝向、保温隔热、隔声、防潮、采光、通风等功能，才能保证人健康、舒适的生理需求。光学、声学等建筑物理上的诸项学科，实质上都是以满足人体生理需要为出发点。建筑本能的美，正是在于这种生理功能上的和谐；人们对建筑本能的美感，也正是在感受到这种最佳的生理上的舒适过程中产生的（图3-1）。

以上所提及的是人们对建筑一般普遍的生理需求，而对特定人群来说，还会有特殊的要求以满足生理需求。如在现在的所有公共建筑中，都有满足残疾人活动的各种坡道、扶手；在幼儿园或老年公寓中，要满足儿童与老人对阳光的特殊需求。

（2）人的心理需要

建筑除要最大限度地满足人对舒适度的要求，还应考虑人的心理要求。

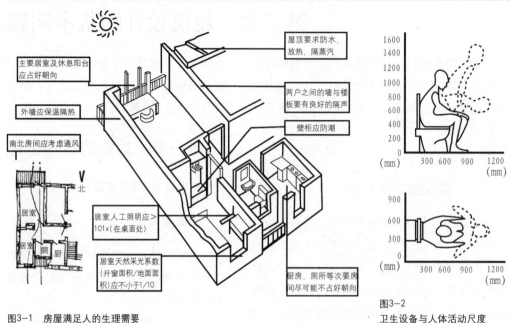

图3-1　房屋满足人的生理需要

图3-2　卫生设备与人体活动尺度

马斯洛需求层次论中，不同层次的需要可引起人们不同的情绪体验，而建筑是为人服务的，应满足人们各种层级的需要。也就是说，建筑除了要满足人的生理需要外，还要满足人的心理需要。建筑可以通过不同的色彩、空间大小、细节处理等给人带来不同的心理感受。

（3）人体尺度需要

人在各种各样的建筑空间中活动时，都是由各种最基本的行为单元构成的，这些行为单元的尺度与建筑空间密切相关。为了能设计出符合人使用的舒适的活动空间，我们必须首先熟悉人体的基本尺寸，因此，建筑应满足人体尺度和人体活动所需的空间尺度，同时还应了解一些常用家具、卫生设备及人在使用这些家具、设备时各种行为单元的尺寸，为建筑室内空间设计提供正确的依据是人体活动的基本尺度（图3-2，3-3）。

（4）人的使用过程需要

各种建筑的用途不同，在使用上解决的主要矛盾不同，所以应有各自使用特点，即满足人们在其中活动方式的需要，通常活动是按照一定的顺序或路线进行。我们通常会根据在各房间中人们活动的特点以及各种活动之间的关系来安排建筑中空间的排布顺序和交通路线组织。人在建筑中活动流线组织的主要原则是要满足建筑的使用功能，保证使用的方便、安全和舒适。

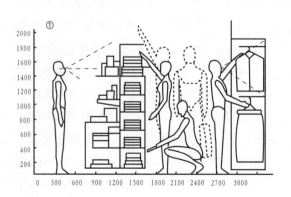

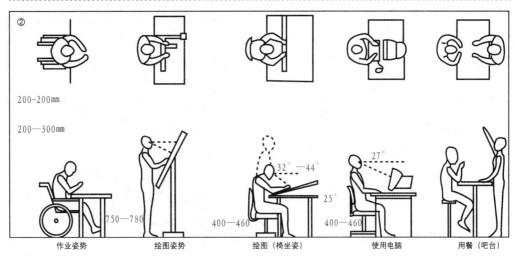

图3-3　家具与人体活动尺度

二、建筑的功能配置

1．功能分区

　　功能分区是指了解建筑的使用程序和功能关系后，根据各部分不同的功能要求，各部分联系的密切程度及相互的影响，把它们分成若干相对的区和组，进行合理的"大块"设计组合，以解决平面布局中大的功能关系问题，使建筑布局分区明确，使用方便合理。功能分区是脚踏实地着手建筑设计的第一步。合理的功能分区就是既要满足各部分使用中密切联系的要求，又要创造必要的分隔条件。联系和分隔是矛盾的两个方面，相互联系的作用在于达到使用上的方便，分隔的作用在于区分不同使用性质的房间，创造相对独立的使用环境，避免使用中的相互干扰和影响，以保证有较好的卫生隔离或安全条件，并创造较安静的环境等。不同建筑对功能分区中联系和分隔的要求不同，总的来说有以下几方面因素需要考虑（图3-4）。

　　第一，　相关或相似功能。功能分区

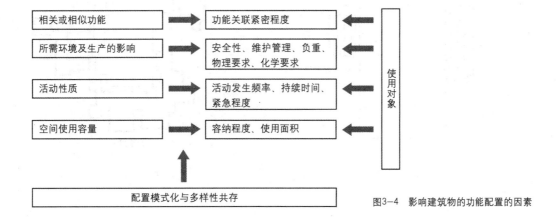

图3-4　影响建筑物的功能配置的因素

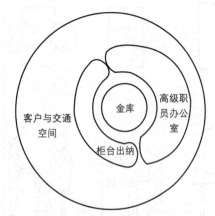

图3-5 按安全性要求划分的银行功能分区

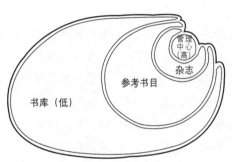

图3-6 按活动频率划分的图书馆功能分区

是一个逻辑性很强、条理化程度很高的过程。通常我们将相互关联的建筑、区域、空间作比较，依照紧密程度将其安排为毗邻或疏远关系。

第二，所需环境及产生的影响也可进行功能分区。如银行受安全性要求的影响，在功能分区上应体现客户区域——柜台出纳——金库这种逐层加密的布局形式（图3-5）。

第三，活动性质。活动发生的频率、持续时间以及紧急程度不同也会直接影响功能分区。如图书馆，借阅地方最频繁，书库进出较少（图3-6）。

第四，使用空间容量：例如电影院有可容纳不同数量观众的放映厅，根据容量划分区域有利于将人群自然分流和疏导。

第五，人的要素：功能区划过程中，针对不同使用对象所做的细致配合体现出建筑温情的一面（图3-7）。

第六，功能分区的模式化与多样化：同一类型的建筑功能布局存在相似规律，但即使满足同一功能模式，设计方案也可能完全迥异。

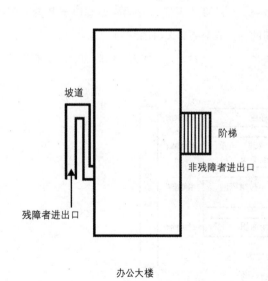

办公大楼

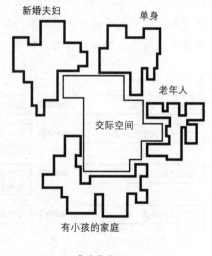

集合住宅

图3-7 针对不同使用者的功能分区

同一位设计师在不同思考状况下也会有不可完全预知的结果，这正体现了共性中的个性。一方面，建筑功能不可能孤立作用，而是与形态、空间共同组构建筑；另一方面，功能分区并不意味着特定或唯一的数论推理，它本身也具有灵活性和多样性。第三，个人对建筑的理解以及表达的潜力也是无限的。

（1）功能分区的原则

在分区布置中，为了创造较好的卫生或安全条件，避免使用过程中的相互干扰以及为了满足某些特殊要求，平面空间组合中功能的分区常常需要解决好以下几个关系（表3-1）：

表3-1　建筑功能分区关系

分区形式	根据相关或相似的功能的划分	
内外分区	公共使用区	内部工作区
动静分区	动态区	静态区
洁污分区	清洁区	易污染区
主辅分区	主要使用区	辅助使用区
作息分区	运作区	休闲区

①处理好"主"与"辅"的关系

无论是公共建筑还是居住类建筑物的组成都是由主要使用部分和辅助使用部分或附属使用部分组成。前者也可称为主要使用空间，如住宅中的起居室、卧室，学校教室，医院病室、诊室等基本工作用房，后者为辅助使用空间。在进行空间布局时必须考虑各类空间使用性质的差别，将主要使用空间与辅助使用空间合理地进行分区。一般规律是：主要功能布置在较好的区位，靠近主要入口，保证良好的朝向、采光、通风及景观、环境等条件，辅助功能区域则可放在较次要的区位，朝向、采光、通风等条件可能会差一些，并常设单独的服务入口。更不应将辅助功能区域安排在公众先到的区位，先通过这些辅助房间才能到主要使用

空间。例如一些住宅设计通过厨房再进居室一样，是很不妥当的。

②处理好"内"与"外"的关系——公共区域和私密区域的关系

建筑中的各种使用空间，有的对外性强，直接为公众使用，有的对内性强，主要供内部人员使用，如内部办公、仓库及附属服务用房等。在进行空间组合时，也必须考虑这种"内"与"外"、"公"与"私"的功能分区。一般来说，公共性较强的空间，人流大，应该靠近入口或直接进入，使其位置明显，并靠近交通区域；而较私密的空间则应布置在比较隐蔽的位置，以避免人流的穿越而影响私密性。凡属对外性强的使用空间，必将是公众使用多或公共人流大的空间，对外性就弱一些。例如，展览建筑中，陈列室是主要使用房间，对外性强，尤其是专题陈列室、外宾接待室及报告厅等一般都是靠近门厅布置，而库房办公等用房则属对内的辅助用房，就不应布置在这种明显的地方，前者属于公共空间领域，后者属于私有空间领域。

③处理好"动"与"静"的关系

建筑中供学习、工作、休息等使用功能的部分需要有安静的环境，而有的用房不可避免地嘈杂喧闹，甚至产生噪音，这两部分之间要求适当隔离。例如学校中的公共活动教室(如音乐教室)及室外操场在使用中会产生噪声，而教室、办公室则需要安静。在设计时要仔细地分析各个部分的使用内容及特点，分析"动"与"静"的要求，有意识地进行分区布置。在同一个功能空间的布置

中，有时也需要有一个局部的分区，往往将其放置一角或分开布置。

　　④处理好"清"与"污"的关系

　　建筑中的某些辅助用房在使用过程中会产生气味、油烟、垃圾，必然影响主要使用房间，所以要使两者相互隔离，以免影响主要工作房间。一般将产生污染的房间置于常年主导风向的下风向，切不可在主要交通线上，此外，这些房间一般比较凌乱，也不宜放在建筑物的主要一面，避免影响建筑物的整洁和美观，因此常以前后分区为多，或置于底层或最高层。

　　当然上述的分区都是相对的，它们彼此不仅有分隔而且又有相互联系，设计时需要仔细考虑，合理安排。我们以居住类环境建筑——别墅设计和公共建筑——咖啡厅设计为例按照建筑设计功能分区的原则对其功能进行分析。

　　别墅的基本功能包括起居室、餐厅、厨房、卫生间、卧室、车库，而功能多一些的别墅依据主人的爱好可以有视听室、工作室、游泳池、健身室等。其中主要功能空间包括起居空间、卧室空间，例如起居室、卧室，辅助功能空间包括交通空间、服务工作空间，例如楼梯、过道、卫生间、厨房、车库等。在进行空间布局时必须考虑各类空间使用性质的差别，将主要使用空间与辅助使用空间进行合理地分区。主要空间中起居空间较为公共，空间气氛比较活跃，卧室空间应该较为私密、安静；辅助空间中大多会产生噪音，属于动的空间应与主要空间分开布置。例如厨房、洗衣房等属于容易产生"污垢"的区

域更应隔离布置。在对功能有一个整体认识和划分之后，再对各功能区内部空间进行组织，注意空间之间的连接，如厨房与餐厅的连接，主卧和自带卫生间、衣帽间等应直接连通（图3-8）。

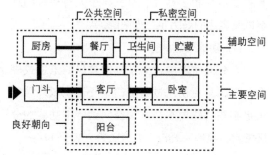

图3-8　别墅空间的基本功能分区

　　咖啡厅的基本功能包括休闲区、吧台、门厅、卫生间、备品制作间、库房、员工更衣室、办公室等。其中主要功能包括休闲区、吧台、门厅、卫生间等客用部分，也是对外的公共区域，而备品制作间、库房、员工更衣室、办公室等属于辅助空间，也是对内的员工服务用房。最主要的空间休闲区要求环境优美、整洁、安静。而卫生间和辅助空间属于容易产生噪音和污染的空间，应有所分隔（图3-9）。

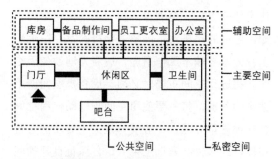

图3-9　咖啡厅空间的基本功能分区

　　(2) 功能分区方式

　　按照上面的功能要求、设计原则进行分区，一般有两种方式：

　　集中水平分区：即将功能要求不同的房间

集中布置在一幢建筑的不同的平面区域，在水平方向上相互联系或分隔。

垂直分区：即将功能要求不同的各部分用房集中在同一幢建筑的不同楼层，以垂直方式进行联系或分隔。但要注意分层布置的合理，注意各层房间的数量、面积大小的均衡，以及结构的合理性，并使垂直交通与水平交通组织紧凑方便，通常是根据使用活动的要求、不同使用对象的特点以及空间大小等因素来综合考虑。

在实际应用中，常常将两种方式相互结合，既有水平分区又要垂直分区。根据上述分区方式，进一步分析主与辅、动与静的分区在设计中的具体处理手法。

主辅分区（图3-10）：

①主要部分和辅助部分水平方向分开布置。二者露天联系或以廊相连，医院、中小学等建筑常常采用这种方式(图3-10a)。

②辅助部分布置在主要部分的一侧。一般应该尽量避免将辅助部分布置在主要部分的两侧，否则辅助用房内部联系因分开两边而不方便(图3-10b)。

③辅助部分布置在主要部分的后部。这是一般通用的方法，在商店、图书馆、食堂及博物馆等建筑中更是屡见不鲜。一般在后部设置单独的出入口(图3-10c)。

④辅助部分围绕主要使用房间布置。这是一般的体育馆、电影院、剧院等建筑平面组合的特点，它们的辅助用房基本上都是围绕着比赛厅、观众厅布置(图3-10d)。

⑤辅助部分置于底层或地下室。这是在地段拥挤、采用多层布局中常采用的垂直分区的方式(图3-10e)。

⑥辅助部分置于顶层。通常是将办公等用房置于上部，而附属的服务用房，如锅炉房、洗衣房及厨房等放在上部的则较少。行政办公等置于上部的这种方法在某些情况下是由于用地较紧，某些情况下则是由于层数的要求或立面高度的要求(图3-10f)。

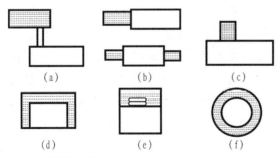

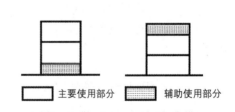

□ 主要使用部分　▨ 辅助使用部分

图3-10　主辅空间分区图

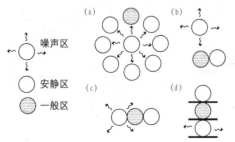

噪声区
安静区
一般区

图3-11　动静空间分区图

动静分区（图3-11）：

①动与静的用房分开布置，两者之间留有适当的距离作隔离带，或是将闹的用房独立布置在主体之外。

②把闹的用房置于静的边缘，以尽量减少其干扰。

③利用一些辅助的不怕干扰的房间

（如厕所、楼梯、仓库、储藏室等）作为隔声屏障，将动与静分开。

④将动与静的房间在垂直方向上分区布置。一般是将动的用房放在下面，将要求安静的房间置于上部。

2．流线组织

人在建筑物内活动，物在内部的运送共同构成建筑的交通组织问题。交通流线的组织同功能分区一样包括两个方面：一是相互的联系，二是彼此的分隔。合理的交通路线组织就是既要保证相互联系的方便，又要保证必要的分隔，使不同的流线不相互干扰。

（1）交通流线的类型和组织要求

建筑的交通流线按其使用性质可以分为以下几种类型：

①人流交通线：即建筑物主要使用者的交通流线。

②内部工作流线：内部人员的交通流线，例如公共建筑内的服务交通流线。

③辅助供应交通流线：如厨房工作人员服务流线及后期供应线（图3-12）。

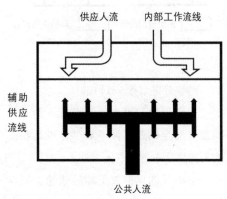

图3-12　人流交通流线类型

④车流交通线：即场地内的车行道路、停车场以及与建筑出入口的关系。

人是建筑的主体，流线组织就是从人的活动或事件展开的时间顺序出发，在各个功能活动区域之间建立积极而合理的联系，空间感受也根据人的行走进程而同步变换，因连贯的交通而产生一定秩序。现代建筑大师勒柯布西耶就相当强调"借助走动来了解建筑设计"的活动路线。我们可以根据人的行为习性，确定其在使用或体验空间的过程中可能性最大、最为便捷的程序，并以箭头方向指示分析，这就是流线图。总之交通流线的组织应以"人的活动路线"作为设计的主导线，并且交通流线的组织直接影响到建筑空间的布局，在组织时应具体考虑以下几点要求：第一，不同性质的流线应明确分开，避免相互干扰。具体来说，主要活动人流不与内部工作服务流线相交叉；主要活动人流中有时还需要将不同对象的流线适当分开。第二，流线的组织应符合使用程序，力求简捷明确，通畅，不迂回，最大限度地缩短流线。第三，流线组织与出入口设置必须考虑城市道路密切关系，二者不可分割。

对于环境建筑来说，由于建筑面积不大，交通流线类型也相对简单，通常内部工作流线与辅助供应流线合在一起组织。仍以别墅为例，一般可分为家人流线、客人流线、家务流线、车流流线，四条流线不宜交叉（图3-13）。

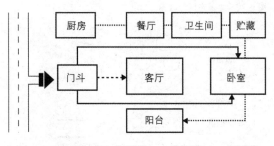

图3-13　别墅设计流线

家人流线主要存在于家庭起居室、卧室、卫生间、书房等私密性较强的空间，应该充分考虑各家庭成员的生活习惯。

客人流线是客人从场地进入建筑后的活动路线，应避免家人流线和客人流线交叉，如客人房的布置不宜与家人的卧室混在一起。另外，一般的住宅设计中常常将家庭起居室和客厅合并，而别墅设计中常常分设，起居室作为家人聚会的场所，而客厅主要作为客人拜访之用。

家务流线是家务作业的活动路线，主要存在于厨房、工作阳台、佣人房和佣人出入口等之间，空间的组织和家具的放置都应该结合家务作业的基本流程考虑。

车流流线是车辆进出场地及车库的路线，应考虑如何便捷地停车，并方便驾车人进入建筑内部。

(2) 流线组织的方式

整个交通联系空间，我们可以将交通流线的组织方式抽象为一张由"线"和"节点"构成的网络（图3-14）。在这个复合交通网络中，"线"的组织方式包括除了走道等水平交通与楼梯、电梯等垂直交通之外，空间中还

存在一些斜向、螺旋形联系与非正交系统；节点的组织形式包括门厅、过厅、前厅、电梯厅，等等。此外，厅堂中起交通联系作用的一些错层、夹层或挑空平台（图3-15），同时也具备交流、观看等多种意义，这些要素从不同方向积极组织为立体网络构成四通八达的内部交通体系。

综上，在整个交通体系网络当中从流线的组织方式看，我们可以将其分为三种基本形式（图3-16）：

①水平方向的组织：即把不同的流线组织在同一平面的不同区域，这与前述水平功能分区是一致的。这种水平分区的流线组织垂直交通少，联系方便，避免大量人流的上上下下。在中小型的建筑中，这种方式较为简单；但对某些大型建筑来讲，单纯的水平方向组织可能不易解决复杂的交通问题或使平面布局复杂化，这是它的不足之处。

②垂直方向的组织：即把不同的流线组织在不同的层上，在垂直方向把不同流线分开。这种垂直方向的流线

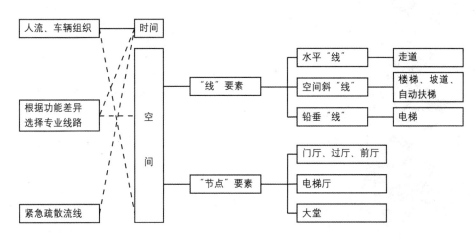

图3-14 建筑物的复合交通网

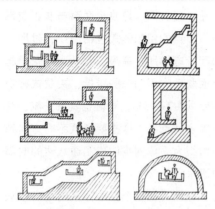

图3-15 夹层剖面图

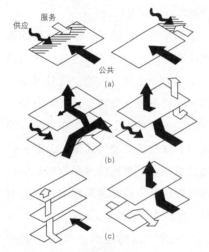

(a) 水平组织方式　(b) 垂直组织方式　(c) 混合组织方式

图3-16 流线组织的三种方式

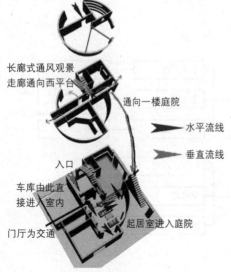

图3-17 别墅流线组织方式图

组织,分工明确,可以简化平面,对较大型的建筑更为适合。但是,它增加了垂直交通,同时分层布置要考虑荷载及人流量的大小。一般讲,总是将荷载大、人流多的部分布置在下,而将荷载小、人流量少的置于上部。

③水平和垂直相结合的流线组织方式:即在平面上划分不同的区域,又按层组织交通流线,常用于规模大、流线较复杂的建筑物中。

流线组织方式的选择一般应根据建筑规模的大小、基地条件及设计者的构思来决定。一般中小型公共建筑,人流活动比较简单,多取水平方向的组织;规模较大,功能要求比较复杂,基地面积不大,或地形有高差时,常采用垂直方向的组织或水平和垂直相结合的流线组织方式。

仍以别墅设计为例,虽然是小型的环境建筑,但通常仍采用水平与垂直相结合的流线组织方式。首先是垂直方向的组织,门厅、客厅、厨房、餐厅、车库、客房等区域通常布置在一层,而将大多数卧室、书房等空间布置在楼上。其次是水平方向的组织,每一层又形成自己的流线。例如在一层中,人流入口与车流入口的区别组织,辅助服务流线与主人、客人使用流线的区分(图3-17)。

3. 功能分析图

在建筑设计过程中,建筑师通常会借助功能分析图或气泡图来归纳、明确各使用部分的功能分区。功能分析图一般包括表示功能关系的"气泡图"和"方块图"。

功能关系"气泡图"是用来分析建筑的内部功能及其流线关系的重要图解手段。每个气泡代表一个功能分区,并根据流线关系将各个功能分区组织在一起,使建筑内部功能关系清晰直观地表达出来。可以用单个气泡代表一个

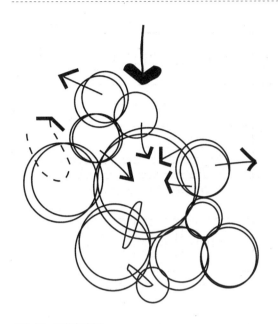

图3-18 功能气泡图

房间或者功能相近的几个房间，用线表示它们的关系（图3-18）。

而功能"方块图"是给"气泡图"配置面积，即按面积画出代表功能区的图框，然后结合它们的功能关系，用线条把代表空间的图形连接起来，并以粗细线区分它们之间联系的紧密程度。功能分析图的绘制可为设计方案提供空间组织的依据，并且在方案形成后检验方案是否合理（图3-19）。

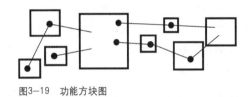

图3-19 功能方块图

第二节 建筑形式法则

一、建筑形式认知

任何建筑都必须以一定的物质形式存在，即建筑形式，通常也称为建筑形象，一般指建筑的外观，换句话说就是建筑的造型美观问题，建筑性格如人的内在性格，相对稳定。每一种建筑类型都会有其相应的性格被社会所认同和接受。建筑形体又如人的外在打扮，应当与其内在性格相适应。建筑的形式通常包括以下内容来表现：

（1）空间——建筑能形成可供人使用的室内外空间，这是建筑艺术区别于其他造型艺术的最本质特点。

（2）实体——与建筑空间相对存在的，由线、面、体组成。

（3）色彩、质感——建筑上各种不同的材料表现出不同的色彩和质感。色彩方面如人造材料的明快纯净与自然材料的柔和沉稳；质感方面如金属、玻璃材料的光滑透明，砖石材料的敦厚粗糙。色彩和质感的变化在建筑上被广泛运用，就是为了获得优美、有特色的建筑艺术形象。

（4）光影——建筑一般处在自然的环境中，当受到太阳照射时，光线和阴影能够加强建筑形体凹凸起伏的感觉，形成有韵律的变化，从而增添建筑形象的艺术表现力。

二、建筑形式美原则

建筑形式问题同其他造型艺术一样涉及文化传统、民族风格、社会思想意识等多方面的因素，并不单纯是一个美观的问题，但是一个良好的建筑形式，却首先应该是美观的。总的来说，环境建筑的艺术形式要符合建筑形式美的一些基本规律，即形式美创作法则，这些法则是人们在长期的建筑实践中的总结。尽管每个建筑物在外观造型上有很大的差别，但凡是优秀作品都有共同的形式美原则，即在变化中求统一、在统一中求变化，正确处理主与从、比例与尺度、均衡与稳定、节奏与韵律、对比与协调之间的关系。

1. 统一与变化

几千年的建筑实践中总结的形式美法则中最重要的一条，也是人们认为美的事物所必须首先具备的，就是"多样统一"的法则，即凡是多种多样的部分组成的物体，看上去必须是一个统一的整体，建筑的美也自然要符合这一客观法则。实际上，这也是自然法则。建筑的外形，除了现代西方国家某些建筑流派或前卫建筑师所采用的奇怪的形式外，一般都要求建筑物有一个比较整齐的、有规律的、匀称统一的整体，同时也希望有多样的变化，否则就会显得"单调"、"呆板"。反之，过多的变化就会感到杂乱而不统一。这种"多样统一"的原则是建筑组合中必须遵守的原则。

图（3-20）为一咖啡厅几种立面设计的比较，其中第一个由于窗户没有很好的组织，整个立面就是一个个孤立的窗洞。虽然比较简洁，但因少变化而显单调。如果将每个窗子作为一组组织起来，并加以适当的线脚处理，入口处加以强调，这样既可避免单调的感觉，而又在统一中取得了变化的效果。其具体手法也是多种多样的。

建筑物是由满足不同功能使用要求的各个组成部分和由结构、构造等技术

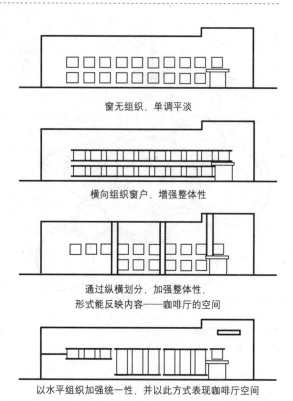

窗无组织，单调平淡

横向组织窗户，增强整体性

通过纵横划分，加强整体性，形式能反映内容——咖啡厅的空间

以水平组织加强统一性，并以此方式表现咖啡厅空间

图3-20 咖啡厅立面设计比较

要求的各个构件所组成的，它们的体量大小、形式、材料、色彩及质地等各不相同，互有区别，这就提供了建筑多样变化的客观的物质条件。但是，它们彼此之间又有一定的内在联系，如共同一致的功能要求，共同的材料、结构系统，这又使建筑物具有完整统一的客观可能性。设计者的任务，在研究造型时，就是要有意识地充分考虑及利用建筑功能及结构、技术等方面存在的一致性及差别性的因素，加以有规律的处理，以求得建筑表现上的变化与统一的完美结合。

建筑中统一与变化的规律贯穿于整个建筑群的整体布置、建筑物的平面及空间组织、体形组合、立面设计及细部处理之中，它们都要符合统一中求变化、变化中求统一这一基本原则。

(1) 平面的统一与变化

最主要的、最简单的一类统一叫平面形状的统一。任何简单的几何形平面都具有必然的统一感，这是可以立即察觉的。三角形、正方形、圆形等单体都可以说是统一的整体。在平面设计中我们不能不考虑使用功能，这就需要理解功能的特征和使用上的流程。合理地组织功能空间是达到各方面统一的前提。这里包括在同一空间内功能上的统一以及功能表现的统一。

(2) 风格的统一与变化

在环境建筑设计中将不同的元素组织起来并达到协调统一的效果。在设计中主要有两个手法。

① 建筑形体的主从关系

在由若干要素组成的整体中，每一要素在整体中所占的比重和所处的地位，将会影响到整体的统一性。如果所有要素都竞相突出自己，或者都处于同等重要的地位，不分主次，这些都会削弱整体的完整统一性。古代希腊朴素的唯物主义哲学家赫拉克利特（Herakleitos）认为："自然趋向差异对立，协调是从差异对立而不是从类似的东西产生的。"差异，可以表现为多种多样的形式，其中主从差异对于整体的统一性影响最大。在自然界中，植物的干与枝、花与叶，动物的躯干与四肢都呈现出一种主与从的差异，它们正是凭借着这种差异的对立，才形成一种统一协调的有机整体。各种艺术创作形式中的主题

与副题、主角与配角、重点与一般等，也表现为一种主与从的关系。上述这些现象给我们一种启示：在一个有机统一的整体中，各组成部分必须加以区别对待。它们应当有主与从的差别，有重点与一般的差别，有核心与外围组织的差别。否则，各要素平均分布、同等对待，即使排列得整整齐齐、很有秩序，难免会显得松散、单调而失去统一性。

在环境建筑设计实践中，从平面组合到立面处理，从内部空间到外部体形，从细部装饰到群体组合，从建筑主体到外部环境，为了达到统一都应当处理好主与从、重点和一般的关系。勒·柯布西耶在《走向新建筑》的纲要中提出："传统的构图理论，十分重视主从关系的处理，并认为一个完整统一的整体，首先意味着组成整体的要素必须主从分明而不能平均对待各自为政。"体现主从关系的形式是多种多样的，一般地讲，在古典建筑形式中，多以均衡对称的形式把体量高大的要素作为主体而置于轴线的中央，把体量较小的从属要素分别置于四周或两侧，从而形成四面对称或左右对称的组合形式。四面对称的组合形式，其特点是均衡、严谨、相互制约的关系极其严格（图3-21）。

但正是由于这一点，它的局限性也

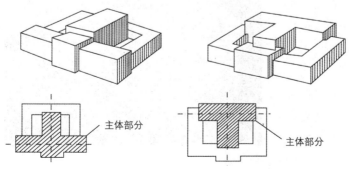

图3-21　对称形式的主从分明

是十分明显的，在实践中除少数建筑由于功能要求比较简单而允许采用这种构图形式外，大多数建筑均不适于采用这种形式，而采用不对称的体量组合。

不对称的体量组合也必须主从分明。所不同的是：在对称形式的体量组合中，主体、重点和中心都位于中轴线上；在不对称的体量组合中，组成整体的各要素是按不对称均衡的原则展开的，因而它的重心总是偏于一侧。至于突出主体的方法，则和对称的形式一样，也是通过加大、提高主体部分的体量或改变主体部分的形状等方法以达到主从分明的效果（图3-22）。

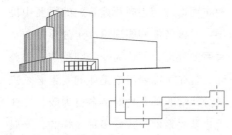

图3-22　非对称形式的主从分明

此外，还可以用突出重点的方法来体现主从关系。所谓突出重点就是指在设计中充分利用功能特点，有意识地突出其中的某个部分，并以此为重点或中心，而使其他部分明显地处于从属地位，这也同样可以达到主从分明、完整统一。例如国外某些建筑师常常使用"趣味中心"这样一个词汇，其实正是上述原则的一种体现，所谓"趣味中心"就是指整体中最引人入胜的重点或中心。

明确主从关系后，还必须使主从之间有良好的联结。特别是在一些复杂的体量组合中，还必须把所有的要素都巧妙地联结成为一个有机的整体，也就是通常所说的"有机结合"。有机结合就是指组成整体的各要素之间，必须排除任何偶然性和随意性，而表现出一种互为依存和互相制约的关系，从而显现出一种明确的秩序感。

②建筑与环境的协调一致

建筑外部环境中不同景观元素的细部和形状要与建筑协调一致来构筑环境整体的统一，许多环境景观之所以布置得杂乱无章，其原因之一就是缺乏统一的控制要素。虽然环境要素相对于建筑物来说均从属于某些较重要和占支配地位的部位，采用的具体手法例如采用某一种几何或符号，它们给人的几何感受一样，那么它们之间将有一种完美的协调关系，这就有助于使环境产生统一感。例如北京鸟巢及周边广场的处理都采用了同一的交叉线条（图3-23）。水立方建筑采用细胞形状的表面，其

图3-23　鸟巢及周边环境

图3-24　水立方及周边环境

前面的广场则采用类似于圆形作为构图主题，大大小小错落布置（图3-24）。

③色彩和材料的统一与变化

除了用形状的协调来完成统一以外，还可以用色彩来获得统一。正确地选择建筑表面装饰材料可以获得主导色彩，而且这常常是得到统一和协调的唯一方法。表面装饰材料色彩的对比，也能产生一种戏剧性的统一效果。但此种对比应该是重点点缀，以一种色彩或一种材料占主导地位，对比的色彩或材料仅仅用来加以点缀，很少有平均对待的情况（图3-25）。

图3-25　建筑色彩的统一与对比

2．比例与尺度

（1）比例

任何物体，不论呈何种形状，都必然存在着三个方向——长、宽、高的度量，比例所研究的就是这三个方向度量之间的关系问题（图3-26）。所谓推敲比例，就是指通过反复比较而寻求出这三者之间最理想的关系。环境建筑中的比例指环境要素局部、局部与整体、要素与要素的实际尺寸之间的数学关系，建筑各组成部分自身的长宽高以及部分与整体的比例。建筑形式所表现的各种不同比例特点常和它的功能内容、技术条件、审美观点有密切关系。关于具体的比例评价标准很难用数字来规定，所谓良好的比例一般指具有和谐的关系。

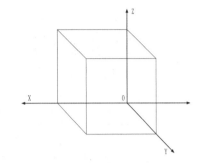

图3-26　物体的长、宽、高三个向度

自古以来有许多西方建筑家用几何分析法来探索建筑的比例关系。其中最流行的一种看法是：建筑物的整体，特别是它的外轮廓线，以及内部各主要分割线的控制点，凡是符合于圆、正三角形、正方形等具有简单而又肯定比率的几何图形，就可能由于具有几何制约关系而产生完整、统一、和谐的效果。根据这种观点，他们运用几何分析的方法来证明历史上某些著名建筑，凡是符合上述条件的均因具有良好的比例而使人感到完整统一。如巴黎的凯旋门，建筑的整体外轮廓为一正方形，里面若干个控制点与几个同心圆或正方形相重合，因而做到了比例上的严谨（图3-27）。

影响建筑比例的因素很多。它首先是受建筑功能及建筑物质技术条件所决定，不同类型的建筑物有不同的功能要求，形成不同的空间，不同的体量，因而也就产生了不同的比例，形成不同的建筑性格。在推敲空间比例时，如果违反了功能要求，把该方的房间拉得过长，或把该长的房间压得过方，这不仅会造成不实用，而且也不会引起人的美感。

建筑的比例还与使用的材料、结

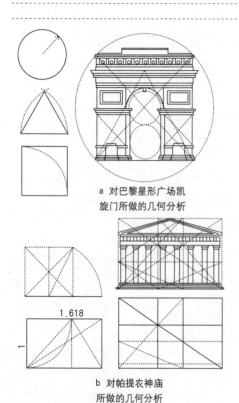

a 对巴黎星形广场凯
旋门所做的几何分析

1.618

b 对帕提农神庙
所做的几何分析

图3-27 西方古建筑比例

构有关。建筑的材料与结构是形成一定比例的物质基础。技术条件和材料改变了，建筑的比例势必随之改变。以我国古代木构架建筑与西方古典石结构建筑相比，我国建筑开间较大，这是由于我国使用的是木梁，抗弯能力强。而西方建筑开间小，柱子排列密。

此外，民族传统、社会文化思想意识及地方习惯对建筑的比例形式也有直接的影响。每一个民族，每一个国家，由于自然条件、社会条件、风俗习惯和文化背景不同，即使处在同一历史时期，运用相近的建筑材料和工程技术，而在建筑形式上依然会产生各自独特的比例。

(2) 尺度

和比例相联系的另一个范畴是尺度。尺度是建筑基本构图原理之一，建筑造型的主要特征之一，它与比例有着密切的关系。如果说比例是建筑整体和各局部的造型关系问题，或是局部的构件本身长、宽、高之间的相互关系问题，那么尺度则是怎样掌握并处理建筑整体和各局部以及它们同人体或者人所习惯的某些特定标准之间的尺寸关系。即指建筑物的整体或局部与人之间在度量上的制约关系。一般情况下，这两者如果统一，建筑形式就可以正确反映出建筑物的真实大小，如果不统一，建筑形式就会歪曲建筑物的真实大小。因此，尺度的处理应与人体相协调。一些为人们经常接触和使用的建筑构件，如门、窗台、台阶、栏杆等，它们的绝对尺寸应与人体相适应，一般都是固定的，如果任意放大或缩小建筑物中的某些构件的尺寸，就会使人产生错觉，例如实际大的看着"小"了，或实际小的看着"大"了，使人感到不亲切不舒服（图3-28）。具体来看，影响尺度的因素主要有：

a 不同尺度的门

b 利用檐墙显示建筑物尺度

图3-28 细节反映建筑尺度

①影响建筑尺度的首要因素是空间的体量

一般来说，空间体量越大，尺度越大；相反空间体量越小，尺度便越小。一般小型建筑由于体量有限，面积不大，层高较小，立面层次重叠，采用的构件都比较小巧、纤细，往往给人小尺度的感觉，表现出亲切、舒适的气氛。室内空间的尺度感主要与顶棚到地面的高度有关。当需要表现大尺度感空间时，增加顶棚高度是主要处理手法，高度越大尺度感越大，空间越隆重。此外，相邻空间尺度的对比也对人的感觉有影响。例如经过体量矮小的空间走进客厅时，显得更加开阔气派。

②空间内部构件的尺寸及其比例划分对尺度的影响

小尺度的处理特点主要在于强调同人体有比较接近的大小关系，为了增强某种小尺度的效果，常常需要把构件的尺度减弱，或把尺寸较大的构件作适当的划分，例如，粗大的柱子可以在柱面的正中作一条明显的装饰带将柱子表面一分为二，使粗大的感觉有所减弱。顶棚、墙面、地面的划分，可以削弱大片完整的效果，有助于增加小尺度的亲切感。

③细部处理对尺度也有影响

接近人体的细部处理对空间整体效果的景致与粗糙很有影响，处理时要有明确的整体概念，在处理细部尺寸时要善于分析每一个局部在整体效果中的不同作用，是主要的还是次要的，是形成"面"的效果还是突出体积的感觉，因而根据需要决定强调哪些尺寸，或减弱哪些尺寸。

除了上述三者之外，周围环境对于建筑物的尺度感的影响也必须考虑。同样大小的建筑物位于开阔场地和市区沿街往往会给人带来不一样的尺度感，前者显得开敞，后者拥挤。后者显得比前者体量感大一些，因此在建筑细节的处理上要有所差别。

3. 均衡与稳定

建筑的均衡问题主要是指建筑的前后左右各部分之间对立统一的关系，是建立在静力平衡的基础上使建筑形象趋于完美的一个必要条件，通常是以重量来比喻建筑中色彩、体量等在构图分布上的审美合理性。均衡大致可分为以下几种：

(1) 对称式均衡

对称是最简单的一类均衡。无论是昆虫、飞鸟、哺乳类动物，还是飞机或轮船都会使定向运动的身体取对称的形式以保持运动的轴线。那么在人活动的环境建筑中采用对称布局自然会应用来自自然界的运动类比。环境建筑中的对称式通常表现为建筑对称式的体量处理方式（图3-29）。

这种建筑都有明确的中轴线，轴线两侧完全对称，整个建筑物形体均衡、完整，容易取得严肃庄重的效果（图3-30）。简单地说，如支点两端的砝码距离、重量相等（图3-31）。

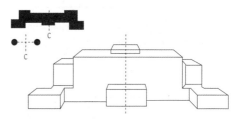

图3-29　对称式均衡

图3-30　古罗马斗兽场

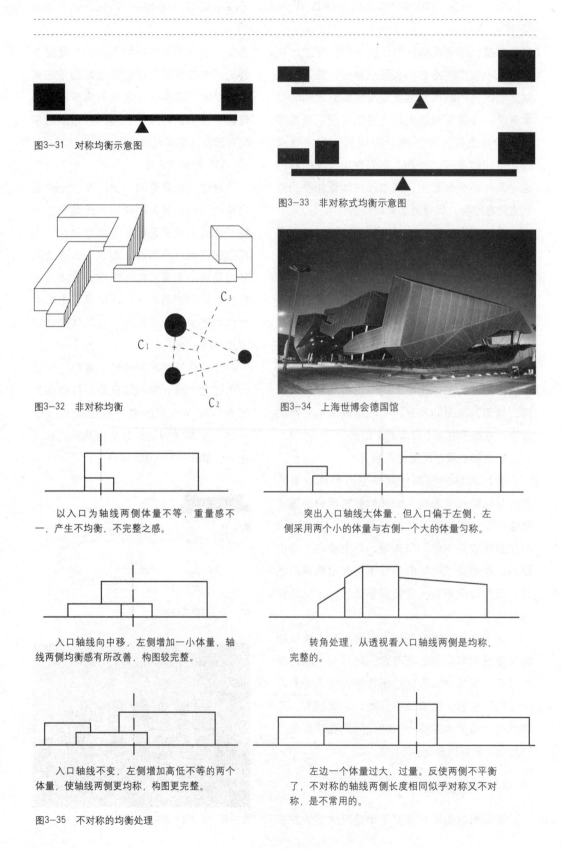

图3-31 对称均衡示意图

图3-33 非对称式均衡示意图

图3-32 非对称均衡

图3-34 上海世博会德国馆

以入口为轴线两侧体量不等，重量感不一，产生不均衡、不完整之感。

突出入口轴线大体量，但入口偏于左侧，左侧采用两个小的体量与右侧一个大的体量匀称。

入口轴线向中移，左侧增加一小体量，轴线两侧均衡感有所改善，构图较完整。

转角处理，从透视看入口轴线两侧是均称、完整的。

入口轴线不变，左侧增加高低不等的两个体量，使轴线两侧更均称，构图更完整。

左边一个体量过大、过量。反使两侧不平衡了，不对称的轴线两侧长度相同似乎对称又不对称，是不常用的。

图3-35 不对称的均衡处理

（2）非对称的均衡

但是，建筑物总是受到功能、结构、地形等各种具体条件的限制，不可能都采用对称的形式。这时，必须采用不对称的布局（图3-32）。

所谓非对称的均衡是指没有轴线所构成的不规则平衡。比如人体的侧面虽然两边没有对称关系，但是还是给我们一种稳定的感觉，与人体正面的对称构图相比，侧面有更为复杂的平衡构成。简单地说，一边靠近支点的一部分重量将由另一边距支点较远的重量来平衡（图3-33）。

这时非对称式的均衡处理就较有难度，处理不好，建筑物就显得不够完整，如图（3-34）中非对称式的均衡处理方式容易取得轻快活泼的效果。在不对称组合中，通常使用体量大小、高低方式来进行均衡处理（图3-35），此外材料的质感、色彩的深浅、虚实的变化等技法都可求得体量大体的均衡。

（3）整体的均衡

在环境建筑设计中，均衡不仅局限于建筑物本身，建筑与其周边环境也同样可以获得复杂的非对称平衡，运用视觉意识重量来达到平衡关系。在这一平衡的体系中，我们无须去限制各种要素的数量。例如街道两侧的树木数量虽然不一致，但也能够达到视觉的平衡，关键在于树木的不同形式是否能够达成整体上的重量平衡。可以组织更多的元素到这个视觉平衡体系中，运用视觉意识重量来达到平衡关系。但这些要素应该是在适当的位置、平衡点或是一个控制性的视觉焦点出现。它们吸引人的视线，并且使人在观察了整个构图的基本部分之后，仍将回到这一焦点作为视觉的核心，从而组成有机的平衡构图。

此外，均衡不仅局限于视觉在静态情况下

立面印象。运动中的视觉所捕捉到的不同立面，其序列产生的影响同样也需要均衡。除此之外，建筑艺术上均衡也运用在复杂的平面中，因为平面显示了建筑与景观元素的布局。平面不仅决定了观者先看到什么后看到什么，而且还决定着视觉感受来临的次序。

一个人的正常活动路线是一条径直向前的直线，但在很多情况下由于某种路径的改变或暗示迫使他改变了方向，但是我们还可以通过暗示来重新矫正方向。这种暗示的表现往往就是均衡的问题。在整体的均衡当中，我们不要求在体量、尺寸和细部上一定是对称的，在每一个视点上的每一个场景中也不一定具备均衡的构图。甚至在某一个或更多的视点中明显存在着不均衡，但是最终的结果却一定是均衡的，这是一种在运动中获得的均衡。这种均衡是从宏观的角度追求整体上的均衡，而非局部的静态的平衡关系，是四维空间中的平衡。

因此，所谓环境建筑总体的均衡，包括建筑及周边环境在内的整体均衡，是每一个具体构图累积的最终结果，更是每一次平衡或不平衡体验累计的最终结果。

和均衡相连的是稳定。如果说均衡所涉及的主要是建筑构图中的各要素左与右、前与后之间相对轻重关系的处理，那么稳定主要指建筑物的上下关系在造型上所产生的轻重效果关系。物体的稳定和它的中心位置有关，当建筑物的形体重心不超出其底面积时，易具有稳定感。上小下大的造型，稳定感强烈，常被用于纪念性建筑，例如著名的

图3-36　稳定的金字塔

图3-37　上海金茂大厦"向上收缩"塔式造型

图3-38　追求不稳定感的建筑

埃及金字塔（图3-36）等。

　　在近现代也有不少多层和高层建筑中采用依次向上收缩的手法，不仅可以获得稳定感，而且丰富了建筑的轮廓线，更有力地表现建筑的特定性格，例如上海金茂大厦（图3-37）。如有些建筑则在取得整体稳定的同时，强调它的动态，以表达一定的设计意图。建筑造型的稳定感还来自人们对自然形态（如树木、山石）和材料质感的联想。但随着技术的发展，以致某些现代的建筑师把以往认为不稳定的概念当作一种目标来追求。他们一反常态，或者运用大挑臂的出挑；或者运用底层架空的形式，把巨大的体量支撑在细细的柱子上；或者索性采用上大下小的形式，干脆把金字塔倒转过来（图3-38）。应当如何看待这个问题？首先可以明确的是人的审美观念总是和一定的技术条件相联系。在古代，由于采用砖石结构的方法来建造建筑，理所当然地应当遵循金字塔式的稳定原则。可是今天，由于技术的发展和进步，则没有必要为传统的观念所羁绊。例如采用底层架空的形式，这不仅不违反力学的规律性，而且也不会产生不安全或不稳定的感觉，对于这样的建筑体形理应欣然接受。至于少数建筑似乎有意识地在追求一种不安全的新奇感，对于这一类建筑，除非有特殊理由，否则是不值得提倡的。

4. 节奏与韵律

　　节奏和韵律是音乐与诗歌中不可分割的两个部分。节奏是指音乐中音响节拍轻重缓急的变化和重复。节奏这个具有时间感的用语在建筑造型设计上是指以同一视觉要素如形体、色彩等连续重复时所产生的运动感。韵律原指音乐的声韵和节奏，音的高低、轻重、长短的组合，匀称的间歇或停顿，一定地位上相同音色的反复及句末、行末利用同韵同调的音相加以加强诗歌的音乐性和节奏感，就是韵律的运用。由此可见，节奏和韵律都是指规律性的重复和有秩序的变化（图3-39）。

图3-39 节奏与韵律

自然界中许多事物或现象，往往由于有规律的重复出现或有秩序的变化，从而激发美感。例如把石子投入水中，会激起一圈圈的由中心向四周扩散的涟漪，这就是一种富有韵律感的自然现象。

（1）建筑造型中的韵律

对于人工建筑物来说，有意识地加以模仿和运用，建筑中的许多部分，或因功能的需要，或因结构的不止，也常常是按一定的规律重复出现的，如窗子、阳台、柱子等的重复，都会产生一定的韵律感。创造出具有条理性、重复性和连续性为特征的美的形式——韵律美。

①连续的韵律：以一种或几种要素连续、重复地排列而形成，各要素之间保持着恒定的距离和关系，例如门窗、柱廊的组织（图3-40）。

②渐变韵律：连续要素如果在某一方面按照一定的秩序而变化，例如逐渐加长、缩短、变密变疏等（图3-41）。

③起伏韵律：渐变韵律如果按照一定规律时而增加，时而减少，有如波浪起伏，或者具有不规则的节奏感，既利用其体积的大小、体量的高低乃至色彩浓淡冷暖、质感的粗细等作有规律的增减变化，它们之间不是简单的重复和渐变。种种起伏变化多用于立面轮廓线的处理，加强造型整体的艺术表现力（图3-42）。

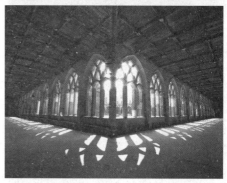

图3-40 连续韵律

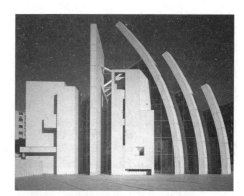

图3-41 渐变的韵律

图3-42 起伏韵律

图3-43 交错韵律

图3-44 空间高低韵律

④交错韵律：各组成部分按一定规律交织、穿插而形成。各要素相互制约，一隐一显，表现出一种有组织的变化。例如在建筑立面组合中利用阳台、遮阳板、门窗的安排来组织某种形式的交错变化的立面式样，给人以新颖、丰富活泼的感觉。又如框架建筑中，利用结构的方便，将门窗交错布置构成立面形式（图3-43）。

以上这四种形式的韵律美既可以加强建筑整体的统一性，又可以取得丰富多彩的变化。有人把建筑比作"凝固的音乐"其道理正在于此。

（2）环境空间中的韵律

在环境建筑当中，人们不会以静态的方式来感受环境，更多的是以动态的方式来感受环境。人们在空间当中受时间和运动因素影响获得信息。在他们面前有一系列变化着的场景，这些元素的组合也形成了一种新的元素，当然更包括一系列空间的韵律，各种韵律自然地组织和交错在一起就会形成一种复杂的韵律系列，这正是环境建筑不同于其他视觉艺术给我们带来的奇妙感受。

环境艺术当中的韵律并不局限于立面构图和细部处理，空间韵律甚至更加重要。对于建筑空间来说，界定比较清晰，人们对空间的感受更为完整，当人们从一个空间进入另外一个空间就会通过运动将不同的空间串联起来，形成了空间的系列关系。这些空间的大小、高低、窄宽以及空间形状的变化或渐变或交替，创造出一种有秩序的变化效果。贯通建筑内部空间的体系，这种韵律所具有的那种感染力是任何语言不能比拟的（图3-44）。

建筑外部环境虽然没有室内空间那么完整和具体，但是它同样有其特定的空间概念，同样具有空间的序列关系和空间的韵律。但是其空间的韵律与室内空间韵律所不同的是由于外部环境空间是开放式的，各空间在视觉上有一定的重叠。这种空间的叠加作用更加强了空间之间的联系和序列关系（图3-45）。

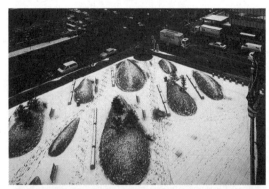

图3-45　建筑外部环境空间的韵律

综上，当设计师想要把他所设计的环境发展成一个系统的有机体时，韵律就是最重要的手法之一。韵律关系直接而自然地产生结构与功能的需要，仿佛由创作灵感所支配的交响乐曲那样受到控制，它们成为视觉艺术中的主要因素之一。

5．对比与调和

对比指的是要素之间的显著的差异。对比可以借彼此之间的烘托陪衬来突出各自的特点以求得变化，从而达到强调和夸张的效果。对比需要一定的前提，即对比的双方总是要针对某一共同的因素或方面进行比较。对于环境建筑设计来说，可以体现在以下几个方面，如形状的对比（方和圆）；体量的对比（大和小）；线的对比（粗和细、曲和直）；方向的

对比（水平与垂直、纵向和横向）；材料质感的对比（光滑与粗糙、轻盈与厚重）；色彩的对比（冷色与暖色）；光影的对比（明与暗）；虚实的对比；建筑与空间的对比；街道与广场的对比；软质与硬质景观的对比等。

无论运用哪种对比，形成的主体都应具有和谐的效果，设计者面临的困难在于寻找正确的对比度。过度对比只能导致混乱。如果单一地强调要素对比的程度，那么它们会彼此竞争而不是表现出彼此的衬托，正如设计中的其他问题一样，有必要为适宜秩序中的对比寻找到明确的依据。过度的对比会导致无序和清晰性的缺损。

对比的反义词就是调和。调和也可以看成是极微弱的对比。是主体或总体一致而辅助元素变化的现象，并且这种变化不足以影响主体的一致和统一。相对于对比，它的目的是求得最大限度的统一，追求最小限度的变化。在建筑艺术处理中通常用形状、色彩等的过渡和呼应来减弱对比的程度，借彼此之间的连续性来求得和谐，使人感到统一和完美。

综上，其实影响建筑形式创作的不仅仅是形式美的原则。建筑形式作为人们欣赏的对象，还反映了人们的审美倾向与价值标准，是对时代文化特征的表述。

三、建筑形式构成手法

1．纯粹几何形体独立构成法

基本几何体包括立方体、棱柱体、棱锥体等平面几何体，以及圆柱体、圆锥体、球体等曲面几何体。基本几何体

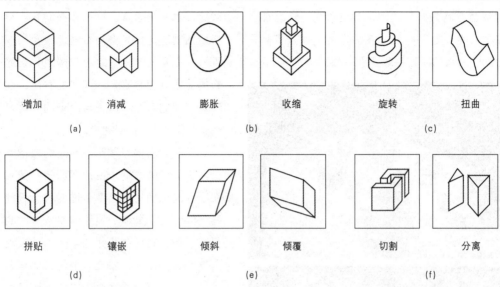

| 增加 | 消减 | 膨胀 | 收缩 | 旋转 | 扭曲 |

(a)   (b)   (c)

| 拼贴 | 镶嵌 | 倾斜 | 倾覆 | 切割 | 分离 |

(d)   (e)   (f)

图3-46 纯粹几何形体独立构成法

简明、肯定，往往与大山、天空、宇宙等习惯概念及意识相联系，容易给人永恒、稳定、庄重等艺术感染力。因此，基本几何体具有"雕塑"魅力，经常运用于纪念性建筑设计。建筑师以其形体尺度、形体与环境关系、环境氛围等表现建筑形象。如：吉萨金字塔群及罗浮宫玻璃金字塔都是方锥体。

基本几何形体经过进一步的处理手法可以产生多种造型变化（图3-46）：

（1）增加与削减——保持形体完整、视觉特性，局部增加附加体或削减形体边角；

（2）膨胀与收缩——对形体进行凹凸变化，改变形体体量；

（3）旋转与扭曲——对形体进行方位变化，改变形体体态；

（4）拼贴与镶嵌——以不同材料对形体表层进行并置、衔接或凹凸变化；

（5）倾斜与倾覆——保持形体稳定感，倾斜界面或边棱方向造成动势；

（6）切割与分离——分裂形体。改变形体体型或造成形体中的聚散变化。

2．结构构成法

此种方法可以看作是无数相同或形似的基本形按照"骨格"限定的方法发展、编排、组合，最终形成新的形态。这种骨格既可以是支撑构成形象的基本力学结构，也是图形借以繁衍的规律。

（1）结构网络——方格网是经线与纬线十字交叉后形成的秩序井然的机制，它以严谨的数学方式构成规律性骨格（图3-47）。

（2）单元规律性重复——几何体规律性重复的体系，在削减了每个单体简单形式本身完整性的同时，也营造出单元形态之间积极的"空隙"空间和新的"游戏规则"支配下的整体（图3-48）。

（3）形态结构的转换——结构网络可以改变方向、局部加减或分离合并，并与其他结构网络交融、套叠，形成对比，但在形态转换中仍然感受到明确的组织骨架（图3-49，图3-50）。

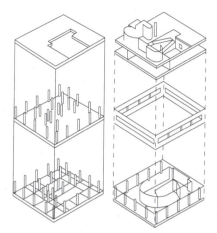

图3-47　萨夫耶别墅的结构网格

图3-48　加拿大76号人居署住宅

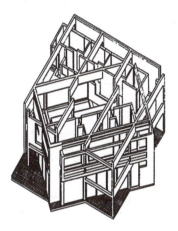

图3-49　网格的交融——彼德埃森曼“卡纸板住宅”

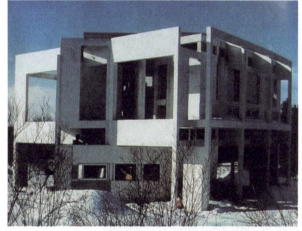

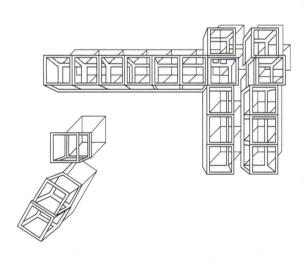

图3-50　网格的增加——矶崎新设计的日本群马现代美术馆

图3-51　德国汉诺威北得提防银行

图3-52　华盛顿美术馆东馆的分解构成

图3-53　奥地利格拉茨博物馆

图3-54　2010年上海市世博会日本馆

3．集聚构成法

集聚构成描述了几何体单元或体

系相互连接、聚合的方法，也就是常说的"加法"。与单元规律性复制所不同的是这些单体不一定是同一几何原形。有的形状各异的单体聚集时，依然保持着一定的几何控制线、对位关系或明显走向的骨骼，如交叉形、旋转形等（图3-51）。

4．分解构成法

分解是将几何整体划分为更小体量的"减法"，并依然保持简单外廓。例如贝聿铭设计的美国华盛顿国立美术馆东馆，将顺应地形边界的梯形整体分为等腰三角形和直角三角形，在继续切割为更小的三角形和菱形，产生多条平行控制线（图3-52）。

5．变形与变异构成法

变形就是将原形进行旋转、挤压、拉伸等瓦解原形，产生新形，与缜密有序的原形相比，新形更显示出不确定和非理性的特征，同时也具有回复原形的力学图式。变异更倾向于通过新要素的加入对原有结构体系进行突破、打散和重组，形成规律性与无规律性的突变式对比（图3-53，图3-54）。

6．模仿法

人类文明就是在模仿自然和适应自然规律的基础上不断发展起来的。从原始时期的"巢居"、"穴居"，到古代文明时期的"金字塔"、"斗兽场"等，再到现代文明时期的各类建筑，无处不留下模仿自然的痕迹。

模仿是一种有活力的设计方法，模仿对象可以是自然事物、建筑先例及其他艺术形式。柯布西耶曾经说过"向自然学习，积累灵感，破碎的螺壳、肉店里的一段牛胛骨都能提供人脑想不出的丰富造型"；赖特指出"通过毫无意义的模仿，人生正在遭受欺骗"。模仿应当避免"依葫芦画瓢"，因为"依葫芦画瓢"贬低了人脑的"创造力"，也排除了真正意义上的"原创"可能。模仿设计大致有生物模仿、先例模仿、其他艺术模仿三种方式。

（1）生物模仿。生物模仿即建筑仿生。建筑仿生并非简单地模仿、照抄、吸收自然生物的生长规律及生态肌理，需要结合建筑自身特点并适应环境变化。常见的建筑仿生大致有形式仿生、结构仿生和功能仿生等方式（图3-55）。

图3-55　卡拉特拉瓦设计的密尔沃基美术馆新馆

图3-56　蒙德里安作品

（2）先例模仿。先例学习是形式创造的一个重要途径。先例可以是历史或现实的先例，也可以是民间或正统的先例；学习可以是直接经验或间接经验的学习。在创造与先例相类似的形式时，先例所包含的信息能够刺激头脑、丰富想象及联想、突破创作的瓶颈。

建筑创作讲求"意在笔先"。"意"和"象"分别属于知识信息和图像信息。"立意"是对信息的提取、筛选、汇总。头脑贮存的信息多、立意才可能高妙。"创作"是对信息的编辑、加工、优化。创作者有了立意并借助于纸和笔，才能将抽象的立意呈现为直观的形式。毫无疑问，信息储存是信息加工的前提条件。如伦佐·皮亚诺（Renzo Piano）设计的吉巴欧文化中心，造型源于当地部落棚屋造型。

（3）艺术模仿。建筑从诞生之日起就广泛地受到其他艺术的影响。建筑设计与绘画、雕塑及音乐等艺术形式有着深厚的渊源关系，艺术理论及实践的发展不仅为建筑创作提供了一种艺术观念，也为建筑创作提供了各种艺术方法。

受到立体主义（风格派和构成主义的起源）"时空"观念的影响，建筑师在三维空间（几何学）基础上引入位移、时间、距离及速度概念，将建筑视为四维空间。柯布西耶称四维空间是"使用造型方法的一种恰当、和谐所引起的无限逃逸时刻——视觉错觉表现"，在萨伏伊别墅设计中，通过挖空形体、构件穿插，来表现内外空间难解难分的渗透关系。同样，受到毕加索绘画"动态时空"观念的影响，包豪斯校舍以玻璃处理"空间透明性"，将绘画的无限神奇力量引入建筑设计之中，打破建筑正面与侧面的时空逻辑关系（图3-56）。此外，吉瑞特·托马斯·里特维德（Gerrit Thomas Rietveld）设计的位于荷兰的乌德勒支住宅（图3-57），简洁的平面、立面构成具有较强的抽象性，受到蒙德里安立体主义绘画的影响，可以说是风格派画家蒙特里安绘画的立体化（图3-57）。

图3-57　荷兰的乌德勒支住宅

第三节　空间的限定和组织

一、建筑空间的认知

空间是建筑存在的前提，建筑正是人们对空间的需求利用物质和技术手段产生的。空间和人的关系最为密切，对人的影响也最大，应当在满足功能要求的前提下具有美的形式，以满足人们的精神感受和审美要求。

1. 建筑空间的属性

建筑空间是一种被限定的三维环境，是一个由墙、地面、屋顶、门窗等围合而成的内空体，是可被感知的场所，它就好像一个容器和外在实体相对存在。人们对空间"虚"、"无"的感受是借助实"有"而得到的。确定正确的空间概念十分重要，因为建筑设计的意图不仅仅是对空间界面本身的装饰，更重要的是体现人在空间中流动的整体艺术感受，不同的内部空间形态会产生不同的空间感受。

建筑空间是用来给人使用的，空间的构成方式要受到功能的制约。这些制约因素体现了空间的基本属性，对人的使用有直接的影响。

（1）空间的体量

建筑物空间的体量大小不仅应该考虑平面上的大小，同时还应满足高度上的需要。这两方面的因素对于空间体量来说是相互制约、相互吸引的。根据经验，在高度不变的情况下，面积越大的空间越显得低矮。另外顶棚和天花作为控制空间面积的元素又控制着空间的高度，形成相互平行、相互吸引的关系。

一般情况下，空间体量大小首先是根据房间的功能使用要求确定的，功能是确定空间尺寸的首要因素，主要考虑人员容量及设备的情况。空间的尺度感应与房间的功能性质相一致。例如住宅中的居室，过大的空间难以造成亲切、宁静的气氛。对于公共活动来说，过小或过低的空间会使人感到局促或压抑，这样的尺度感有损于它的公共性。出于功能的要求，公共活动空间一般都具有较大的面积和高度，如图（3-58）中居室和教室的体量对比。因此，只要能够保证功能的合理性，即可获得恰当的尺度感。

空间的体量大小除了要满足功能上的需

求，从艺术上讲也受到精神方面的影响。通常用高度的改变来表现不同的空间尺度感。例如高耸宏伟产生兴奋、激昂的情绪，低矮使人感到亲切、宁静，过低则使人压抑、沉闷。巧妙利用这些变化使之与各部分功能相一致，获得意想不到的效果。例如教堂等特殊类型的建筑所追求一种强烈的艺术感染力（图3-59）。

(2) 空间的形状

与空间大小类似，空间的形状也受到功能的制约。如图（3-60）中，以教室和会议室为例来说明由于使用要求的不同而导致的平面长、宽比例上的差异，即教室平面方一点，而会议室平面形状长一点。但是许多空间，其功能特点并不是空间形状的唯一限定。因此，空间的形状在满足功能的前提下，有很大的灵活性。此外，还必须考虑形状的个性特征，考虑到给人带来的审美感受。同时还应考虑到人们的心理感受。

由于平面形状决定着空间的长、宽两个向量，所以在建筑设计中空间形式的确定，大多由平面开始，就平面形状而言，最常用的就是矩形平面，其优点是结构相对简单、易于布置家具或设备、面积利用率高等，此外也有利用圆形、半圆形、三角形、六角形、梯形以及一些不规则形状的平面形式。

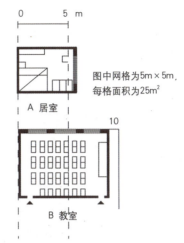

图中网格为5m×5m,
每格面积为25m²

图3-58 居室与教室的体量尺度对比

图3-59 梵蒂冈圣彼得大教堂

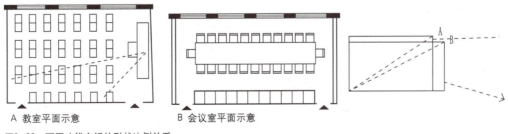

A 教室平面示意   B 会议室平面示意

图3-60 不同功能空间的形状比例关系

(3) 空间的限定

空间和实体是相互依存的，空间通过实体的限定得以存在。根据实体在空间限定中的不同位置可以分为垂直限定要素和水平限定要素。垂直限定要素是通过墙、柱、隔断等垂直构件的围合形成空间，构件自身的特点以及围合方式的不同可以产生不同的空间效果。水平要素限定是通过顶面或地面等不同形状、材质和高度对空间进行限定，以取得水平界面的变化和不同的空间效果。具体的空间限定手法有以下几个方面（图3-61）：

①围合；②设立；③覆盖；④凸起；⑤凹入；⑥架起；⑦材质变化。

2.空间的特征

(1) 空间单纯性与完美性

几何空间被认为是实用且具有表现力的空间。建筑师常用重复、分割、连接、包含、聚合、切削、扩张等空间构成手法建构建筑，突显建筑与外部环境的对比关系。然而文丘里在《建筑的复杂性与矛盾性》一书中，批判现代主义注重建筑空间的简单性、原始性、一元性，忽视了建筑的暧昧性、多样性及对立性。解构主义批评现代建筑师选用几何空间，排除建筑空间的不稳定感和无秩序感，指出解构主义的目的在于表露建筑空间应有的模棱两可或缺陷。

(2) 空间透明性与流动性

勒·柯布西耶在1927年国际联盟总部设计竞赛中所采用的"层构成"方法，被后人称为空间的"透明性"。一般空间透明有实透明和虚透明两种方

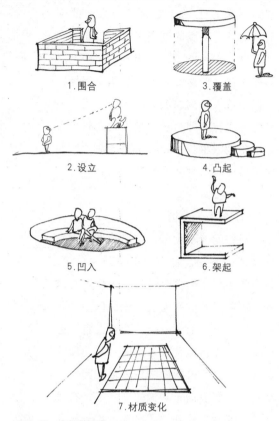

图3-61 空间的限定

1.围合　　3.覆盖
2.设立　　4.凸起
5.凹入　　6.架起
7.材质变化

法：实透明即通过玻璃透明空间，虚透明即由空间层次营造空间的透明感。这两种空间透明的方法被今天的建筑师有所延续和发展。

(3) 空间对称性与秩序性

对称空间被关注的主要原因是其表现出来的规律、等级、秩序等关系。空间对称有整体对称与局部对称两种方式，左右对称空间的"控制线"除对称轴以外，还有人流"动线"和实体构件"结构轴线"，有意识地分离三种"控制线"，可以打破空间对称带来的呆滞感受。传统空间的对称性正逐步被现代空间建造技术中的标准化、模数制、规整性等所取代。

空间秩序具有一定的表现力。一般的空间秩序规律有：简单空间容易读解和记忆，重复空间增强视觉集注，渐变空间保持视觉延续，近似

空间容易形成独立的视觉单元，对比空间动中有静、显中有隐，特异空间突显个性、诱发视觉情趣，无序空间使人匪夷所思和无所适从。

3. 建筑空间艺术

古典美学家黑格尔说"美，是理念的感情显现"，是"心灵的东西从感性的东西中显现出来"，并使"两者融合成一体"。建筑亦如此，一个真正的建筑不仅是住人的机器，更是情感的容器。从某种意义上说，能表现情感并能感染观者的建筑才是真正的艺术。因此建筑本身是空间的艺术，空间是建筑艺术表现的重要特征。建筑空间的设计应该是富有情感信息的设计，建筑师应通过空间传递情感。建筑空间的艺术特征大致有三个：

（1）风格：所谓"风格"是一种美学上的概念，是指不同时代的艺术思潮与地域特征相融合，通过艺术创造性的构思和表现而逐步发展形成的一种具有代表性的典型形式。每一种风格的形成都是与当时当地的自然和人文条件息息相关，其中尤以社会制度、民族特征、文化潮流、生活方式、风俗习惯、宗教信仰等因素最为关系密切。

（2）象征：象征是指运用具体的事物和形象来表达一种特殊的含义，建筑艺术是基于一定的使用要求之上的，运用一些比较抽象的几何形体来表达特有的内在含义的艺术形式，因此从这个意义上说建筑艺术是一门象征性的艺术，这种象征性也具有时代性、民族性与地域性的特征。

（3）气氛：建筑在满足物质功能的同时还应满足精神感受方面的需求，在一定建筑环境空间中，无论其大小形状如何，都会受到环境的影响而产生某种审美反映。由于建筑空间的特征不同，往往会形成不同的环境气氛，从而

使人们感到深处的建筑似乎具有某种性格，如温馨的空间、庄严的空间、神秘的空间等。

二、建筑空间的组织方式

通常只包含单一空间形式的建筑物寥寥无几，大多建筑都有多个相对独立的空间彼此联系、组合成连贯整体。在了解空间本身属性的前提下，我们将开始介绍多个空间组合方式。选择不同空间组合方式首先基于功能的分化，同时也是与形式互为约束、迁就的结果。它能带来不同的空间序列和节奏情绪。

从组合方式上看，建筑空间主要包括两个方面：平面组合和竖向组合，它们之间相互影响，需统一考虑（3-62）。

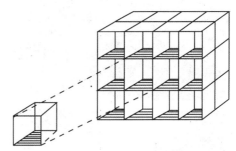

图3-62　空间的平面及竖向组合

1. 两个空间的组合关系

（1）套叠：是指空间之间的母子包含关系——在大空间中套一个或多个小空间（图3-63）。之所以是母子，是因为两者有明显尺度和形态上的差异，大空间作为整体背景，同时对场面有控制力度。当然小空间也有彰显个性的需要，通常两组空间之间会产生富有动势的剩余空间，例如，国家大剧院就是典型的套叠组合形式（图3-64）。

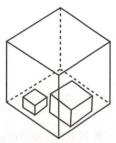

图3-63 空间的套叠示意图

图3-65 空间的邻接示意图

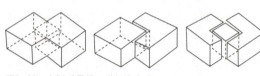

图3-66 空间重叠的三种组合方式

屋顶平面图

图3-67 光中的六柱体

图3-64 空间的套叠——国家大剧院

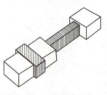

图3-68 空间的连接

图3-69 阿拉伯综合性大厦

（2）邻接：一条公共边界分隔两个空间，这是最常见的类型（图3-65）。通常用来表示空间因在使用时的连续性或活动性质的近似等因素，需要将它们就近相切联系。两者之间的空间关系可以互相交流，也可以互不关联。这取决于公共边界的表达形式，可以是封闭的墙体，也可以是相互渗透的半封闭手段，如隔断、家具等。

（3）穿插：是指各个空间彼此介入对方，空间体系中的重叠部分既可为两者共有，成为过渡与衔接之处，也可以被其中之一占有吞并，从另一空间中分离出来（图3-66）。

例如日本建筑师叶祥荣设计的光中六柱体将空间之间的两两穿插发挥得淋漓尽致（图3-67）。

（4）连接：两个分离的空间通过第三方过渡空间产生联系。两个空间的自身特点，比如功能、形状、位置等，可以决定过渡空间的地位和形式（图3-68，图3-69）。

2．多个空间的组合

这里多个空间组合主要指两个以上的多个空间组合的平面形式。根据一定的空间性质、功能要求、交通路线等因素将空间与空间之间在平面布局上进行有规律的组合架构。

（1）集中式：是一种稳定、归整的向心式构图，它是由一定数量的次要空间围绕一个大的占主导地位的中心空间构成的。在集中式空间组合中，流线一般为主导空间服务，或者将主导空间作为流线的起始点和终结点，因此交通空间所占比例很小（图3-70）。

集中式的基本形式主要有两种，一种是完全对称的形式。从属空间围绕着中心空间规则且完全对称的组织，在功能形式和尺度上完全等量。另一种是不完全对称的形式。从属空间

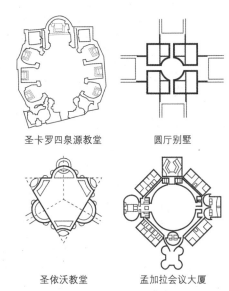

图3-70　集中式空间组合的建筑

（圣卡罗四泉源教堂　圆厅别墅　圣依沃教堂　孟加拉会议大厦）

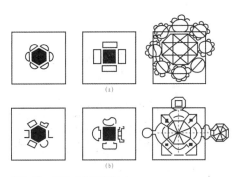

图3-71　集中式的基本形式

（a）对称式　（b）不完全对称

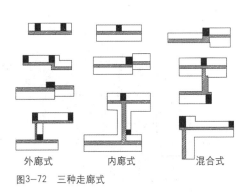

图3-72　三种走廊式

（外廊式　内廊式　混合式）

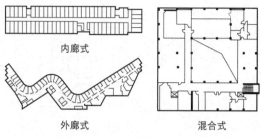
内廊式

外廊式　　　　　　　混合式

图3-73　采用不同走廊形式的建筑

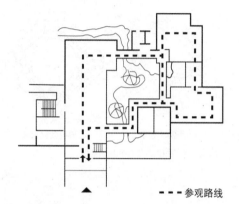

- - - 参观路线

图3-74　串联式

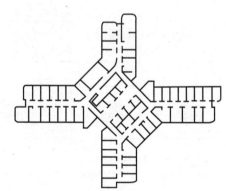

图3-75　辐射式

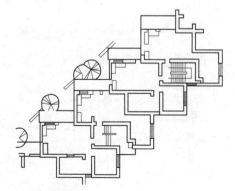

图3-76　单元组合式

围绕着中心空间规则但不完全对称的组织，形式和尺度是不完全等量的，反映出它们各自功能的特殊要求和彼此之间不同的重要性（图3-71）。

（2）线型式：是将空间体量或功能性质相同或相近的空间，按照线型的方式排列在一起。它的最大特点是具有一定的长度，表示出一定的方向感，具有延伸、运动和增长的特性，需要考虑连贯性和节奏感。按照各空间之间的交通联系特点，又可以分为走廊式、串联式和辐射式。

走廊式：各空间独立设置，互不贯通，用走廊相连。走廊又分为外廊式、内廊式、混合式三种（图3-72，图3-73）。

串联式：各个使用空间按照功能要求一个接一个地互相串联，一般需要穿过一个内部空间到达另一个空间，与走廊式的不同之处在于没有明显的交通空间。这种空间组合节约了交通面积，但缺点是空间独立性不够，流线不够灵活。在展览建筑中常常运用（图3-74）。

辐射式：兼顾了集中式和线型式组合。它由一个主导的中心空间和一些向外辐射扩展的线型组合空间所构成。这种组合方式能最大限度地使内部空间和外部环境相接触，空间之间的流线比较清晰，它与集中式组合的区别在于，处于中心位置的空间不一定是主导空间，可能是过渡缓冲空间（图3-75）。

（3）单元式组合：将若干个关系紧密的内部使用空间组合成独立单元，再将这些单元组合成一栋建筑的组合方式。

每个单元都有很强的独立性和私密性，具有类似的功能，并在形状和朝向方面有着共同的视觉特征。这些空间有大小之分但没主次之分（图3-76）。

（4）网格式：两组平行线相交，就产生一个网格，然后通过投影转化成三维实体，成为一系列的空间模数单元，这种组合就是网格式组合，在建筑中网格大多是通过梁、柱来建立的。网格形式也可以进行其他形式的变化，如偏斜、中断等以改变空间的连续性（图3-77）。

（5）连续变换：是指空间之间一气呵成，将交接部分的限定降到最低，众多空间互相穿插，限定模糊，令使用者始终保持无间歇的兴奋状态，但也应该注意节奏调剂，以避免活动频繁与视觉疲劳。例如扎哈·哈迪德（Zaha Hadid）设计的意大利卡利亚里现代艺术博物馆，非匀质布局引导开放的景观空间连续变化并顺应轴线流动扩张（图3-78）。

其实，一幢建筑中并不都只是单一地运用一种平面空间的组合方式，有时是多种方式的组合运用。

3. 空间竖向组合的基本方式

（1）单层空间组合：单层空间组合形成的单层建筑，在竖向设计上，可以根据各部分空间高度要求的不同而产生许多变化。但由于占地多一般只用于用地不是特别紧张区域内的小型建筑（图3-79）。

（2）多层空间组合：多个空间在竖向上的组合方式多样，主要包括叠加组合、缩放组合、穿插组合等几种。

①叠加组合：应做到上下对应，竖向叠加，承重墙、柱、楼梯间、卫生间等都一一对齐。这是一种应用最广泛的组合方式（图3-80）。

图3-77　网格式

图3-78　意大利卡利亚里现代艺术博物馆

图3-79　单层空间组合

图3-80　叠加组合

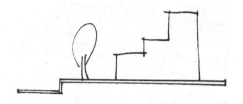

图3-81 缩放组合

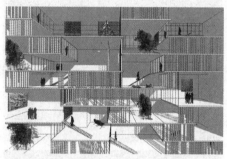

图3-82 穿插组合

图3-83 北京故宫的空间序列

②缩放组合：指上下空间进行错位设计，形成上大下小的倒梯形空间或下大上小的退台空间。此类空间组合在于环境的协调处理上较好，容易形成具有特色的空间环境。在山地建筑中较常见（图3-81）。

③穿插组合：指若干空间由于要求不同或设计者希望达到的一种独特的空间效果，在竖向组合时，其所处位置及空间高度变化多端，形成相互穿插交错的情况。也是较常见的空间组合形式（图3-82）。

4．空间的导向与序列

以上内容是针对空间之间的组织方式进行了说明和分析，具有独立性和局部性，然而建筑空间是一个综合整体的空间组织，因此除了分析空间之间的关系，从综合的角度体现建筑整体的空间感觉和特点也不容忽视。要想使建筑空间整体显现出有秩序、有重点、统一完整的特性，就需要使空间具有导向性，从而最终形成一个空间序列组织。

空间导向是指在建筑设计中通过暗示、引导、夸张等建筑处理手法，把人流引向某一方向或某一空间，从而保证人在建筑中的有序活动。墙面、柱体、门洞、楼梯、台阶等都可以作为空间导向的形式。导向处理是人与建筑的一种对话，产生人与建筑环境的一种共鸣。

空间序列处理是保证建筑空间艺术在丰富的变化中取得和谐统一、建立空间秩序的一项重要手段，尤其是对于拥有复杂空间关系的建筑或建筑群而言。一个完整的空间序列就像一首大型乐曲一样，通过序曲和不同的乐章，逐步达到全曲的高潮，最后进入尾声；各乐章有张有弛，有起有伏，各具特色，又都统一在主旋律的贯穿之下，构成一个完美和谐的整体。另一方面空间展开时也像文学艺术一样讲究情节，有开始——发展——高潮——结局，这就是空间序列。空间中的"谋篇布局"也根据文学叙述的特点通常有三种形式：

（1）顺叙：顺叙手法最常见，但过于平铺直叙就会显得平淡，所在空间展开的过程中需要进行长时间的气氛渲染，在丰富的层次中自然完整地呈现空间全貌，即中国建筑所说的"积形成势"。北京故宫就是经过三进院落不同空间序列后才进入宫城的，宫城内部又有外朝三殿、内廷三殿以及各进纵向院落，层层铺垫（图3-83）。

(2) 倒叙：大型场景为空间的抑扬顿挫的表现提供了前提，不经过很多过渡与酝酿，直入主题。比如酒店商场等建筑往往将公共活动中心——共享大厅置于接近入口或建筑中心的位置，明显而突出，用来吸引人群关注。

(3) 无序与多情节并置：建筑设计通常会走个性化的道路，一些脱离惯常空间次序的手法通常会被运用。例如忽略既定方向、颠倒空间次序、模糊流线等手法。

此外，时间是序列构成中一个极为重要的因素，当人们在具有三度空间的建筑环境中活动时，随着时间的推移，获得一个连续且不断变化的视觉和心理体验。正是这种时间上的连续性体现了空间的四维性。

第四节　建筑的技术表达

建筑的根本在于建筑师应用材料将之建造成建筑整体的创作过程和方法。建造应对建筑的结构和构造进行表现，因此，建筑是艺术与技术相结合的产物，技术是建筑由构思变成现实的重要手段，建筑技术涵盖的范围很广，包括结构、设备、施工等诸多方面的因素，其中结构与材料建筑设计的关系最为密切，既是建筑的技术表达，又关乎建筑最终的艺术效果。

一、建筑结构

建筑的"坚固"是最基本的特征，它关注的是建筑物保存自身的实际完整性和作为一个物体在世界上生存的能力。满足"坚固"所需要的建筑物部分是结构，结构是基础，是基本前提，是建筑的骨架，它为建筑提供合乎使用的空间并承受建筑物的全部荷载，此外还用来抵抗由于风雪、地震、土壤沉陷、温度变化等可能对建筑引起的损坏，结构的坚固程度直接影响着建筑物的安全和寿命。因此，建筑结构体系不仅对空间的围合、分隔及限定起着决定作用，而且直接关系到建筑空间的量、形、质等三方面的因素。

现代建筑结构体系按照承重结构分类通常可以分为平面结构体系和空间结构体系两大类。其中平面结构体系主要指在纵横两个方向上平面框架中传递内力的承重方式，主要包括墙承重结构、框架结构、桁架、拱形、刚架等结构形式；空间结构体系主要指各向都受力承重的结构体系，充分发挥材料的性能、结构自重小，覆盖大型空间。主要包括网架、悬索、折板、壳体、充气、膜结构等。

1. 平面结构体系

(1) 最常用的平面结构

对于中小型建筑来说最常用的承重结构是平面结构体系中的墙承重结构与框架承重结构。

①墙承重结构

用墙承受楼板及屋面传来的全部荷载（图3-84）。这是一种古老的结构体系，公元前两千多年的古埃及的建筑就已被广泛使用，一直到今天仍在继续使用。此种结构的特点是：墙体本身是围护结构同时又是承重结构。由于这种结构体系无法自由灵活地分隔空间，不能适应较复杂的功能，一般用于功能较为单一固定的房间组成相对简单的建筑。

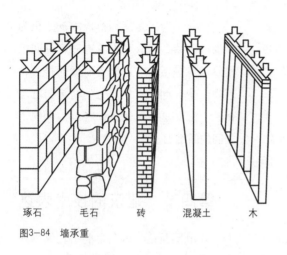

图3-84 墙承重

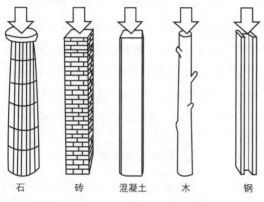

图3-85 柱承重

图3-86 框架结构

上述承重墙体全部采用钢筋混凝土，则称为剪力墙结构，由于墙体表现了良好的强度和刚度，所以被应用于许多高层建筑中。

②框架承重结构

框架承重结构的来源和本质是柱承重结构，这种结构由来已久。最早的框架结构可以追溯到原始社会，人们以树枝、树干为骨架，上面覆盖草和兽皮所搭成的帐篷，实际就是一种原始的框架结构。我国古代的木构建筑也是一种框架结构，木制的梁架承担屋顶的全部荷重，墙体仅起围护空间的作用，木构件用榫卯连接，使整个建筑具有良好的稳定性，素有"墙倒房不倒的说法"。框架结构的材料，由古代的木材、砖石发展到现代的钢筋混凝土、钢结构，材料的力学性能趋于合理（图3-85）。

现代的柱承重结构即框架结构，由梁柱板形成的承重骨架承担荷载，内部柱列整齐，空间敞亮（图3-86）。可以根据需要设隔墙或隔断。这种结构形式越来越广泛地运用到建筑项目中，极为普遍。

框架结构本身无法形成完整的空间，而是为建筑空间提供一个骨架。由于它的力学特性，人们得以摆脱厚重墙体的束缚，根据功能和美观要求自由灵活地分隔空间，从而打破传统六面体的空间概念，极大地丰富了空间变化，这不仅适应了现代建筑复杂多变的功能要求，而且也使人们传统的审美观念发生了变化，创造出了"底层透空"、"流动空间"等典型的现代建筑空间形式。

两种结构形式的比较

墙承重结构：比柱承重结构要显得"稳重而结实"，但室内空间不如柱承重结构开敞明亮。所用建筑一般不超过7层。

框架承重结构：使用寿命长，可改变空间大小并灵活分隔，整体重量轻，刚度相对较高，抗震能力强，但造价较高，工程要求较高，施工周期较长。

特殊的墙承重结构，剪力墙结构的刚度比框架结构要更大，所以建造的高度更大。剪力墙不仅起到普通墙体的承重、围护和分隔作用，还承担了作用在建筑上的大部分地震力或风力。

综合框架结构和剪力墙结构两者的特点，形成了一种墙柱共同承重的形式，即框架—剪力墙结构。既有框架结构的灵活性，又有较强的刚度。

（2）其他平面结构

除了墙承重、柱承重两种最常用的承重结构，还有其他几种平面结构体系，主要用来承载屋顶的重量，从而也创造了多种多样的屋顶形式，多用于跨度比较大的建筑。

①桁架结构（图3-87）

桁架是人们为得到较大的跨度而创造的一种结构形式，它的最大特点是把整体受弯转化成局部构件受压或受拉，从而有效地发挥材料的受力性能，增加了结构的跨度，然而桁架本身具有一定的空间高度，所以只适合于当作屋顶结构，多用于厂房、仓库等。轻盈通透的视觉形象代替了钢筋混凝土梁的厚实沉重，同时设备管线等也可以从上下弦杆件之间穿过，充分利用结构占用的高度。桁架杆件通过铰接构成三角支撑的稳定单元，两两连接后成折线、拱形、对等梯形等多种立面形态支撑屋顶。我国传统建筑的木屋架就是一种三角桁架。

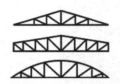

(a) 三角形、梯形、弧形桁架

(b) 曲线形桁架

图3-87　桁架结构

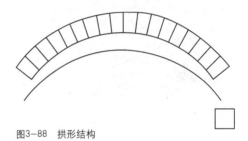

图3-88　拱形结构

②拱形结构（图3-88）

拱形结构在人类建筑发展史上起到了极其重要的作用。历史上以拱形结构创造出的艺术精品数不胜数。拱形结构包括拱券、筒形拱、交叉拱和穹隆，它的受力特点是在竖向荷载的作用下产生向外的水平推力。随着建筑技术的发展，可以利用不同的拱形单元组合成较为丰富的建筑空间。现代建筑中拱形结构的材料大都使用钢或钢筋混凝土，拱的线形也趋于合理，多用于建筑屋顶、墙洞、柱顶等，例如伊东丰雄设计的日本东京Tama艺术大学图书馆（图3-89）。

③刚架结构（图3-90）

刚架结构是由水平或带坡度的横梁与柱由刚性节点连接而成的拱体或门式

图3-89　日本东京Tama艺术大学图书馆

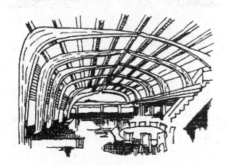
图3-90　刚架结构

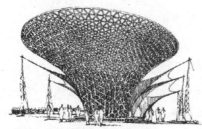
上海世博会"阳光谷"网架结构

(a) 平板网架 (b) 曲面网架 (c) 鞍形网架 (d) 半球形网架
图3-91　网架结构

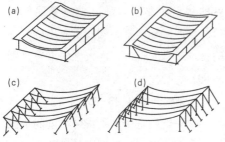
图3-92　悬索结构

结构。刚架结构根据受力弯矩的分布情况而具有与之相应的外形。弯矩大的部位截面大,弯矩小的部位截面小,这样就充分发挥了材料的潜力,因此刚架可以跨越较大的空间。刚架适合矩形平面,常用于厂房或单层、多层中型体育建筑。

2．空间结构体系

(1) 网架结构 (图3-91)

网架结构是一种解决连续界面支撑的空间结构模式,是由杆件系统组成的新型大跨度空间结构,它具有刚性大、变形小、应力分布较均匀、结构自重轻、节省材料、平面适应性强等特点。网架结构可以设计成规则的平板网架和曲面网,也可以造就丰富的形状。无论是直线造型还是曲面造型的网架结构都是目前大跨度建筑使用最普遍的一种结构形式,已成为以现代结构技术模拟自然有机形态的高明手段。

(2) 悬索结构 (图3-92)

悬索顾名思义是重力下悬的形态,它的内力分布情况正好与拱形相反——索沿切线方向传递拉力而非压力。悬索结构是利用张拉的钢索来承受荷载的一种柔性结构,同样具有跨度大、自重轻、节省材料、平面适应性强等特点。但与杆件结构的不同之处在索能承受拉力并任意变形,完全根据力的图式呈现出自然状态,而杆件不会变形。悬索结构可以覆盖多种多样的建筑平面,除矩形还有圆形、椭圆形、菱形甚至不规则平面,使用灵活性大、范围广。悬索结构建筑内部空间宽大宏伟又富有动感,外观造型变化多样,可创造出轻盈优美的建筑空间和体形。

(3) 折板结构 (图3-93)

折板结构是由许多薄平板以一定的角度相互整体连接而成的空间结构体系。普通平板跨

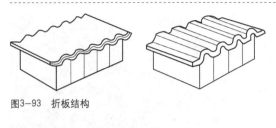

图3-93　折板结构

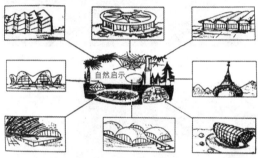

图3-94　壳体结构

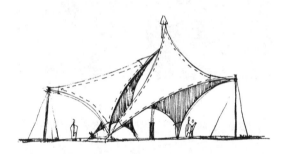

图3-95　张拉膜结构

度太大后就会产生下陷，折板与普通平板相比不易变形，因为折板每折弯一次，实际上就减少了整块板跨度的一半，折板结构既是板又是梁的空间结构，折脊相当于一个支座，每块折板于是相当于梁具有受弯能力，刚度稳定性也比较好，采用折板结构的建筑，其造型鲜明清晰，几何形体规律严整，尤其折板的阴影随日光移动，变化微妙、气氛独特。

（4）壳体结构（图3-94）

壳体结构是从自然界中鸟类的卵、贝壳、果壳中受到启发而创造出的一种空间薄壁结构。其特点是力学性能优越，刚度大、自重轻，用料节省，而且曲线优美，形态多变，可

单独使用，也可组合使用，适用于多种形式的平面。

（5）张拉膜结构（图3-95）

这种结构形式也称为帐篷式结构，与支撑帐篷或雨伞的原理相似。由撑杆、拉索和薄膜面层三部分组成，它以索为骨架，索网的张拉力支撑轻质高分子膜材料，在边缘处多以卷边包钢筋的方式"收口"。通过张拉，使薄膜面层呈反向的双曲面形式，从而达到空间稳定性。这种结构形式造型独特，富有弹性和张力，并且安装方便，可用于某些非永久性构筑物的屋顶或遮棚。

二、建筑材料构造

作为支撑与围护的建筑结构总是和材料不可分割地联系在一起，可以其自身材质的表现形成建筑的美感。例如钢结构的现代感，木结构建造体系的逻辑性，混凝土结构的塑性特征，玻璃结构的透明和反光所构成的开放性，等等。建筑材料构造和工艺的细节构成了人们近距离体验与感受建筑美感的要素，混凝土、木材、石材、砌块、玻璃、金属、泥土等材料本身的质感，施工建造后形成的材料肌理，直接构成了建筑外观的特征和建筑形象的技术表达。

1. 砌体

砌体建筑主要是指以砖、石为建筑材料，垒砌而成的建筑。

砖：在我国古代，尽管木结构以绝对优势占主导地位，运用砖作为结构材料的方法也有一定的历史渊源。明代

以后出现完全以砖券、砖拱结构建造的无梁殿。传统民居中，对青砖的大量运用，有许多保留至今，此外还用于地面铺设（图3-96）。随着20世纪后半叶全国开展大规模建设，砖混结构也一度成为主导，以砖横向叠砌形成墙承重结构，多用于单层或多层规模不大，造型简单的建筑。一些建筑立面以清水砖墙直接露明，铺设出凹凸纹样及肌理，而无须其他表面装饰。

图3-96 中国传统清水砖民居

石：西方古典建筑充分利用石材创造了许多宏伟建筑，至今令人叹为观止。石材具有高强度和耐久特性，以石梁柱结构为主的建筑以精心琢饰的雕塑，使其造型和工艺都达到非常高的标准，但是由于石材是脆性材料，其抗拉强度远远低于抗压强度，因此不可能建造出跨度较大的建筑，只以石柱间距很密的直道拱券、穹窿等结构体系出现（图3-97）。如图（图3-98）西班牙国立古罗马艺术馆(Rafael Moneo)。建筑采用整体式砌筑的建造方式，形式简单但充满坚实感，暗色的砖墙外观和采光良好又富有情调的室内达到和谐统一，颇具文化气氛。建筑并未刻意模仿古罗马风格但却表现出了其神韵。

图3-97 古埃及列柱

图3-98 整体式砌筑的西班牙国立古罗马艺术馆

2．混凝土

混凝土这种材质以其可塑性和粗朴的质地成为很多建筑师"固执"坚守的设计语言。勒柯布西耶的设计风格发生改变的代表作品之一朗香教堂就是典型的混凝土建筑，粗制混凝土饰面，其象征性、可塑的造型、形式和功能、构造和技术堪称前所未有，打破了方盒子的

图3-99 朗香教堂的粗制混凝土饰面

图3-100 安藤忠雄——住吉长屋

图3-101 英国伯明翰Selfridges百货公司

结构支撑，钢材还积极参与到建筑形象塑造当中，形成不同肌理的金属板材，从而创造出不同感觉的建筑立面。高抛光的金属材质表现出未来的高科技感。例如英国伯明翰著名零售业Selfridges百货公司（Selfridges Department Store,Birminghan），以15000个铝质圆盘"编织"成自然有机形态的表皮，独一无二的外太空形象对于城市景观效应的重塑起到巨大的推动作用（图3-101）。此外，钢材等金属材质通常与玻璃材质相结合营造出现代感。

4．玻璃

玻璃是一种古老的建筑材料，早在哥特式教堂里就以彩色玻璃为特殊围护材料，影响光照和光色，产生神秘之感。到了现代玻璃更是成为建筑不可缺少的材料，表现形式多样，并被大量应用于建筑外墙、窗户甚至屋顶、地面等建筑空间的各个界面上。

玻璃通常与金属等其他材料配合使用，最常见的是钢材。早在1851年伦敦水晶宫（The Crystal Palace London）则可谓是玻璃与钢作为现代材料首次自豪大规模亮相于工业化时代的建筑杰作（图3-102）。这种材料的组合轻盈、脆弱、冷漠，同时表达了代表技术的理性力量。著名现代主义建筑大师密斯也是这种组合材料的推崇者，其成功的标志是将这种材质的细节完美表达（图3-103）。

如今，最常见的是玻璃幕墙形式，通常是用不锈钢、铝合金等作为金属结构支撑玻璃，主要用在高层公共建筑

禁锢，背离了以前柯布西耶的设计。弯曲的表面，朴素的白色，厚实的墙体，硕大的屋顶突出于倾斜的墙体之外，这种效果只有混凝土材质才能表现（图3-99）。日本著名建筑师安藤忠雄被誉为"清水混凝土的诗人"，以清水混凝土独树一帜，如老僧入定般纯粹素净，他认为唯有舍弃和质简所造就的纯净空间才能呈现事物的深度（图3-100）。

3．钢材与金属

钢轻质，高强，柔性变形性能好，施工快速便捷，可以采用预置配件现场组装，对场地污染小，因此成为极具前景的新兴建材。除了

中。除此之外，还有其他玻璃形式的材质，例如玻璃砖。它具有质轻、采光性能强、隔音与不透视、模数化尺度便于装配等特性，因其规律化的极力和含蓄的光影效果，也一直为设计师所青睐。例如上海琉璃博物馆的外立面由4000多片的琉璃砖包裹形成魔幻形态（图3-104）。

5. 木材

木结构是中国古代地上建筑的主要结构方式，也是辉煌空间艺术的载体，直至今日，仍用"土木"这个中国传统建筑概念来表达与西方石结构建筑特征的区别。木结构体系的产生与自然气候、地理环境密不可分，木构架就地取材。以木头为材质的结构表现主要有两种，一种以柱为承重结构，形成柱、梁坊承重体系，类似现代的框架结构，承重与围护分开，在很大程度上解放了空间，柱间墙体的开放和围合，增加了建筑形态的多样性，不仅符合适应气候条件，满足不同功能的原则，同时也顺应了审美需求。传统榫卯半刚性连接完全不同于"铁板钉钉"的刚性连接方式，方便装配拆卸。

在现代建筑设计中，尤其是"环境建筑"为了体现拥抱山水的自然境界，设计师会采用返璞归真的木结构建筑。例如我国当代著名建筑师张永和的"二分宅"以泥土和木头作为主要建筑材料，木柱和木梁形成的框架结构，两道"L"形的夯土墙构成建筑的基本形态，其面向庭院景观的那面采用落地玻璃（图3-105）。

另一种以墙为承重结构，将木材层层摞叠成建造墙体并承重，至今位于高纬度的森林茂盛的地区，仍常用这种木结构形式建造居民住宅。

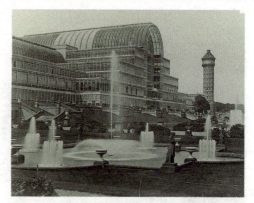

图3-102 英国伦敦水晶宫

图3-103 密斯设计的加拿大某加油站

图3-104 上海琉璃艺术博物馆

图3-105 张永和的"二分宅"

图3-106 美国实验性的M-2生态住宅

6．其他材料

由于科学技术的进步、环保意识的不断加强，新兴材料也随之不断出现，这些材料主要体现在生态建筑、绿色建筑以及实验智能型的建筑上（图3-106），具有前瞻性。例如Michael Jantzen在美国设计实验性的M-2生态友好型房屋。采用预制标准件板材，组件数量的不同，组合的方式不同，因此形状和支撑框架也不同。此外可搬动的板材能够支撑太阳能光电电池和太阳能加热器，为住房里的住户提供热能和电能。

第五节 建筑设计的一般程序

本书的建筑设计主要指建筑方案设计，是建筑师思考设计问题，创造性地寻求解题思路、解题途径的过程。其中发现问题并创造性地解决问题是关键。任何设计活动从始至终都有一个延续的时间段，是一个不断推进的系统工程，建筑设计也不例外。过程性是设计活动的一个重要特征，设计的各个阶段是按照一定的可推断和可辨别的逻辑顺序组织起来的。从表面来看，建筑师从接受设计任务到提交解决方案再到最终实施，必然会采取相应的措施，而这些措施在时间上也必然存在一定的顺序，并且过程是可以掌控的。而事实上，设计是动态的并非僵化不变的，各个阶段难以按照单一线性模式发展，经常出现反复和交叉，同时也不可简单表述每一部分的内容。因此整个建筑设计过程实际上是一个复杂的工程。在实际项目操作中，由于建筑师的经验、思维、方法和所受教育程度不同，所采取的途径也必然带有个人色彩，对于建筑设计的初学者来说，仍需遵循一定的设计程序，在"陈规"中掌握整个设计过程和内容是走进设计领域的必经之路。许多学生往往只重视设计成果，我们需要更正的是设计的过程更重于成果。

本课程的建筑对象为"环境建

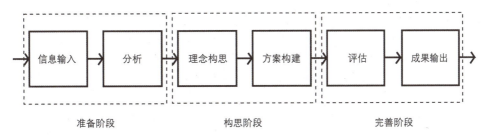

| 信息输入 | → | 分析 | → | 理念构思 | → | 方案构建 | → | 评估 | → | 成果输出 |

准备阶段　　　　　　　　　构思阶段　　　　　　　　　完善阶段

图3-107 设计过程图

筑"，虽然在规模上属于中小型，在建筑创作过程中更强调环境因素，但仍属于建筑设计的范畴，因此仍需遵循建筑设计的一般程序，只不过在环境设计等环节有所突出和重视。从客观上讲，建筑设计是一个从无到有、逐渐完善的过程，在这个过程中，创作者把创作构思从形成到发展到完善逐渐地物态化，最终完成整个设计。对其作进一步的分析，我们可以将其过程解剖为三个阶段六个可操作的步骤，即信息输入—分析—理念构思—方案构建—评估—成果输出（图3-107）。

1. 开始准备阶段

(1) 信息输入

建筑师从接到任务书开始着手建筑方案设计，首先要面临大量设计信息的输入工作，这是设计过程的第一个步骤，是建筑师开展方案设计的前提，输入的信息越多、越丰富，对之后的设计工作的开展越有益，才能充分掌握设计的内外条件与制约因素。通过现场勘察和查阅资料收集包括外部环境条件、建筑内部要求、设计法规、实际案例等资料。

(2) 分析

上述所有输入的设计信息相当广泛而繁杂，这些原始资料都是未经加工的信息源，它们并不能直接产生建筑方案。建筑师必须运用逻辑思维手段对诸多信息进行分门别类，逐一分析、比较、判断、推理、取舍、综合，从杂乱的信息中理出方案起步的头绪，这一过程就是信息分析过程。分析有好坏之分，是否能抓住产生方案的关键信息，

找到突破口，是个人分析能力的体现，为设计目标的实现奠定了基础。

2. 构思阶段

(1) 理念构思

信息经过分析处理后，建筑师开始发挥丰富的想象力进行设计理念构思，主要指构思的逻辑思维活动，可以运用多种构思方法。例如环境构思法、功能平面构思法、哲理思想构思法、技术法，等等，并运用概念式、意念型的草图将这些灵感表现出来。但想要实现这些想法，还将面临一个艰苦的探索过程。

(2) 方案初步生成

这个初步方案是构思意念的初步形成，这个毛坯方案包含了外部环境条件对方案限定的信息，包含内部功能的要求，包含了技术因素对方案提出的条件，还包含了建筑形式对方案构建的方式，等等。此时的构思简单粗糙，需要进一步孕育和发展。能否继续深入发展成有前途的方案，需要建筑师去探求解决方法。在此阶段以将对信息的逻辑处理转化为方案的图示表达，已经由意念构建阶段过渡到意象形成阶段。

3. 完善阶段

(1) 方案深入与评估

这一阶段的主要工作是将构思出的草图方案进一步深化。在深化之前的主要工作是进行多方案的比较，在前一阶段，设计师充分拓展自己的思路，多渠道地寻求设计方案，必定形成多个方案，在这多个方案中不可能有一个是十全十美的，我们只能通过比较选一个相对最有发展前途的方案。选定以后再根据具体的设计条件，通过形式思维、逻辑思维进行深入设计，包括对建筑环境的整合，建筑空间形式的

确立、空间功能的推敲、比例尺度的拿捏等方面，并配合逐步细化的表现形式，包括模糊性草图、比例草图、体块模型、结构模型、环境与建筑模型，等等。

在设计方案基本成型以后需要对其进行自我评估。主要是与任务书的要求核对，对一些经济指标的评定是否合乎规范。主要体现在建筑的功能和效能方面如发现有偏差，及时校正调整。

(2) 成果输出

建筑方案设计最后成果必须以图形、实物和文字等方式输出才能体现其价值，一是作为建筑设计进程中下一个阶段工作的基础；二是设计者自身能够审视全套图纸做进一步评价，提出完善和修整意见，以便指导后续设计工作；三是使建筑设计创作成果能得到公众的理解与认同。

从建筑方案设计的全过程来看，设计过程的六个部分是按线形直进状态运行的。即建筑师从接受设计任务书开始，立刻投入到信息资料收集的各项工作中去，并尽可能地充分掌握第一手资料，按任务书要求对这些信息进行分析处理，从中明确设计问题，建立设计目标，以此构思出相关设计理念，意念草图，再通过一番比较，选择出一个特色鲜明又最有发展前途的方案进行深入设计，最后再将这个方案对照任务书和相关规范进行评估后用图示文字等手段输出。大多数建筑方案设计工作是按照这个程序完成的。这个过程有助于设计者按各个层面去观察设计问题，去认识相互关系。然而，实际设计工作中，这六个部分往往不是按线形顺序直接展开的，有时会出现局部逆向运行，例如当进行后一部分设计工作而怀疑前一部分设计工作结果有偏差的时候，为了检查和验证前一部分设计工作的可靠性、正确性，需要暂时返回，把前后两部分工作联系起来观察、审视。只有确认上述环节无误后才能继续前行，这就说明设计过程的六个步骤并不是绝对顺序的，有时任意两个部分都存在随机性的双向运行，从而形成一个非线形的复杂系统，但是各个部分总是处于动态平衡之中。所以设计过程是一个"决策—反馈—决策"的循环过程（图3-108）。

得心应手掌握设计过程的运行是每一位设计者，特别是初学者在建筑设计方法上应努力追求的目标。任何一个行为的进行都有其内在的复杂过程，特别是建筑设计行为。因为它涉及最广泛的关联性，宏观上可关联到社会、政治、经济、环境资源、可持续发展等范围，中观上关系到具体的环境条件、功能内容、形式材料、设备施工等因素，微观上关系到建筑细部，人的生理心理等细微要求，虽然关联因素复杂，但事物的发展都有其内在的规律性，只要设计行

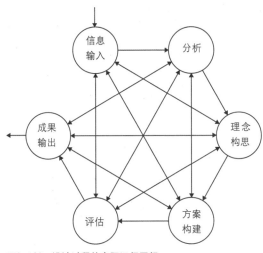

图3-108 设计过程的实际运行图解

为是按照一定的规则性和条理性形式，即按正确的设计程序展开，掌握了设计脉络，就能正常发展。

以上我们从操作的角度将建筑设计过程分成三个阶段六个步骤。其实建筑设计过程也是创作思维不断进展的过程，并且思维内容需要用一定的外显方式来体现，即思维的表达过程。因此，我们认为建筑设计从某种意义上说还是一个不断思考、不断表达的过程，诗人通过文字，画家通过绘画向人们传达他们的思想。对建筑师而言，其思维表达的方式更加宽泛，语言文字、图纸、模型、计算机演示等都是我们用来表达的语言。建筑师的思维表达不仅有助于向外界传达信息、交流沟通，同时也是创作主体自身思维最直接的反映，它有助于我们按不同的阶段进行优化选择，以帮助我们整理思路，记录过程，完善思考，最终达到目标。

认识思维过程与思维表达的相互关系对建筑师来说非常重要，这会使建筑创作成为一种手、脑、眼协调工作的整体过程。在建筑设计的整个过程中，思维与表达互为依存，一个阶段的思维必须借助一定的表达方式帮助记忆，借助一定的表达方式来进行分析，从而有步骤地进入下一个层次。因此，思维过程、思维表达与设计整个过程具有一致性的特征，都是由不清晰到逐渐清晰的一个非线性的过程，尽管其中有相当程度的不确定性、模糊性和重复性，但总的趋势呈现出从模糊到清晰的渐变特征。因此，我们将建筑设计表达作为一个重要内容进行阐述，结合建筑设计的

不同阶段研究表达的方式和侧重点。希望在阐述设计表达的过程中，对建筑设计的三个阶段进行更深入的剖析，使整个设计的过程更趋完美。

通过以上分析，我们在建筑设计一般过程的基础上针对环境建筑设计总结出设计过程中的设计思路、设计表达和设计思维的特点。

①设计思路是从整体到局部的一个渐进的过程，环境设计——建筑设计——细部设计。从接到设计任务书后，一方面对设计任务书、场地环境、建筑功能等展开理性解读和分析；另一方面，收集相关资料，展开感性的思考，进行设计概念构思。在对设计条件全面了解之后，把握大关系，逐层推敲与深入。

②设计表达是由朦胧到清晰、由粗到细的过程。在理性分析与感性思考的基础上，设计表现为模糊性草图——按比例绘制的草图——深入发展的方案——最终定稿——方案成果表达。整个表达的形式从粗放的概念草图开始直到最后越来越精细。

③设计思维是二维与三维同步思考的过程。建筑是三维的，这也决定了建筑设计必须是三维的。因此，设计不应该仅仅停留在二维的平面草图上，而应该结合立面与剖面同步考虑。另外，应借助能直接反映建筑体量与造型的研究模型，及时调整方案，熟练二维和三维相互转换的设计思维方式。

第四章　设计开始——考察分析阶段

设计的开始阶段是指设计者接受设计任务，在进行环境建筑方案设计之前所进行的一切准备活动，包括了解设计的要求、设计的限制条件、设计对象的性质和内容、现场调研、实地分析，并进行相关资料、规范收集等工作，目的是对所要设计的对象有整体、理性的认识，并明确设计所面临的主要问题。

第一节　设计准备阶段的工作特征

在环境建筑设计开始的阶段，建筑师运用各种手段，以各种方式收集大量的相关资料，并加以分析与综合为下一阶段构思工作做好必要的准备，同时在这个阶段的工作中，建筑师之间的交流也常常借助极具专业特性的图示工具，成为一种特有的现象。

（1）积极的思维特征

在建筑设计的准备阶段，保持积极的思维状态至关重要。在这个过程中，思维特征表现为理性与感性都有，相对而言，以理性为主，常常以记录性为目的的程序性思维和以归纳、总结为主的逻辑性思维为主导，而思维感性的一面相对较少。这是因为设计师对项目进行实质性的创造和改造的工作还没有开始，在这一阶段对建设项目的认识很大程度上要受到客观条件的制约，需要对各种资源、信息做广泛的收集和整理，这种收集和整理工作有很大的机械性，甚至是重复性的操作，因此，设计师只有保持积极主动的思维才能避免出现不够全面、深入地调查研究，才可以保证在信息碰撞中引发对建设项目的总体认识。

（2）有意识的综合

由积极的思维所带来的感觉毕竟不是对所做项目真实的认识，而且在准备阶段所观察和收集而来的信息往往处于单独、具体、个别的层次上，因此它还需要借助理性的分析、归纳、综合，才能从大量的信息资料中发现有价值的东西，从而在对它进行有重点的收集与整理中形成对项目总体上的正确认识。

总之，设计主体积极的思维、有意识的归纳和综合是准备阶段的两个主要特征，如果说通过积极思维收集大量的资料是准备阶段的第一层次，那么有意识地对资料进行归纳与综合，确定进一步深入重点则是第二个层次。准备阶段在两个层次的交互作用下，最终形成对建设项目全面深入的认识。具体操作过程如下。

第二节　阅读任务书

设计准备工作的重要内容之一就是解读设计任务书。这一过程的实质是了解题意，是一个分析、寻找和定义问题的过程，旨在清楚自己要做什么、最终要达到什么目的。设计任务书是必需的设计依据，是环境建筑方案设计的指导性文件。它从多方面对设计者将要展开的设计工作提出了明确的任务与要求、条件与规定，以及必要的设计参数。设计者只有充分了解设计任务书，才能有目标地着手进行设计工作。

设计任务书一般由委托方提供，包括项目名称、建设的地点、用地范围等内容；建筑面积、容积率、绿化率等指标；建筑内部主要的使用功能和要求、各房间的面积大小和其他特殊要求等，是建筑设计的基本指导和依据。在方案设计之前第一步就是要认真理解任务书，从中找出明确设计的基本要求，包括环境、功能、造型风格的要求等。

1. 场地环境的要求

包括交通、景观、出入口位置的选择，建筑与建筑的关系，建筑与场地的关系等自然环境和人文环境的要求，主要体现在一些规划要求和用地环境上。

2. 建筑类型的要求

不同建筑类型对建筑物的形态设计、空间设计等方面都有不同的要求，主要体现在设计标准上。如居住建筑需要设计满足人对居住环境安全、舒适、归属感的基本要求；文化类建筑需要体现人文气息；而纪念性建筑则要体现崇高、怀旧、令人肃然起敬；

3. 使用功能的要求

包括功能分区、空间属性、交通流线等要求，如住宅要求划分公共空间、私密空间，并避免交通流线穿越私密空间；公共建筑要求功能分区明确，并可以有方便的联系，内部流线互不干扰。主要体现在房间的内容面积等。

4. 使用者的要求

明确项目针对的使用者，考虑他们的特殊要求，如幼儿园设计使用的主体是儿童，因此设计的重点考虑儿童的使用要求，考虑他们的喜好和心理需求；老年公寓设计则针对老年人的特点，将安全、方便、无障碍设计等作为设计主要考虑的方面。

5. 技术经济方面的要求

包括经济造价的要求，各种技术指标，如容积率、建筑密度等规定。

上述内容并不是所有的设计任务书中都包含，可根据具体项目而异。通常有两种情况：一是已有详尽、完备的任务书。设计者被明确告知应该做什么、须达到什么目的；二是任务书仅仅提供一个意向和基本框架，而诸如建筑的组成、各部分面积分配等具体内容和要求并不明确，需要设计者通过调查研究去进一步完善和调整。前一种设计者比较被动，需要做的工作相对较少且单纯；后一种情况，设计者积极主动，需要做比较复杂和繁重的工作。

本课程作为环境艺术设计专业的建筑设计的课程，为了使学生较全面地掌握不同类型的环境建筑的设计方法和过程，在课题的选择、任务书的设置上尽量做到类型多样，从详到略，从易到难，循序渐进。

设计课题包括私密的居住类建筑（别墅设计）和公共建筑（咖啡厅/茶室设计）这两种最常见与日常生活最贴近的建筑类型，在设计任务书的安排上也有所不同，别墅设计的任务书详尽具体，基地环境条件是假设的、虚拟的，排除了一些复杂的环境因素，尽量理想化，目的是降低难度，让初学者容易上手。而咖啡厅/茶室设计的任务书，则只是提供简单的设计意想，具体的设计要求例如功能分配都没有给出，同时基地是课程选择的现实存在的环境并不是虚拟的，需要学生翻查资料，勘察调研自已拟定具体的需求和分析复杂的环境要素，进一步培养和提高了学生的学习和设计能力。

附：设计任务书1——别墅设计

1．设计任务

一年轻艺术工作者在市郊购得一处开阔地（详见地形图）。拟建造一栋别墅，作为家庭（夫妇与孩子共三人）居住之用。

2．设计要求

(1) 总体布局合理。包括功能分区，主次出入口位置，停车位，室外营业场地，与环境、绿化的结合等。

(2) 功能组织合理，布局灵活自由，空间层次丰富。使用空间尺度适宜，合理布置家具。

(3) 体型优美，尺度亲切，具有良好的室内外空间关系。

(4) 结构合理，具有良好的采光通风条件。

3．建筑组成及要求

(1) 总建筑面积控制在300 m²内（按轴线计算，上下浮动不超过5%）

(2) 面积分配（以下指标均为使用面积）

①主要房间

工作室：1间，50—70 m²，主人在家工作之处。包括工作空间、陈列空间和会客空间。各空间大小根据实际情况而定。要求有良好的景观朝向和自然采光条件。安静独立。

客厅：1间，25—30 m²，会朋友、宴宾客之用。

起居室：1间，25—30 m²，家人休息及亲朋光临之用。

餐厅：1间，12—20 m²，家庭使用，可容纳8人餐桌。

厨房：1间，10 m²以上，方便送餐至餐厅。

主卧室：1间，18 m²以上，双人房，附自用浴厕。

儿童房：1间，18 m²以上，单人房，附自用浴厕。

客卧室：1间，15 m²以上，双人房，附自用浴厕。

②次要房间

洗涤间：1间，面积自定，放置洗衣机、洗衣池及烘干机等。

车库：1间，面积自定，可容纳一辆轿车、自行车两辆及其他杂物。

储藏室：面积自定。1间或以上。

③室外用地

停车位：可停放轿车1—2辆。

儿童活动场地：面积自定，宜采用软质铺地。

其他休闲空间：面积自定。

4．图纸内容及要求

(1) 图纸内容

总平面图1：300（全面表达建筑与原有地段关系及周边道路状况）

首层面平面图1：100（包括建筑周边绿地、庭院等外部环境设计）

其他各层平面及屋顶平面图1：100或1：200

立面图（2个）1：100

剖面图（1个）1：100，要求剖到楼梯。

透视图（1个）

(2) 图纸要求

图幅：A2

图线粗细有别，运用合理；文字与

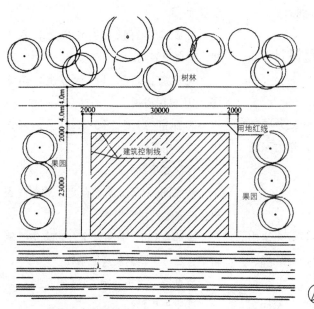

树林

果园

果园

用地红线

建筑控制线

图4-1 别墅设计基地地形图

数字书写工整,宜采用手工工具作图(电脑亦可),彩色渲染。

透视图表现手法不限。

5. 用地条件说明

该用地位于某市郊区。用地周边植被良好,有高大乔木,有良好的景观。

该用地块北侧有一条8m宽的道路。东、西两侧为果园。南面为一条河流,宽约20m,河面平静,景色宜人。基地不受洪水威胁。

6. 地形图 (见附图4-1)

设计任务书2——咖啡厅/茶室/书吧设计

在现存建筑环境中进行适宜的设计建造是一种积极介入与融合的过程。这个过程的要点更多地在于新与旧、个体与整体之间的空间、体量、形态、比例、材质、色彩、建筑细部处理等方面的关系。不论是协调一致、还是差异互补、甚或充满张力,现存建筑环境帮助塑造了新介入建筑的性格,而新介入的建筑同时改变了其所处的建筑环境。在相互影响的过程中,新介入的内容与其所处环境达到融合。

1. 建设地点

拟在镇江河滨公园内新建一咖啡厅书吧(见附图4-2)。

该咖啡厅书吧集选购、阅览图书、供应咖啡、简单饮食等休闲娱乐为一体。书吧气氛高雅、环境舒适,让客人享受现代都市文化生活。

2. 设计内容

(1)拟建一栋总建筑面积为200 m²(按轴线计算,上下浮动不超过±5%)的茶室。在保证面积的前提下可以考虑两层。

(2)结构类型:砖混结构、框架结构。

(3)功能内容:咖啡厅的功能空间主要包括客用部分和辅助部分两方面。客用部分主要包括阅览休闲区、吧台、门厅、卫生间及收款台等空间。辅助部分主要包括备品制作间、库房、更衣室、办公室等空间。

3. 设计要求

(1) 学习灵活多变的小型休闲建筑的设计方法，掌握休闲建筑设计的基本原理，在妥善解决功能问题的基础上，力求方案设计富于个性和时代感；体现现代休闲建筑的特点，体现茶文化。

(2) 初步了解建筑物与周围环境密切结合的重要性及周围环境对建筑的影响，紧密结合基地环境，处理好建筑与环境的关系。室内、室外相结合。绿地率≥30%。在平面布局和体形推敲时，要充分考虑其与附近现有建筑和周围环境之间的关系及所在地区的气候特征。包括功能分区、出入口、停车位、客流货流组织等问题。

(3) 开阔眼界，初步了解东西方环境观的异同，借鉴其中有益的创作手法，创造出宜人的室内外环境。

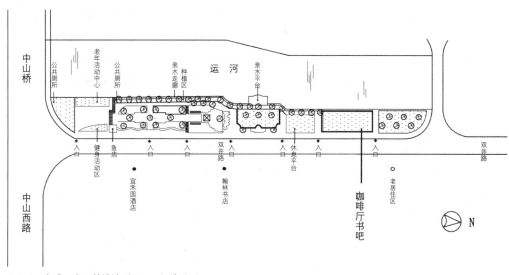

图4-2 咖啡厅书吧基地地形图——河滨公园

第三节 设计信息的输入与分析

理解设计任务书的内容仅仅是设计信息输入的一部分，得到任务书以后，所需做的工作即是调查研究。调查研究是各信息资料输入和分析的过程。需要收集的信息资料主要包括以下几个方面：

1. 环境条件输入

主要指基地周边的环境要素，例如周边道路条件，建筑物布局方式，朝向、景观、地形变化以及人文环境条件等，还有与城市环境的关联，乃至地质、水文、气候等。这些显性和隐性的外部环境条件将不同程度地制约建筑方案设计。

2. 城市规划的控制要求输入

(1) 建筑红线：城市道路两侧控制沿街建筑物（如外墙、台阶等）靠近街面的界限，又称建筑控制线。

(2) 容积率：一定地块内，总建筑面积与建筑用地面积的比值，是衡量建筑用地使用强度的一项重要指标。

(3) 建筑密度：一定地块内所有建筑物的基底面积占用地面积的比例，用百分比表示。

(4) 绿地率：用地内有效绿化面积占用地总面积的比例，是反映城市绿化水平的基本指标之一。

(5) 建筑控制高度：建筑物室外地面到其女儿墙顶部或檐口的高度。

(6) 停车要求：用地内可以停泊机动车的数量，包括地上部分和地下部分。

3．内部条件输入

主要包括建筑物的功能使用要求，房间规模尺寸和布局原则等共同构成建筑方案设计的整体功能。

4．国家、地方的相关法规、规范、标准

这些法规条文是对建筑方案设计的一种规定，具有强制性，是建筑方案可行性的保证。各种类型的建筑物，国家都有相应的规范规定，是设计必须满足的要求，如住宅设计需要参照《住宅设计规范》《城市居住区规划设计规范》，学校设计应参考《中小学校建筑设计规范》等。此外还必须满足相关的防火规范、交通疏散等基本要求。此外还有一些地方特殊规定也必须严格遵守，这些都是设计方案通过审批的重要依据。

5．相关设计实例资料的输入

相关的设计资料包括各种文献资料中前人设计的案例与现实生活中随处可见的同一类型的建筑设计作品，尤其是优秀作品，解决同一种问题的方法、类似条件下的处理手法等。这些资料的积累是提高设计水平、拓宽设计思路的重要手段，潜移默化地影响了整个创作过程。

信息资料的收集、整理及其分析主要有定性和定量两种方法，是一种专门的技术。主要工作内容包括配合场地环境现状的调查分析，组织收集与设计项目相关的图片、文字、背景资料，在尽可能的情况下，罗列与设计项目主题相切合的各种设计趋向。另外还需收集分析相似案例资料和业主或使用者对设计项目的要求，资料的反复研究和比较最终会对设计结果产生重要的影响。具体包括以下几种方式。

(1) 咨询业主、走访调查

环境建筑物最终是为人而设计的，因此必须充分了解业主的具体要求。此外，书面的设计文件并不能全部包含建造者所要交代的内容，由于制定设计任务书的人有专业人员也有非专业人员，因此，了解业主的意图以及各项详尽要求，提出合理的建议，以取得业主的共识与认可显得尤为重要。

咨询业主本身是一门调查艺术，应通过走访使用者，有没有超出设计原理以外的其他特殊使用要求。也许正是采纳了这些要求并在设计中得以体现，反而创造出一个有特色的方案。否则按一般设计原理解决功能使用问题可能是平庸之作。总之，对业主的咨询调查越深入细致，对提高方案设计深度越有帮助。

"为谁而设计"这一目的性是需要通过咨询业主而获得真实可靠的理解，尽管设计任务书对设计要求有所提醒和强调，但许多细节要求只有业主最清楚，因此最终的方案设计要做

到真正地为人而设计，只有走到业主中去征询意见，才能收集到更多更细致的设计信息。

(2) 现场勘察

任何一个环境建筑设计项目都受到环境地块本身里里外外许多限制条件的影响，设计是一个"先理解后行动、先诊断后治疗"的过程，要想做到建筑物设计与周围所有的环境要求和谐共处，现场调研是获取第一手资料的重要途径。设计者只有亲历现场才能对设计目标所处的特定环境有一个较为感性的直观认识，对这个环境条件所反映的各种信息才能有较为深刻的理解。也许这种现场勘察并不能依次完成信息的收集，而是需要多次反复地进行，但每一次勘察都会有不同的收获。现场勘察的内容主要包括：

①勘察场地内的地形地貌特征，是否有高差、坡地、水体。场地内是否有应保留的现状物，如建筑物、树木、设施等。

②勘察场地周边的环境条件，在地块外的环境因素，如建筑物、水体、道路、绿化带等。再看远点，有景点、景观方向、山脉等以及这些条件能对场地产生的影响。

③观察周边道路上人、车流量，活动规律。

④了解场地周边的人工设施情况，如市政设施中供水、供电和供气等。还有公共设施的情况，如文化、交通、服务设施。

⑤当地的风土人情、文化景观等。通过调研把握整个自然环境和人文环境对建筑设计的影响和制约。

(3) 阅读文献

阅读文献资料是获得设计信息的重要手段之一。特别是初学者，刚开始在头脑中的设计语汇是相当匮乏的，不可能凭现有的知识和能力顺利展开设计工作。为了获得一些启发，可以通过查阅资料、文献等从中获得一点启迪。通常与建筑物设计相关的文献资料我们可以分为以下几类：

①建筑专业的文献资料：相关建筑类型的设计原理工具书（如建筑设计资料集）、设计规范。它们作为设计指导原则对设计行为起重要作用。

②相关设计作品的图例资料：阅读图例要关注设计的布局、处理的手法，对于设计的优秀之处要细心琢磨，即使是设计的欠缺之处也应分析其原因，我们应合理借鉴他人的设计经验，而不是盲目地抄袭和移植。对大量图例的阅读一方面对即将展开的设计有很好的参考作用，另一方面可以作为记忆储存在你的脑海中，在需要时能运用自如。

③与设计内容相关的外围知识资料、文献：建筑设计是一门综合性很强的学科，涉及的知识面相当广泛，需要多学科知识作用于建筑设计过程。只有通过阅读相关文献，从中将所需知识融入到建筑设计领域内，才能使设计成果上升到一个更高的水平。例如设计一座纪念馆建筑时，你不仅要按展览馆建筑的一般设计原理和方法进行，还需要通过阅读有关该纪念馆纪念内容的相关背景知识，从中寻找创作灵感，使设计成果超越一般化的模式。总之，大量相关外围资料、文献可以使设计者跳出专业局限，做出高水平的设计。

(4) 实例体验

实例体验的目的是使设计者从现实中相同

类型建筑物案例中获取相关信息的必要途径，特别是对于较陌生类型的建筑设计，更应通过实例调查建立起感性认识，有助于设计者对其设计原理加深了解。此外，通过实例体验，在加深设计项目理解的基础上，通过个人对被调查实例的评价提高观察力、判断力，从中学习可取之处，或引以为戒之处。实例体验时主要关注的内容有建筑周围环境、功能使用情况、室内空间形态、设计手法调查等方面。整个过程的手段主要有观察、体验、记录和拍照，最后将所得的记录进行综合整理和分析。

上述四种设计信息的调查手段在实际中总是综合运用，发挥各自的优势，共同完成收集信息的任务（图4-3）。

这些信息一方面需要"应急输入"，即设计者在接到设计任务书后，为该项目设计进行有目的的信息收集，这种信息输入方式针对性强，收效快，能直接推动项目设计的进展，但局限性也较大，另一方面信息的收集更需要长期的积累。一位成熟的有经验的设计者更多的是靠将信息储存起来，以备不时之需。这些信息如设计手法、生活经验、常用尺寸，标准规范等，都需要处处留心，日积月累。

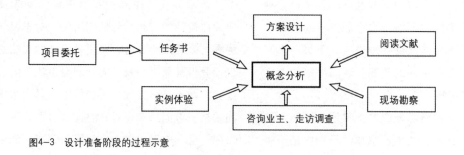

图4-3 设计准备阶段的过程示意

第四节 设计准备阶段的表达形式——图示笔记

"工欲善其事，必先利其器"，设计表达对设计过程以及设计目标的实现方面起着不可或缺的作用。表现是思维的外化，是在不同设计进展阶段以图纸、模型或数字化媒体辅助等方式将头脑中不定性概念转译固化为直观清晰形态的过程。在设计的不同阶段具有不同的表现形式，设计师可以根据设计阶段的特点及需要进行最优的选择。

前文提到环境建筑设计准备阶段的主要工作就是通过环境现场考察和相关资料的收集发现与设计项目、设计主题相关的问题，分析和把握问题的构成，并按范围进行分类，初步寻找解决问题的可能途径。总的来说，这一阶段的设计表达形式主要包括速写、拍照、录像和文字图表等，多以记录性为主要特征。收集资料阶段主要以语言文字、图像、图示表达为主；分析资料阶段则是以文字、图示为主。从使用的记录分析工具来看我们可以将这一阶段的表达形式分成两类。一是利用照相机等电子设备进行，另一类是设计师借用纸和笔为工具徒手记录和分析的信息内容的方式，我们称之为图示笔记（visual notes）。这两种方式各有利弊，照相机可以记录很多手绘图示笔记无法实现的内容，但是照相机无法迅速地记录思考感受、潜在的结构关系等以及任何眼睛难以一次"看到"的地方。随着照相机的普及，明显降低了对图示笔记这一方式的重视程度，从而忽略了一些用手记录信息带来的宝贵价值。因此从一开始我们就强调图示笔记的重要性。

图示笔记迅速地将思想中的符号以图形语言的形式形象地呈现在纸上，使构思形象化、具体化。还可以在设计考察中随时记下现成的各种信息，以及在看到优秀的实际案例时，能够快速地记录并形成设计语言，为设计师积累更多的经验。这种方式包含强烈的个人理解和思考，对于灵感的生成也具有重要的作用。其实这种方式并非建筑师专用，其历史久远，以图形为记录方式在文字诞生之前就已存在。对于建筑师来说，图示笔记不仅是记录信息的手段，而且已经成为培养建筑师的重要训练内容了，勤于记录也是一种帮助记忆和理解的方式（图4-4）。

图4-4 建筑环境的图示笔记——学生丽江速写

一、图示笔记的特征

1. 强调真实性

大多数设计任务都涉及众多复杂的背景资料及相关因素，图示笔记是从这些资料信息中提取核心部分将成为寻找矛盾、确立设计切入点的关键。这就要求收集的资料具有足够的准确性和真实性，不能仅凭设计师的个人经验或想象，而应建立在客观现实的基础上。例如用速写的手段客观地将基地特征呈现出来，不但使设计师能加深对场地的认识，而且能深入地分析和评价记录的东西，形成对场地或空间的整体认识，为以后的设计工作提供现实的依据和保证。

2. 扩展与选择

图示笔记的一个重要特征在于扩展与选择，所谓扩展，即可以记录眼睛或者照相机无法直接捕获的形象。在考察某基地环境时，很难用一张透视速写甚至照片来表达充分有效的环境信息。这里的"有效"是指要以尽可能简洁的方式表达最重要的信息。通过一组照片或者是一段录像，当然可以领略环境要素、空间关系，但那些仍然是"原始素材"，需要在头脑里进行再加工。所谓选择，指的是图示笔记可以直达目的，借助设计师的理解与思考避开多余的干扰信息。

3. 专业性

图示笔记另一个显著特征是绘制者与阅读者绝大部分都是专业人士。因此，图示笔记的绘制并非是"再现"型的，没有必要描摹对象，而可以采用某种专业的图例、方式进行记录，而这样的图例只有具有同样语汇系统的专业人士才能读懂，而且大多数情况下这种笔记并不用于传播，虽然有时候在建筑书籍中看到著名建筑师的草图，但对于大部分人来说这并不是图示笔记的首要目的和主要表现形式。

二、图示笔记的功能和内容

1. 图示笔记是一种"建筑学"的信息记录方式

前文指出在环境建筑设计的前期需要进行大量的资料调研工作，主要包括现场考察、项目背景资料的阅读和相关信息的收集工作。大量的工作仅仅靠大脑记是远远不行的，还需要运用记录的技能。这里的记录是指通过视觉符号来记录——设计表达的作用之一，即设计表现可用做巩固视觉数据的记忆，将视觉数据做具体的、快速的表达或记录，通常用速写形式表现。因此，图示笔记的首要功能是"记录"。无论是所观察或收集到的信息，还是自己的点滴思维过程，都可以用这样的形式快捷地记载下来。记录可以是针对具体设计问题而言的，也可以是无特定目标的，通过观察而从环境中有所感悟形成的场景。

记录作用的设计表现主要包括观察和记录两方面内容。同时这两方面的内容是不可分割的。记录事物的同时也反映了观察者的思维活动，做记录的潜在作用也超过了记录本身，因为通过不断的观察可以产生新的想法（图4-5）。达·芬奇把他的见解和速写资料都保存在随身携带的笔记本中。这样做说明了记录的另一个重大作用就是在你产生灵感的一瞬间把它迅速地记录表现出来（图4-6）。又如勒·柯布西耶无拘束地勾勒各种各样的想法，把速写的种种形象集中加以比较，由此可以取得进一步的变化（图4-7）。由此可见，记录不仅仅是一个行为而是一个观察并思维的过程。

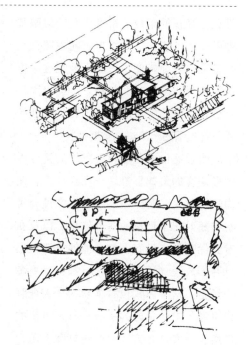

图4-5 现场调查

图4-6 达·芬奇的速写笔记

①

（1）感知

感知是头脑与客观世界的联系，随着记录的推进，我们逐渐感受到更多的

130

图4-7　勒·柯布西耶的速写笔记

信息，这是用手记录的优势所在。当笔下的形象与信息在不断的深化过程中，眼睛所观察到的形象会通过笔传达出来。绘制图示与摄影相比最大的区别就是会消耗相对长的时间，而这段时间的过程就是形象、思维、信息的输入、感知过程（图4-8）。

　（2）筛选

　随着观察能力的提高，感知可以达到更高的层次——筛选。感知不是全盘接受，而是主动地区分有效信息与无效信息，或者是重要信息与次要信息。在进行图示笔记的时候，时间的限制是不容忽视的客观条件，如何在相对短的时间内吸纳更多的有效信息是关键所在。筛选有两层意思，一是面对对象，合理选取对象信息；二是根据对象特征，合理选取记录方式。图示笔记没有统一的规范或标准，不同的人有不同的记录方式，只要合适、贴切就好。

　此外这种记录要求清晰准确，有

时随着思维的深入，还要反复进行，在调研时对要记录内容和忽略内容必须进行取舍，实际上在设计师头脑中已经进行了筛选，经历了评估和初期思维过程。由于环境建筑设计的特殊性，项目通常不是个人来完成，因此这种记录功能的设计表现应具有规范性，同时标注相关说明，使团队的其他成员也能清楚明白（图4-9）。

图4-8　感知的记录

图4-9　筛选的记录

2. 图示笔记是一种分析工具

　记录固然是图示笔记的一项重要功能，但并非终极目标。在当前多种记录手段可以选择的情况下，建筑师纯粹用图示笔记来记录信息的时候已经在逐渐减少，图示笔记所起到的作用应该超越记录本身，因此在观察、感知的基础上，还应该有着更高的目的，就是利用图示笔记进行分析，建立从"记录"到"设计"的桥梁。

(1) 检验

一张图示笔记的成功标志之一就是要令人清楚地知道你想记下什么，这才是图示笔记的真正价值。分析与记录是前后连贯的，检验紧接着感知和筛选，之间没有清晰的界限。例如在面对基地环境时，观察阶段看到了各种场地内的各种环境，包括地形、绿化等自然环境、道路等人工构筑物，而分析阶段则需要根据专业的知识分析出环境要素之间的彼此关系以及环境因素对建筑产生的影响因素，而往往这些关系是不易用肉眼和相机轻易捕获的。

(2) 提炼

提炼是分析阶段的重要手段。前面提到的分析有效信息是提炼的基础，即首先要认识到对自己有价值的信息，然后利用图示手段将其记录下来，提炼不仅记录下眼睛看到的，更应该训练头脑感受到的。体验头脑思考的过程最直接的方式是在图示笔记的过程中将时间维度贯穿其中，这也正体现了图示笔记与速写的本质区别。

(3) 组织

通过感知、提炼出的信息记载可能是零散的、孤立的。要让信息记录的价值最大化，并且更好地为设计服务，还需要将信息进行组织。对各种潜在关系进行多次反复的理解和探讨，不断获得新的收获，使图示笔记带有强烈的创造特性。

三、图示笔记的表现方式

图示笔记的最终表现通常既包含记录内容也体现思维分析的内容，并没有将两种内容完全分开，因为记录的同时分析思维已经开展。因此，图示笔记的表现方式是通过文字、图表、草图或其他表现手段忠实记录、描绘设计项目场地环境的客观现状，并对这些现状进行分析，形成多种分析记录图纸，例如包括原有场地环境的分析图、收集资料的分析图、设计主题的分析图等，从而为后期设计的正式展开做好了铺垫。具体表现形式有以下几种：

1. 文字记录

文字可以长时间地保存信息资料，作为设计计划的依据。在设计准备阶段主要用于记录与业主、委托人、其他方面专业人士的交流过程中提到的相关设计信息、有关法规、条例、归纳和说明项目建设内容，例如规模、性质、用

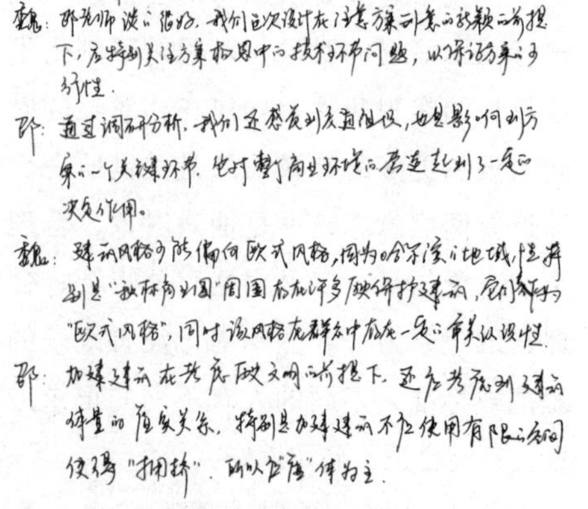

图4-10 课题设计项目的文字记录与分析

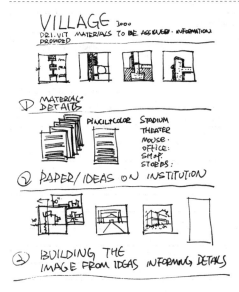

图4-11 文字与图示结合记录

途、造价、建设周期等。另外还有对同类已建成项目的资料的文字整理，为设计提供可借鉴之处。除此之外，文字通常与图示结合用以更好地解释和说明图示所表达的内容（图4-10，图4-11）。

2. 图表

文字的表达多用来收集有关法规、条例、功能和业主的要求等，在这个阶段所占的比例比较大。它的结果多为数据、图表等，为下一步的设计工作铺平道路。例如对建设用地环境现状、服务设施使用情况的调查问卷等。目的是为了更好地了解掌握使用者对环境的需求，以及了解现存环境存在的问题，提供设计依据，以便在设计中做出合理的选择。调查表的提问要求做到避免抽象，尽可能具体，文字要简练，通俗易懂。需要注意的是，有经验的建筑师会从最初的文字图表的记录中边搜索边概括。尤其注意那些对建筑创作有重要影

响的部分，在这种看似机械性很强的工作中，发现机会，寻找线索，为可能的构思留下伏笔（表4-1）。

3. 图示

图示在这个阶段应用的机会比较常见，多以记录性为主要特征。这里的图示表达主要是设计师对基地现状、周围环境空间等做大量的记录性速写，例如地形图、交通情况，周围环境景观、临近建筑或又建成建筑的速写、图片等。在一些研究性较强的项目中，还常常要收集许多现场使用者的活动记录、调查记录等，某些情况下如空间、尺度、细部设计中还要引入人体工程学方面的研究等。这样既加深对建设项目的感知，掌握真实的资料信息，还可以有效地形成对项目的总体认识，为设计的顺利开展做好铺垫。这些图示记录通常是设计师在短时间内完成的，因此进行过筛选简化通常辅以文字说明，用以强调重要内容及注意事项。

如图4-12，图4-13所示，建筑师试图捕捉对基地的整体认识，这种分析和试探性的工作也成为构思前期的铺垫。

记录建筑或环境为主的速写，是以所做项目的总体认识为主，有极强的观察力和高度的概括力，善于把握众多条件中的关键部分，提

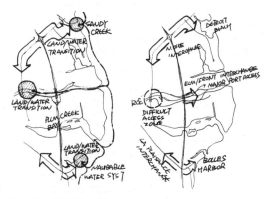

图4-12 前期场地分析

某小区休闲广场问卷调查表			
您好，为深入进行ｘｘ小区附近的城市休闲广场的计划工作，我们向您提出下列问题，希望您能积极地配合，认真回答，谢谢合作！			
			ｘｘｘ景观设计研究院
调查时间：	调查人签名：	调查地点：	填写人签名：
（1）您的性别：	A.男		B.女
（2）您的年龄：	A.15岁以下		B.15～25岁
	C.25～40岁		D.40～60岁
	E.60岁以上		
（3）您的职业：	A.学生		B.军人
	C.工人		D.教师
	E.干部		F.职员
	G.商人		H.工程师
	I.其他		
（4）您是否居住在附近：	A.是		B.否
（5）您在附近居住的时间：	A.1年以下		B.1～3年
	C.3～5年		D.6～10年
	E.10年以上		
（6）您的家庭一般月收入投入文化娱乐的消费金额是：	A.50元以下		B.50～100元
	C.100～200元		D.200～500元
	E.500元以上		
（7）您平日的业余活动主要是：	A.在家看书		B.在家看电视
	C.外出看电影		D.外出游艺
	E.参观展览		F.郊游
	G.体育运动		H.泡吧
	I.其他		
（8）您节假日的消遣方式主要是：	A.在家看书		B.在家看电视
	C.外出看电影		D.外出游艺
	E.参观展览		F.郊游
	G.体育运动		H.泡吧
	I.其他		
（9）您对组织群众性文体活动的态度是：	A.很喜欢		B.比较喜欢
	C.一般		D.不太喜欢
	E.很不喜欢		
（10）如果在附近新建一处城市休闲广场，您认为：	A.非常需要		B.赞成修建
	C.无所谓		D.可能利用率不高
	E.完全多余		
（11）如果您去城市休闲广场，您选择的活动方式是：	A.休息		B.散步
	C.运动		D.观看演出
	E.游戏		F.其他
（12）您对您居住附近的城市环境：	A.很有感情		B.比较喜欢
	C.感觉一般		D.不太喜欢
	E.很不喜欢		

表4-1　环境调查问卷

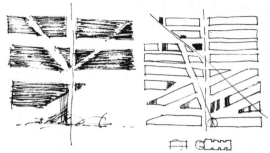

图4-13　前期基地分析

取有影响力的因素或摄取基地隐含的规律。

　　图4-14这两幅记录性的现场速写线条极其简单，无论是建筑还是自然要素都只留下了轮廓，很明显建筑师把观察的侧重点放在了建筑与环境的关系和空间的层次上。

　　图4-15这个抽象的草图很好地显现了设计者

头脑中模糊而活跃的思维形象，在准备阶段后期，建筑师的工作更多地闪现出创造性的火花，这是构思阶段开始的表现。建筑师的记录性绘画或叫"速写"是促进有效思维的一种常用而行之有效的表达方式。它可以使建筑师的手、眼、脑有机地融为一体，从而使得表达能更好地促进思维（图4-16）。在准备阶段，通过对基地现状、周围建筑物或同类建筑的大量记录性图示(绘画、速写)，可以加深我们对所建项目的感知，更深入地分析和评价所记录的东西，有效地形成对项目的总体认识，为后来的构想方案的推进提供灵感的来源。

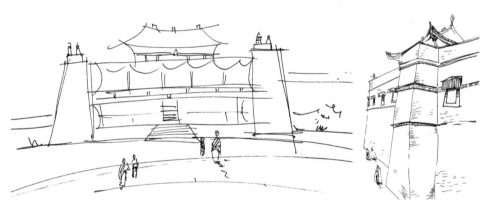

图4-14　学生西北速写

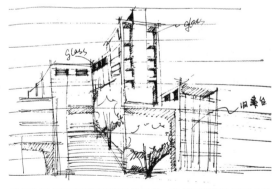

这幅速写是平时翻阅资料时的笔记，记录了建筑改建部分的关键特征，作为提高建筑师素质的重要途径，这种日常的累积是一种长久的准备。

图4-15　某建筑改建方案记录性速写

图4-16　眼、脑、手、像四位一体

第五章　设计初期——方案的构思

上一章阐述的设计前期的准备工作，无论是设计文件解读、设计信息收集还是设计条件分析，都是正式展开设计工作之前必需的环节。准备工作越充分，就越能使方案构思具有明确的方向，越能使方案的建构具有可操作性。在全面、系统地完成设计前期准备工作的基础上，进入方案的构思阶段。设计是一个高度发挥想象力和创造力的工作过程，因此构思是方案设计的初始阶段，又是建筑创作的最困难时期，也是环境建筑设计中最具有开拓性的工作，对设计目标的实现，设计成果独创性的展现都具有关键性的作用。因此，准确而独特的构思往往是出色的建筑创作胚胎。

第一节　环境建筑设计构思的概述

一、构思的概念

什么是构思？"构思"这一概念包含的内容十分宽泛，要想对其做出精确而全面的描述很难把握。从字面上理解，"构思"，一方面通常被解释为一个抽象性的概念，即被视为动态的思维过程，指艺术家在孕育作品的过程中所进行的思维活动；另一方面，"构思"也可以被描述为一个定型了的尚未实施的"思维成果"，即静态的表现形式，指艺术家在想象中形成的关于作品的创作意图。

对于建筑方案设计来说，如果创意是召唤建筑意义的深层思想、甚至是哲学层面上的立足点，那么构思是借助形象思维将抽象立意贯穿实施的重要步骤，是思想"建筑化"的过程。不仅仅是与立意相似的，在立意基础上的逻辑思维发展过程，更重要的是作为整个方案设计中的重要环节，是方案从无到有的诞生过程，是指以一定的设计手法和语言将创意转化为实际方案，是如何实现立意，解决问题，将精神产品转化成具体的物质形式的过程，是对设计条件分析后的反馈以及试图将其转变为设计策略的过程。简单地说，构思一方面要紧扣创意，不能脱离设计的中心思想；另一方面，建筑设计是一门综合性的学科，因此在实现创意的具体操作中会面临各种各样的矛盾和问题需要解决。这其中考虑的因素更加具体，从环境到建筑本身，从空间到形态，从概念到可操作性等多条线索都应同时考虑，互动整合。最终通过其独特的、富有表现力的建筑语言达到设计心意而展开的发挥想象力的过程，是设计的灵魂。

二、构思的特征

1. 过程性特征

建筑设计是一个全过程活动，其中构思活动相应的也具有很强的过程性特征。首先，建筑设计有一定的时间要求，设计每一个阶段都有明确的任务和目标。因此构思阶段也不例外。其次，建筑设计是一个不断进行最优决策的过程，单靠"灵感"是达不到的。需要对设计方案进行逻辑分析和优化处理。在总的时间进度上要合理安排构思的强度，在解决每一个具体问题时都需要有相应的构思策略和方法，遵循思维活动的规律。

2．表达性特征

随着构思在创作过程中的不断进展，其思维内容必然要通过一定的外显方式来体现，也即要形成能为他人所直接阅读理解的思维成果，这就是构思的表达性特征。建筑师的构思表达不仅有助于向外界传达信息，交流沟通，同时有利于创作主体对自己的思维不断反省，以完善思考、优化决策。

实际上，在建筑设计的整个过程中，构思的进程与表达是相互依存的，一定阶段的构思必须借助一定的表达方式帮助记忆、进行分析，从而进入下一个构思层次，但总体上，构思的进程与表达在建筑设计中共同经历着一个由模糊到清晰、由重复到确定的非线形的过程，其中构思进行在前，表达在后，表达是过程的反映，过程是表达的源泉。

3．超前性特征

建筑从立项到建成往往要经历数年时间，从建成到最后被遗弃又要经历数十年甚至更长的时间，其间不可避免地发生对建筑需求的变化，这就决定了创作构思本来就必须是超前的。在进行建筑设计之前，由于创意的需要，引发出对客观事物的感受、分析和认识。在创作过程中，还需要根据建筑师对历史的、现实的深刻理解以及对未来将会发生的情况进行预测，使建筑能最大限度地满足使用者未来可能的不同需求。超前的构思是人们根据客观事物的发展规律，在综合现实世界提供的多方面信息的基础上，对于客观事物和人们实践活动的发展趋势、未来图景及其实现的基本过程的预测、推断和构想。

4．个性化特征

建筑构思的个性化特征涉及每个建筑师潜在的和深层的个人素质和性格背景，是建筑创作中最难以明确表述的，也是建筑构思最具魅力之处。

每个建筑师的不同作品，表面上看来有差异，但如果详细地从设计构思、设计手法、造型处理、细部构造进行分析，必定可以清楚地发现其中蕴藏着的个人风格。风格是形式的抽象，风格总是表现作者对时代、思潮的见解，表现作者的思想、情态和艺术倾向，表述出作者的创作思路和艺术风格、个性。

三、环境建筑设计的构思的组成条件

一个设计构思能否被完美地实施，取决于以下三方面的条件：

1．主体——设计师

设计师是建筑设计的主体，其对建筑构思的产生影响主要体现在三个方面：一是建筑理念。设计师必须具备对"以人为本"、"环境、建筑、人三位一体"等观念有深入的认同和相当的理念构建。二是专业修养。首先需要有相当的理论积累，熟悉建筑学的基本规律和法规，能运用扎实的建筑组合和形体塑造能力将构思顺畅地表达出来，三是综合能力。建筑的构思不能始终停留在概念阶段，必须通过不断地深化发展而最终得以实施，这就要求设计师在设计的整个过程中具备相当的统筹能力、分析能力、处事能力，即起到综合协调的作用。

2．客体——设计依据

客体是指设计中面临的诸多客观因素与条件，主要包括环境和建筑本身的条件。

(1) 自然环境：包括地形地貌、水文、绿化、气候等自然因素，建筑构思应尽量利用其中的有利部分，而规避不利之处。

(2) 人工环境：例如已有的建筑、交通和设施环境对构思的形成也会有影响，应趋利避害。

(3) 社会环境：社会基本的审美趋势、人们某些共同的思想意识都会影响构思的形成，如果构思与这些需求过于相悖，将很难被接受。

(4) 建筑项目要求：主要包括业主、委托方的需求，根据现行的国家法规、规范、标准及地方规定以及项目本身的经济技术指标等要素来形成构思，否则构思就是空中楼阁。

3．本体——建筑载体

本体是指建筑设计的多元、多矛盾最后集中统一于设计载体，即图纸、图像、模型、文字说明等。图纸、文字是传统的主要的设计构思表达方法，但建筑设计往往面临复杂的技术问题，体量模型和计算机表达也成为当今主要的表达方式之一。

综上，不同的创作主体面临相同的客观条件时不可能产生相同的构思，即使同一个建筑师在不同的时间面对相同的项目，也会由于思考的侧重点不同而得出不同的结论。

第二节　环境建筑设计的构思方法

什么是好的构思？好的构思贵在创新，应根据设计条件，抓住创新点，并在可操作的基础上体现别出心裁、与众不同的思路。不少设计者往往误以为形式上的标新立异就是好的构思。建筑形式最容易表达设计者的"匠心"，也最能吸引人的眼球，因此追求形式很容易成为设计者构思的首选。但这样做容易陷入形式主义，堵塞更广阔的构思渠道。现代建筑创作已有了新的概念和含义，建筑学已全面地反映社会、政治、经济、文化、科技等的变化，并具有多学科融合的特点。所有这些方面既对建筑设计起限制和约束作用，又有可能成为建筑创作的构思源泉。

环境建筑具体的方案构思有很多切入点，根据环境艺术设计学科的理论，"环境——建筑——人"这三者是形成环境建筑设计构思的主要源泉。创造宜人的环境是建筑设计的根本目的，因此体现出建筑与环境的重要关系是环境建筑设计研究的重点，也是环境建筑物设计区别于其他设计的地方，从环境出发进行的构思是环境建筑物设计中相对重要的构思方法，在这里我们将重点阐述。此外，人的思想理念、建筑本身的功能、形式、技术等组成要素也是形成建筑设计构思的主要源泉。

一、环境构思法

环境构思法是指以建筑物周围环境作为构思的出发点，根据已有的环境特征研究建筑物形态和空间构成。环境构思法的主要标志是根据已存在的课题环境诸因素影响或决定建筑创作本体的构思或建筑形态的构成。前文我们提到过环境要素包括建筑物周围的从宏观到微观的自然、地理、社会、历史、建筑等诸元素，建筑物设计与这些环境要素密切联系。环境构思法即将环境和建筑两者之间的关系作为构思重点，希望达到建筑与环境协调，创造更优美的新环境。这是建筑创作的准则之一，更是环境构思法的构思准则——因地制宜，因势制宜，因景制宜，因材制宜。

总的来说，环境构思法的总体思路分类如下图（图5-1）：

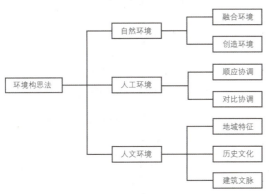

图5-1　环境构思法的总体思路分类

1. 自然环境构思法

建筑处于自然环境之中，以自然环境为主体，建筑物与自然环境有机共生的构思方法称为自然环境构思法。自然环境构思法一般有两种类型，即融合环境和创造环境。

（1）融合环境

融合环境即将建筑融合于所依托的环境之中，充分保护与利用自然环境，因地就势，顾全整体。主要的处理手法有：化整为零和顺其自然。化整为零指构思与设计大体量的建筑或建筑群时可采用"打碎"的办法，使建筑体量变小，并经过组合，使其适应自然环境的地势

和地貌。顺其自然主要指从保护环境出发将建筑与环境有机融合，成为一体，达到互相依存的效果。

实例：皮亚诺设计的吉巴欧文化中心充分体现了这两种手法，一方面借鉴村落的布局，10个平面接近圆形的大小不一的单体顺势展开；另一方面建筑结合当地棚屋形式采用"编织"的构筑模式，与当地自然环境完全融合（图5-2）。

图5-2　吉巴欧文化中心

（2）创造环境

创造环境是指建筑虽处于自然环境之中，但由于所处环境的特征或建筑性质等因素决定，使建筑成为该环境中的主角，从而创造出更加动人的新环境，建立新秩序，达到新平衡。需要强调的是这绝对不是忽略原有自然环境，也不是破坏原有自然环境，而是通过对原环境的全面认识和了解，充分利用原有环境，寻找创造新环境的最佳方案，从而达到改善原有自然环境的目的，使其发

挥更好的环境效益和更大的社会效益。

实例：赤彦纪念馆。该馆建于日本长野县与内湖山相间的长约200 m的地带。建筑沿湖岸布置，可充分欣赏建筑四周的自然山水风光，充分发挥环境效益。建筑平面临湖侧为一曲面带状体，以使建筑与湖岸的形态相随。后部房间为矩形体，平面形态简洁流畅。屋面为光洁的弧面带状体，其形态如一条巨鱼横卧岸边，介于湖与山之间，增加了原环境的魅力。通过这一实例我们体会到"创新是建筑创作的生命"（图5-3）。

图5-3　赤彦纪念馆

建筑同处于自然环境之中，到底是采用"融合环境"法还是采用"创造环境"法有时很难判断，尤其是处于两种方法之间的状态。在通常情况下，当自然环境处于弱势，应偏向"创造环境"；或者通过全面思考、权衡，判定建筑是否应处于主角地位成为所创造新环境中的重要构成元素。

2．人工环境构思法

环境的主体部分是由人工建造而成的，新建筑根据人工环境特点进行构思与设计，即为人工环境构思法。

人工环境按照其范围大小一般分为两类：一是微观层面的"小人工环境"，即建设用地及其附近的小范围人工环境，一般来说是原有建筑与新建筑的关系；二是中观、宏观层面的"大人工环境"，即建设用地所处地段及城市相对而言的大环境。因此，这两方面都应有所考虑，但其中"大人工环境"在很大程度上受城市自然地域、历史文脉等人文因素的影响较大，因此一般以"小人工环境"为构思重点。

人工环境构思方法主要考虑新建筑物根据所处环境原有的道路、景观及建筑布局、形态形式、风格、材料、色彩以及特点、个性等进行构思，从而达到新旧环境与建筑的协调平衡，一般构思方法有两种：一是顺应协调，二是对比协调。两种构思方法从表面上看虽然是不同、对立的方法，但其目的都是为了创造新的更优美、宜人的环境。

（1）顺应协调：是指新设计的建筑物"迁就"或"顺应"原有人工环境，从而达到与原有人工环境统一协调的效果。其构思要点是这种方法常用于已有建筑或人工环境处于较强大的地位。但这不是固定模式，设计时应根据所处环境具体情况及新建筑性质全面考虑。

实例：美国纽约古根海姆美术馆扩建楼。1992年，古根海姆美术馆的后部需要扩建10层的高楼一幢，扩建部分由建筑师格瓦斯梅·西

图5-4　纽约古根海姆美术馆扩建楼

格尔事务所（Gwathmey Siegel）设计。考虑到1959年落成的古根海姆美术馆为建筑大师赖特的作品，已成为世界名作，故扩建新楼采用"顺应协调"的手法，使新楼处于陪衬淡化地位。新建筑平淡如单色幕布平整地垂下，成为原建筑曲面的背景，仅仅在原美术馆低层的平台缺口处点缀四条横窗，起画龙点睛和与原建筑结合的作用（图5-4）。

（2）对比协调

对比协调是指新建筑选用与原环境完全不同的形式、形态、材料、色彩等，从而与原环境或建筑形成明显反差，通过对比达到与原环境的协调共处。其构思要点是建筑随时间而变化，新设计的建筑应着眼于现在与未来，不宜因循守旧，而应有所发展、有所前进地去创造新环境，当然，这并不等于置原来环境于不顾，而是在认识原环境的同时，采取更加充满活力的方法使原环境更丰富、更富有时代感。通常情况下，此种方法常用在原环境处于较弱地位或需要突显新建筑并且又不会损坏原环境时使用。

实例：美国华盛顿国家美术馆东馆。在美丽的国家大草坪北边和宾夕法尼亚大街夹角地带，耸立着两座风格迥然不同的花岗岩建筑，一座在西，为新古典式建筑，有着古希腊建筑风格；一座在东，是一幢充满现代风格的三角形建筑。它们有一个共同的名字——国家美术馆。西馆是原国家美术馆，东边的一块梯形地块留作将来美术馆扩建之用，由贝聿铭设计。经过全面调查、精密构思，确定以创新的建筑形态与内部空间为总指导原则。突破传统概念，创造出一座产生震撼力的全新内外建筑空间，与周边国会大厦等大量的古典形式建筑产生"对话"（图5-5）。

该实例可以深刻体会到"对比协调"构

图5-5　华盛顿国家美术馆东馆

思法的规律与构思要点，可以更加明确"对比协调"法绝对不是不考虑原有环境与建筑，更不是脱离原有环境与建筑，而是考虑新建筑、环境与旧建筑、环境之间的变化与反差。

新建东馆与原环境、原西馆按传统的布局法则建立起轴线关系，原西馆的中轴线向东延伸，轴线与北侧边线相交形成新馆等腰三角形的尖端。东馆南端外墙与西馆在同一条线上，新旧两馆间设圆形喷泉和绿化，其中心位置位于两馆轴线上，从而强调两馆之间的联系。以上的轴线定位，产生于划定了顺应环境的梯形用地，并以此作为东馆的外轮廓线。新建的东馆与西馆同高，与西馆相邻的西立面作对称处理，与其产生呼应。东馆的外饰面材料与西馆相同，因此西馆的创新是在尊重原环境条件的情况下的对比协调。

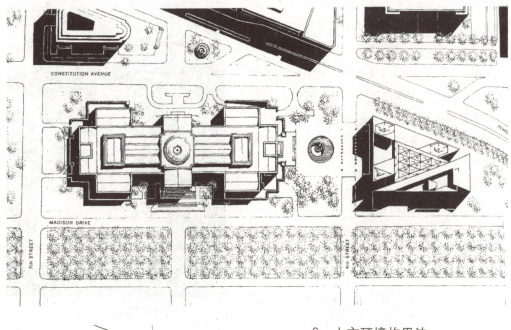

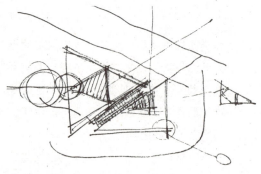

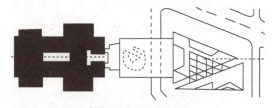

图5-6 华盛顿国家美术馆东西馆轴线分析

图5-7 福建长乐的"海之梦"

3．人文环境构思法

人文环境构思法是指建筑所处的环境中历史文化、地域特征、建筑古迹等对所设计的新建筑物产生脉络延续或再现的构思方法。脉络延续或再现不是照搬传统，也不是原文脉的简单再现，而是根据所处环境、建筑性质及其功能要求，通过新的构思，创造出以所处地段、城市环境的地域、文脉为根源的新建筑形象或建筑文化。选用人文构思法的主要目的是加强新建筑的地方特性，深化文化内涵，引入城市设计的理念。

人文环境构思法的具体方法一般包括地域特征、历史文化及建筑文脉。

（1）地域特征：这里的地域特征主要指建筑所处的地带或城市的地理环境特征。这种构思方法指所设计的建筑形态、创意等主要根据地理特征进行构思与创作。这里与前述的自然环境构思法不同，自然环境构思法是指建筑与其所处的环境如何协调的方法。而地域特征的地理构思法是指如何传承这种地理环境的脉络，这种方法一般用于重要的公共建筑，以当地的自然地理环境为构思依据进行创作。

实例：福建长乐的"海之梦"（海蚌塔）。建于福建长乐海滨的一座小岛上。设计者从这一特定环境中产生联想，点燃了灵感的火花，将生活在海中的螺与蚌的形态通过建筑艺术的再创造，构成了建筑的基本形态。一个竖向高耸的螺（旋梯）和一个舒展的蚌（厅堂）有机、协调地组成一座具有个性、标志性、雕塑感和优美朴实、形态自然的建筑。建筑、礁石、小岛、碧海浑然一体，创造了"海之梦"诗一般的意境（图5-7）。

(2) 历史文化：是指将建筑所处大环境中的某些历史、文化的脉络情节引入建筑创作中，并将其转化为建筑语言，再现于总体布局、建筑形态、建筑或细部装饰中，从而使建筑与其所处的地域环境产生历史或文化上的脉络关系，使建筑与其所处环境的历史、文化进行"对话"，让建筑具有更深层次的内涵。一般用于文化建筑或某些适宜的公共建筑和其他建筑。运用此构思方法应对当地的历史、文化进行深入调查了解。将历史、文化转换为建筑语言，要防止形式主义，要结合建筑性质，要在满足环境、功能、艺术、技术等要求条件下实施。

实例：江苏盐城的海盐博物馆。坐落于江苏省盐城市古代著名的人工运盐河——串场河景观带中。由中国工程院院士、中国建筑设计最高奖"梁思成"

奖获得者程泰宁设计。建筑反映了海盐生产和盐民生活的多层场景和雕像，造型上试图演绎海盐的"结晶之美"，体量通过晶体的组合叠加，结合层层跌落的台基，就像海盐的结晶体随意地散落在串场河沿岸的滩涂上，造型独特，意境开阔，充分体现了"海盐"这一历史文化主题（图5-8）。

三星堆博物馆。建于成都以北广汉市郊古蜀文化遗址区。三星堆出土文物属殷商时代，其文物造型特点是以夸张变形、富于神奇色彩的青铜面具、立人和头像等知名。博物馆设计吸收了上述出土文物的神韵与特点，采用浪漫主义的手法，主体建筑大胆而巧妙地采用了螺旋形态，有如从大地长出、与环境自然生成，给人以"生于斯，长于斯"的感觉。螺旋体形态下大上小、平缓旋升的全方位感，强化和提炼了"堆"的意念，使建筑与所处的历史文脉结合。整体建筑也体现了与地域文脉的结合，外观造型浑圆厚重，饰面色彩古朴单纯，表达了所处自然环境中的黄土与粗石的特征（图5-9）。

(3) 建筑文脉：是指建筑所处的地带或城市大环境具有典型明确的传统或典型的建筑文化，并将这些历史沉积的建筑文化加以概括、提炼，进行再创造。经过引入移植或淡化变形，运用于所设计的建筑物中。当然传统建筑也属于当地文化组成部分，也可归类于"历史文化"中，但为强调地域的建筑文脉，故独立列出。建筑文脉构思法不是对当地传统或典型建筑某些部分的简单重复，其核心应是进行再创造，要抓住地域传统或典型建筑文化的精华和发展规律。

实例：巴黎"德方斯巨门"。形状似敞开的大方匣子，平面尺寸为100 m*100 m，高110 m的政府办公用房。德方斯巨门与罗浮宫、

图5-8　江苏盐城的海盐博物馆

图5-9　成都三星堆博物馆

图5-10　巴黎德方斯大拱门

凯旋门均位于巴黎香榭丽舍大街一条长轴线上。罗浮宫有巨大的方形庭院；凯旋门亦为方形，本建筑是同一轴线上的第三个方形建筑，与前两者遥相呼应，一脉相承，其寓意为"通向未来世界的窗"（图5-10）。

敦煌航站楼：航站楼旅客大厅的形态源于河西土堡建筑，大厅为方形，形如"回"字、围合内庭，平展敦实，涂纯土色，与大漠浑然一体。向上收分的墙面、不规则的门窗、敦实的外观表达着"河西土堡"的建筑文脉，外墙众多的浅龛，重点壁龛装嵌的石佛与莫高窟同源同根。综合楼与塔楼为圆形，旋转向上，直指苍天，纵向形态犹如从横卧的大漠中生长，扎根于戈壁。因此此航站楼设计不仅传承了建筑文脉，还反映了历史文化和地域特征（图5-11）。

很多时候，地域特征、历史文化、建筑文脉三者随着时间的累积联系在一起，密不可分，因此采用人文构思法时应充分考虑并进行再创造。

二、其他构思法

环境建筑设计除了环境构思法这一

图5-11　敦煌航站楼

重要的构思思路外，还有其他基本的构思思路，一方面构思来源于建筑设计的主体——设计师的思想和理念，进而形成自己的风格。另一方面构思来源于建筑设计的客体——建筑本身的基本组成要素，主要包括哲理思想法、造型构思法、功能（平面）法以及技术构思法等。

1. 哲理思想法

哲理与思想构思法是指通过建筑形态、语言、符号等表达其内在的某种哲学理念或思想内涵，从而使观者产生联想、共鸣或启示。运用哲理与思想构思方法时，应注意对所选用的哲理或某种思想内涵的完整、准确的理解，并将其运用于适合的建筑。哲理思想构思法与其他构思法不同之处在于：后者是以直观的、明确的设计理念达到在某一设计目标上获得突破性成果，而前者以隐喻的、暗示的设计意图，通过建筑作品来表达某种哲学理念和思想境界。而且哲理思想构思具有较深的文化内涵，此种构思方法多用于文化建筑、某些公共建筑或特定的纪念性建筑。

实际上每一位建筑设计师都有自己的哲理思想，只不过在建筑创作时通常没有意识到这种思想的影响作用，而哲理思想构思法必须以思想为构思的出发点，必须有意识地在设计一开始就要确定一种理念，并上升为理论层次的哲学观为立意，使一座看似平常的建筑物能蕴含深层的哲理。在现实创作中，有许多运用哲理思想法构思出的优秀作品。

实例：印度著名建筑师查尔斯·柯里亚（Charles Correa）。印度是四大文明古国之一，柯里亚注意将西方建筑设计理论与印度多元复杂的传统文化相融合，将传统宗教文化的内涵引入到建筑设计的理念中，运用象征和隐喻的手法来表达思想，试图传达某种特殊的精神感染力和心灵体验，其中受古代印度人曼陀罗宇宙观思想影响颇深。将方形或圆形的曼陀罗图形以方格的形式等分，每个小方格都代表一个神，在任何土地上的建造活动，包括城市和建筑，都选择大小不同的曼陀罗图形加以建造。例如斋普尔市博物馆。平面以印度古代神话中九大行星的曼陀罗形制为创作原理，由九个正方形组成，类似我们所说的"九宫格"。入口处的正方形局部扭转。九个正方形分别代表了不同的行星和各自的属性，各自的外墙上还装饰了九大行星的符号，在建筑的局部采用了不同石材镶嵌的壁画，来表现遥远的神话传说，使博物馆肃穆而略带几分神秘（图5-12）。

2. 造型构思法

建筑设计的成果最终总是以建筑造型呈现在世人面前，它与艺术作品不同之处在于建筑造型要受环境、功能、技术、材料、经济等综合因素的制约。同时，建筑造型本身又要符合建筑艺术的美学原则。造型构思法即在建筑设计时从建筑的体形入手进行构思，重点在于创造空间和造型，这样的构思方法往往会创造出新颖奇特的建筑形象和空间。然而，设计师在造型上要标新立异，不能停留在形式处理的手法上，甚至是陷入形式主义之中。作为形式主义的手法知识运用设计技法来处理建筑的形体组合、变化，或者运用符号、表皮、建构等各种手段，以达到设计师主观意愿的造型设计目的。总的来说建筑造型应有新意，"新"就新在造型不是停留在形式的变化上，而在于造型

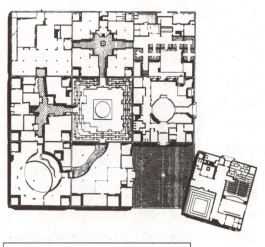

图5-12 斋普尔市博物馆

的一个最主要的表现手段就是建筑的造型。相反，当我们从建筑造型开始构思时，地域特征和历史文脉也不失为是一个好的思路。具体来说，在建筑造型设计上应顺应当地的自然条件，反映地域文化的特征，尊重人们的生活方式，在传承的过程中不断推陈出新。然而，由于两个方法之间的相互作用，有的时候很难完全分清是从环境构思方法出发还是从造型构思出发，两者之间相互交织在一起，总的来说无论是从哪个方法出发都是为了使环境建筑设计达到建筑与环境和谐的效果，使建筑形式扎根于特定的地域之中，城市的面貌才不会因建筑形式的单调而千篇一律。

(2) 源于隐喻、仿生的造型构思

建筑具有形象的特征，但由于建筑的复杂性，这种形象的表达不是直白写实的，而是用一种暗示的方法，启迪人们的联想，产生与设计意图的共鸣，这就是隐喻的造型构思方法。

实例：柯布西耶的惊世之作——朗香教堂，其屋顶的奇异形状令人称奇，引起众多猜想，有的说是轮船、船员的帽子甚至是手势等（图5-13），其实这一造型来源于1947年他在纽约长岛的沙滩上找到的一种空海蟹壳，虽薄但很坚固，人站在壳上也不破裂，因此启发出朗香教堂仿生的屋顶形象。

由此可见，隐语的灵感通常来自于对自然的仿生。但这种模仿不是简单的抄袭、移植，而是从自然界中动植物的生长肌理以及一切自然生态规律中吸取灵感，应用类比、模仿的方法进行建筑创作。其中，建筑造型的仿生不但能充

的新颖意念，可以从以下几个方面进行构思：

(1) 源于文脉、地域的造型构思

前文环境构思法中我们提到人文环境构思法，其中在建筑中体现地域特征、历史文脉

图5-13 朗香教堂造型猜想

分发挥材料的性能和结构的受力作用，还能创造出非凡的造型效果。

例如动物的骨架有支撑重量、塑造外形、保护内脏、适应动作的作用，因此鉴于种种优点，骨架也是常常被建筑师作为仿生的对象，建筑结构好比是建筑骨架。建筑师卡拉特拉瓦在他的许多建筑作品中经常通过对人体姿态或动物的模仿来增强对结构合理性的认知，并将建筑空间的合理利用和美学价值的充分体现完美地结合起来（图5-14）。

图5-14 卡拉特拉瓦法国里昂国际机场

（3）源于生态的造型构思

生态建筑是根据当地的自然生态环境，运用生态学、建筑技术科学的基本

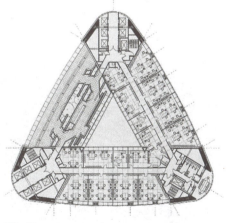

图5-15
诺曼·福斯特设计的德国法兰克福商业银行总部大厦

原理、现代科学技术手段等，合理地安排并组织建筑与其他相关因素之间的关系，使其与环境和谐，同时又具有良好的室内环境物理条件和较强的生物气候调节能力。为此要注重建筑形式、表皮、内部空间等一系列建筑要素对自然环境的反映，由此建筑造型必然不同。

实例：英国建筑师诺曼·福斯特（Norman Forster）设计的德国法兰克福商业银行总部大厦可称为世界上第一座"生态性"超高层建筑。平面呈三角形，设有9个相当于四层高的空间花园，沿49层高的中央通风竖井盘旋而上，这些花园为每一办公室带来绿色景观，并获得自然通风条件，还可使阳光最大限度地进入建筑内部，由此在造型上与众不同（图5-15）。

（4）源于高科技的造型构思

自20世纪下半叶起人类正逐步进入一个经济、科技发展突飞猛进的信息时代，特别是以计算机为首的一系列信息技术及自动化技术促使社会的各个层面发生着巨变。包括给建筑创作带来新观念、新方法、新成果，并为多样的建筑形式的实现提供了充足的技术支持。因此，源于高科技的造型构思是新的时代背景下的新的建筑创作途径。

实例：意大利建筑师伦佐·皮亚诺设计

的，是一个将建筑、技术、空气动力学和自然结合在一起，创造了20世纪最大工程而举世瞩目的超大尺度建筑。皮亚诺认为空间的无形因素——光、空气、声等要比其物质的或形式的元素更为重要，因此他从空气动力学出发，将跨度有80 m的屋顶曲线与屋顶形式有机地统一起来，呈现出波浪状有韵律的多次起伏，并延伸到两翼登机楼的屋顶曲线自然形成一体。这种具有动势的屋顶形式所产生的造型使人有一种凌空欲飞的感觉（图5-16）。

信息革命带来的新工具克服了传统建筑设计技术上的不足，特别是计算机的图形媒介能够使任意的、复杂的建筑造型经验有精确的空间信息，从而将空间形体生成引领到传统工具无法企及的领域，开拓了形体创造上更多的可能性及更丰富的想象力，并使建筑的施工具有可操作性。弗兰克·盖里（Frank Gehry）设计的西班牙毕尔巴鄂古根海姆博物馆，得到了航空设计使用的计算机软件的帮助，使盖里天马行空般的设计得到了实现，其独特的造型充满了任意扭动的曲线，强烈的感官刺激，甚至可

图5-16　伦佐·皮亚诺设计的日本关东机场

图5-17 弗兰克·盖里设计的西班牙毕尔巴鄂古根海姆博物馆

以说是怪诞的造型，完全区别于传统的建筑形式，被称为数字时代建筑创作的先驱（图5-17）。

3. 功能（平面）法

功能是建筑物的基本要素，一方面满足功能的要求是方案设计的主要着眼点和目标之一；另一方面，可以通过建筑物质形态的设计来突破传统的思维定式，赋予功能新的意义。如果说环境法、哲学思想法、造型法侧重分析的都是建筑的外部条件，试图由表及里地推进设计概念，那么功能法则是从业主倾向以及功能要求出发，分析空间分隔形式，自下而上地确定设计主导走向。

建筑设计的功能布置通常体现在平面构思上，可借鉴合理的分区配置模式。建筑平面本质上是对建筑功能的图示表达，同时又是对空间内外形态、结构整体体系等诸多设计要素的暗示。平面功能的设计受到多方面的因素的影响，如人的生理、心理差异性，人的行为复杂性以及人的需要多样性，都会导致平面功能的不同，这里将平面构思作为设计突破口创出新颖的环境建筑设计方案，要求设计师在解决平面功能的常规设计基础上从创造独特平面形式的立意出发积极展开构思工作。通常有以下几个着手点：

（1）以功能演变为目的的平面构思

在环境建筑物设计中，满足平面功能要求是建筑设计的基本目标之一。功能问题实质上是反映人的一种生活方式，不同建筑类型的功能要求反映着人的不同生活秩序与行为。随着社会经济的发展、科技的进步，人们的生活方式也随之改变。因此在设计时，满足功能要求是基本，而通过平面构思去创造一种新的生活发生才是高的境界。

例如中国现代城市住宅平面形制随着生活水平的提高，人们功能需求的丰富，生活模式的改变，发生一系列的变化（表5-1）。

（2）从流线的特殊性进行的平面构思

流线处理是平面设计中对功能布局的科学组织和对人的生活秩序的合理安排。尽管各类建筑的流线形式有简有繁，但都必须符合各自的流

类型	空间模式	生活特征	年份
多户合住	K—WC BLD—BLD—BLD	每户1室或带套间的2室 卧室兼用起居功能 多用户公用厨房和厕所	1950—1957
独户小面积	K—WC BLD	每户1—2室，多数穿套 卧室兼用餐起居功能 独用厨房和厕所，个别公用厕所	1958—1978
设小方厅	K—WC D Bl	每户1室，1室半，2室半，走道扩大成为小方厅 通至各室 用餐在小方厅，起居会客多数在卧室 独用厨房，卫生间设便器、浴位及洗衣机位	1979—1989
大起居小卧室	K—WC LD—B	大起居室小卧室 用餐在起居室 独用厨房，卫生间设便器、面盆、浴盆、设洗衣机位	1990—2000
设置备用空间	K WC LD S B	用餐在单设餐室，设第二起居空间 设置备用空间可做客房、书房、工作室、游戏室、多功能室等用 独用厨房，另设家务室或服务阳台 卫生间梳妆、便器、浴盆、净身功能分别设置和组合	2000年以后
图例：K=厨房；WC=卫生间；B=卧室；L=卧室、起居室；D=餐位；S=备用室			

表5-1 中国现代城市住宅平面形制演化

线设计原则。例如交通建筑流线应短捷通畅；医院建筑流线应洁污分流；展览建筑应符合展览顺序同时参观与工作路线分开等。设计者在遵守流线的设计原则的基础上开创另一种流线处理的新思路，获得与众不同的新方案。

例如，赖特在设计纽约古根海姆美术馆时，就是以"组织最佳展览路线"为平面构思的。他打破了传统组织展览路线的套路，将陈列大厅设计成一个圆筒形空间，高约30 m，周围是盘旋而上的层层挑台，地坪以3%的坡度逐渐升起。圆筒形空间的外围直径从底层的30 m到顶部的38.5 m。观众参观时，先乘电梯至顶层，然后边参观边顺坡而下。展览路线全长430 m，从上而下一气呵成，可使观众保持连续

的观赏情绪。这种展览方式与众不同，并由此又创造出别具一格的建筑形象（图5-18）。

（3）从平面形式出发的平面构思

在这里主要指在设计中充分运用几何形出发的平面构思。几何形通常是构图的基础，对于建筑这一形体复杂的设计项目来说，几何形的运用更是普遍。最基本的几何形是方、圆和三角形，当它们被用于建筑设计时作为平面单元，通过对它们进行一定秩序的组织，将多个统一或大小不等的同一几何形平面单元或不同几何形平面组合变化，拼接穿插，从而形成具有整体感和韵律感的建

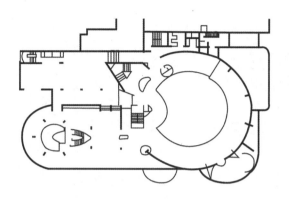

(a) 二层平面

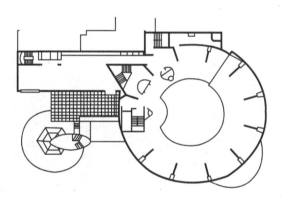

(b) 五层平面

图5-18　赖特设计的纽约古根海姆美术馆

筑物。这种运用几何形进行平面构思有的是因功能而产生，有的是因环境而产生，等等，但设计时都应使几何形的组合做到变化中有统一，严谨而不呆板。此外，为了进一步增强运用几何形进行平面设计的表现力，还可以由此延伸到剖面、造型甚至室内外环境的细部设计中重复使用同一几何形，以增强建筑整体的统一性，从而不失变化。

①方形

方形是几何基本形之一。因其相邻两边均等而不强调方向感，因而方形平面构图具有严谨、墩厚、稳重、平衡的特征。而且在边长同等条件下，它所围合的面积仅次于圆形。因

此，其作为建筑平面的形式较为经济，且结构中心对称，受力合理。

以"方形"为母题的平面构思杰作不胜枚举：如印度建筑师柯里亚设计的甘地纪念馆以若干方形母题平面像村落一样围绕一个水院布局，而各方形平面的四坡锥尖顶间的兼作排水凹槽的横梁，成为方形母题发展的生长点。该建筑格网式方形单元的有机生长、灵活的平面布局、室内外空间的穿插渗透，以及对气候的关注使其成为20世纪中叶的一项杰作（图5-19）。又如由香港巴马丹拿建筑工程事务所设计的南京金陵饭店。其平面是以边长31.5 m且扭转45°的方形母题组成的。这种简洁的平面形式对于高层建筑的结构受力与抗震，以及经济性都十分有利。其造型也区别于其他当时常见的板式旅馆，并与新街口广场发生有机互应关系（图5-20）。

②圆形

圆形也是几何基本形之一，它是大自然的产物。大至宇宙中的天体，小至微观世界的原子无处不存在圆形。它因无任何棱角、直边而具有动感活力。与面积同等的其他任何几何形相比，它有最短的外界面，因而作为建筑平面的形式在节能方面有明显的优势。

瑞士建筑师马里奥·博塔（Mario Botta）以纯粹的几何语言设计建筑，其中圆形构思是其一大特色。例如美第奇住宅（图5-21）和独户住宅Ⅰ（图5-22）都是采用圆形平面。虽然都是单一几何形体平面，但是通过空间的处理，使复杂错落统一在圆形平面中，单一中有变化。

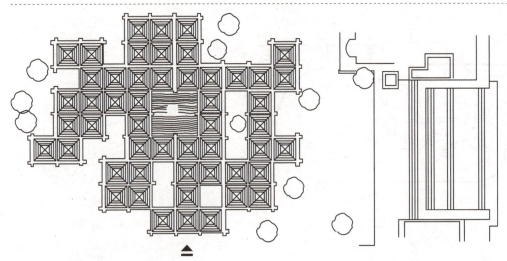

图5-19　印度甘地纪念馆

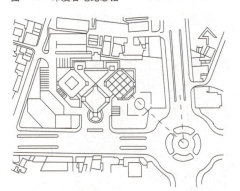

图5-20　南京金陵饭店

图5-22　马里奥·博塔——独户住宅 I

图5-21　马里奥·博塔——美第奇住宅

但是，运用圆形母题构思在组织平面整体图形时并不是那么轻而易举的，特别是若干独立圆形之间作为衔接部分的异形平面在功能与空间形态方面如何处理得顺其自然，需要设计者精心推敲。

例如印度建筑师多西(Balkrishna Vithaldas Doshi)设计的侯赛因·多西画廊使世人惊愕。画廊由彼此相交的多个圆形平面单元构成，使人联想到佛教的窣堵坡、支提窟等，营造画廊洞穴般的效果（图5-23）。

③三角形

在建筑平面设计中，运用三角形母题进行平面设计可以使平面、空间发生

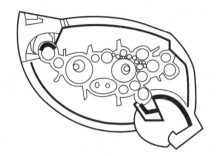

图5-23 侯赛因·多西画廊

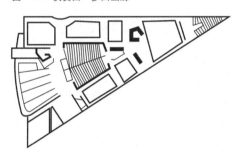

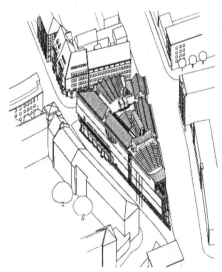

图5-24 法兰克福现代博物馆

剧烈的变化，给予视觉以强烈的刺激。在一些不规则地段或特殊环境条件的制约下，反而有更灵活的适应性，并反作

用于城市，形成新的醒目形象。

例如奥地利建筑师汉斯·霍莱因（Hans Hollein）在法兰克福设计了著名的现代博物馆，是在三角形地块里的经典实例，和地块周围的文脉十分融合，在这个旧城中构成了漂亮的街道转角（图5-24）。

贝聿铭也是擅用三角形的建筑大师，其设计的华盛顿国立美术馆东馆就是根据梯形基地条件和与西馆成为一体以及自身功能分区要求而采用了一个等腰三角形和一个锐角三角形的组合体，并且内部空间与外部造型的构成均以三角形为母题进行变幻，手法十分娴熟（图5-25）。

他的另一代表作罗浮宫金字塔可谓是将三角形的母题发挥到极致。为了呼应四个金字塔的三角造型，在广场上贝聿铭将方形切割成多个三角形，这些三角形之间有着严格的比例关系，并拼接组成正方形，与金字塔平面呼应，三角形形成的水池，有动水也有静水，成为参观人群休憩的钟爱的景观环境（图5-26）。

但是，三角形构图会给建筑设计带来许多问题，诸如锐角的利用与处理、与家具配置的协调、造型的变化等，这是需要设计师谨慎对待和解决的。

④不同几何形组合

除上述运用方、圆、三角三个单一几何形，在设计的内外因诱发下进行平面构思外，我们还可以通过对这三个基本几何形进行有机组合，以便产生新形态。为此要求设计者做几何母题的平面构思时，一定要在三维空间上有个形象的意念，只有两者结合起来，才能使综合运用基本几何形的平面构思具有创意。

例如贝聿铭设计的肯尼迪图书馆是一套几何图形组合的代表作。一个圆台形体、一个长方形、一个三角形（图5-27）。

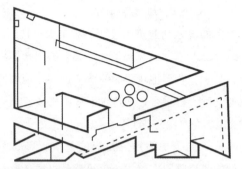

图5-25　华盛顿美术馆东馆

图5-26　罗浮宫金字塔鸟瞰

图5-27　肯尼迪图书馆

4．技术构思法

技术因素在设计构思中也占有重要的地位，尤其是建筑结构因素。因为技术知识对设计理念的形成至关重要，它可以作为技术支撑系统，帮助建筑师实现好的设计理念，甚至能激发建筑师的灵感，成为方案构思的出发点。一旦结构的形式成为建筑造型的重点时，结构的概念就超出了它本身，建筑师就有了塑造结构的机会。

所谓的结构构思就是对建筑支撑体系——"骨架"的思考过程，使其与建筑功能、建筑经济、建筑艺术等诸方面的要求紧密结合起来。从结构形式的选择引导出的设计理念，充分表现其技术特征，可以充分发挥结构形式与材料本身的美学价值。在近代建筑史中不少著名的建筑师都利用技术因素(建筑结构、建筑设备等)进行构思而创作了许多不朽的作品。例如意大利建筑师（也是工程师）奈尔维(P. L. Nervi)利用钢筋混凝土可塑性的特点，设计了罗马小体育馆，并于1957年建成。他把直柱59.13 m的钢筋肋形球壳的网肋设计成一幅"葵花图"；并采用外露的"Y"形柱把巨大装配整体式钢筋混凝土球壳托起，整个结构清晰、欢快，充分表现了结构力学的美（图5-28）。

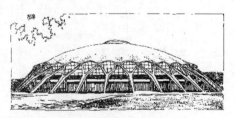

图5-28　奈尔维设计的罗马小体育馆

图5-29　香港汇丰银行

现代结构形式为建筑创作开拓了更广阔的领域，它不仅能保证技术上的安全可靠，而且更重要的是它能构成新的围护界面、空间形式、建筑轮廓，其结构本身也富有美学表现力。因此，结构构思在现代建筑设计中尤其是在需要覆盖较大空间如体育类、观演类、展览类等的建筑类型中或高层建筑中已成为重要的创作源泉之一。如香港汇丰银行，它是由英国建筑师诺曼·福斯特设计的，在它的下方是城市的公共道路，它并没有简单地占据空间，其底部主要部分用于穿行，仍然是公共领域的一部分。为了实现"城市化空间"的理念，底层平面最好没有柱子而构成一个城市广场的尺度。建筑师通过技术因素的构思，采用了5层大桁架，在每层桁架上分别悬吊4—8层的楼面，共30层楼面；各楼面均为办公室，中间是一个巨大的中庭，各层开敞式的办公室包围着它；底层为公共区域，市民可以自由穿行，去银行的人流通过自动扶梯方便地上楼，它几乎没有占用任何公共城市空间，而是布置于一隅，确保了建筑下方广场的自由与开放（图5-29）。

在我国备受国人关注的2008年北京奥运会主体育场——"鸟巢"，它由瑞士赫尔佐格和德默隆（Herzog & de Meuron）建筑设计公司与中国建筑设计研究院合作设计。这个方案从结构构思出发，以组织的结构形式作为体育场的外观。结构形式就是建筑形式，二者实现了完全统一。体育馆的立面和屋顶由一系列辐射的钢桁架围绕看台区旋转编织而成。结构组件相互支撑，形成网络状的构架，就像由树枝编织成的"鸟巢"一样。这一独特的结构形式创造了独特的建筑造型（图5-30）。

技术因素中除了结构技术，还需要考虑各种设备、材料、构造技术以及声、光、点等建筑物理技术。例如法国蓬皮杜中心（Pompidou centre），是采用独特技术构思的一个佳作。该中心建于巴黎，是伦佐·皮亚诺和理查德·罗

图5-30　北京"鸟巢"

杰斯设计的，1977年建成。它构思为一个巨大的容器部的设施，在这个设计中都被搬到建筑外部，"内—外相倒"，所有通常设在建筑内部空间的实体尽量减少，加大了内部空间的开敞度和灵活性。人流进入的楼梯系统成管状悬吊在建筑物的外部，由底层通到顶层，宛如中国"龙"附在建筑物上，贯穿建筑的全长。设计者意图创造一个具有城市尺度的空中街道式的入口区域。它能载着你穿越城市，随着一节一节地登高，获得一种难以比拟的空间体验（图5-31）。

总之，从构思阶段就充分考虑结构等技术因素的方案从逻辑上显示出较高的可实施程度。

图5-31 法国蓬皮杜中心

第三节 构思的推进过程

由于建筑设计的构思过程具有很强的程序性，其整个过程可以划分为不同的阶段。著名的美国心理学家约瑟夫·沃拉斯（J.Wallas）在他的《思考的艺术》一书中针对一切创造性构思提出的"四阶段模型"：

1. 准备阶段。主体熟悉所要解决的问题，了解问题的特点，并围绕问题收集、分析有关资料，在此基础上逐步明确解决问题的思路。

2. 孕育阶段。在尝试运用传统方法或已有经验难以奏效时，主体表面上把欲解决的问题暂时搁置，实际上继续进行潜意识的思考。

3. 明朗阶段。经过较长时间的孕育后，认知主体对所要解决问题的症结由模糊而逐渐清晰，于是在某个偶然因素或某一事件的触发下豁然开朗，一下子找到了问题的解决方案。这也可以称为灵感或顿悟。

4. 验证阶段。由灵感或顿悟所得到的解决方案也可能有错误，或者不一定切实可行，所以还需通过逻辑分析和论证以检验其正确性与可行性。

这样的划分仅仅停留在思维这一层面，将其应用到建筑设计的过程中发现忽略了每个阶段的明确目标，即要完成什么样的任务，所以，合理的划分标准应该是涵盖了主体性的思维过程和客体性的思维内容两个部分。在这样的认识基础上，将建筑创作的构思过程界定为意念构建和意象形成两个阶段。构建和形成可以反映主体的思维过程，而"意念、意象"则表达了客体性的思维内

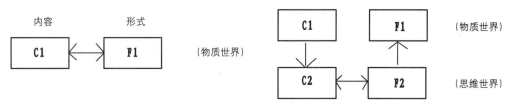

图5-32 建筑创作构思图

容，即具体的目标，这一过程划分是建筑创作构思过程的普适性规律。而普适性规律不会因为创作主体、建设项目的不同而改变，即在任何一次建筑创作过程中都能得到验证，具有"可重复性"的特征。建筑创作中的构思无疑也是一种建筑创作过程，所以"意象的形成是用于建筑创作中构思过程的描述"，每个构思阶段内容侧重点不同，下面将详细阐述（图5-32）。

一、意念构建

"意念"是指建筑师形成的明确的创作意图，也可称为概念、理念。即所谓的"意在笔先"是一切艺术创作的普遍规律，环境建筑物设计也不例外。构思的意念构建阶段是指设计者为了形成某种创作意图所进行的逻辑思维活动，通俗地说即是设计中的思考（design thinking），是建筑设计师在充分了解设计条件和要求的基础上形成的总的设计意图，是设计作品的基本想法和思想内涵，也是构的起点。在这个阶段里，建筑创作主体是在自觉或不自觉的探索建设项目中的相关"亮点"，而其真正的创作和改造工作还未开始。

在意念的构建阶段，建筑师的工作重点是逐渐进入"角色"，是在前期工作的基础上进一步理解消化任务书，调查设计目标的背景资料，掌握各种外部条件与客观状况。该阶段可以形象地理解成在一个集成网络上不断地加载信息，这个网络就是建筑师对所作项目由未知到理解的过程，形成一个比较模糊和朦胧的解决问题的初步意向。进而，创作主体对这些资料信息进行分析归纳和综合，将纷乱而混杂的东西有目的地加以提取和利用，使之进入意识层次，最终表现出灵光一闪似的顿悟，这种顿悟称之为灵感，灵感的产生意味着捕捉到了创作的突破口。

意念的构建受很多复杂因素的影响，有时来自于建筑本身，源于对建筑的某个方面，如环境、形式、功能等的分析而产生的。也有与设计的主体——建筑师有关，建筑师生活的时代背景不同、文化观念不同、生活经验不同，即便是同样的场地、同样的要求也会有不同的创意。从一定程度上说，立意往往体现了创作者的人生观和价值观。

1. 创造想象是意念构建的必要条件

想象力对于建筑立意而言是不可缺少的心智活动。想象力可以分为两大类：即再造性想象和创造性想象。前者是根据对事物的现成描绘，在头脑中形成实际形象的能力。如设计者在进行建筑设计时，将平、立、剖面图中想象出建筑的立体形象的空间想象力。再造性想象是设计者思维活动的一个重要基础条件，也是从事建筑设计的基本功之一。

而创造性想象是人们在创作活动中不依靠

现成的描述，突破空间和时间的限制，通过联想而独立地创造出新的形象。这是决定从事建筑设计有无潜力的先决性条件，是一切艺术创作包括建筑物创作立意的必由之路。它与创造性思维有密切联系，是创造性活动所必需的。创造想象参加到创造性思维中，结合过去的经验对头脑中现存的知识、信息进行碰撞、组合而诱发出崭新的意念，从而提出新的见解，创造新的形象，这是开展创造性活动的关键。

(1) 对要素加工进行创造性想象——整合重建

所谓对要素加工进行的创造性想象就是对各种已有形象和记忆库中储存的形象元素，通过人脑的组织能力，进行重新编排、组合和加工，从而赋予事物以新的意义，创造出新的形象，也即整合重建。

(2) 受原型启发进行创造性想象——联想

受原型启发进行的创造性想象是运用想象力在不同事物之间建立起某种联系的方法，由此诱发出创造性设想，也就是我们通常所说的联想。建筑师所掌握的知识好像是一个个孤立的点，通过联想，就会由一个点的知识发展为由点构成的串。从理论上说是无限地延长了这个点。可以说联想是点燃灵感的火花。联想也有不同类型，总的来说有以下几种类型：

①接近联想：接近联想是想象的事物与原型在某方面（形式、生活模式、平面构成等）有外在的相近之处。前者是受后者的启发而产生，但并不是模仿、再生，而是结合当前的各种条件进行再加工，再创造，从而产生新思维结果，人们从这个新成果中能看出原型的"影子"。

②相似联想：相似联想是想象的事物与原型之间有某种内在的相似之处。前者仅仅受后者的启发，并不按照原型的样式做线性思维的直线发展、引申，而是根据想象的意图，进行新的变化设计，其新成果有"神似"的感觉。

③对比联想：对比联想是想象的事物受到原型的启发而产生的对立关系。但这里受到的启发是运用了逆向思维，反其道而行之，其新成果往往有惊人的效果。

2. 灵感是意念构建的催生剂

灵感在立意中虽是偶然性的灵机一动，但只要善于抓住这偶然的机缘，从而产生某种新的意念，将会对创作过程起到积极的推动作用。这种复杂的创作思维活动称之为灵感思维。从表面来看，灵感思维似乎是在没有预感或先兆的情况下发生的，具有突发性，但实质上灵感的突发却有一个酝酿的过程，往往要经过艰苦的思索来孕育，需要丰富的知识和经验做根基。设计者头脑中储存的信息量越大，密集程度越高，就意味着他的想象力越丰富，灵感就来得快，来得多。有人曾问安藤忠雄勾勒一个建筑设计概念需要多长时间，他的回答令人吃惊"只是片刻而已（just a matter of minutes）"。事实上，如果任务不是很急，安藤忠雄要经过长达一年，甚至两年的孕育阶段，在此阶段他只是思索、勘查现场，等待概念清晰得足以表达的一刹那，一旦形成便会迅速地画出草图，如他所说，决定他的概念的只是极短暂的时间。与其类似的还有现代主义大师赖特，他说："喜欢抓住一个想法，玩弄之，直至形成诗意的环境。"对流水别墅的前期思考虽然持续了4个月之久，但赖特的第一次草图只用了15分钟。

3. 理念是意念构建的高层次出发点

任何一位建筑设计师进行建筑创作时总是受到自己的建筑理念支配，只是各个设计者的建筑理念有所不同。创意高深的作品一般都具有建筑哲理。一些世界著名的建筑设计大师在建筑创作的生涯中逐渐形成了个人的建筑观念和理论，并以此指导自己的建筑创作实践，设计出为世人所赞叹的杰作。例如巴塞罗那国际博览会德国馆的创作立意是密斯·凡·德·罗基于"少就是多"的理论设计出对现代建筑影响深远的珍贵精品。萨伏耶别墅的立意是勒·柯布西耶基于"新建筑五点"的建筑理论，对现代主义建筑运动革新精神和建筑观念探索的代表作。

综上，意念构建是方案构思初期充分发挥想象力和创造力的阶段，但是意念构建并不是天马行空的胡思乱想，必须是对现实条件进行理性分析的结果，同时要具有可操作性。立意不是凭空而来的，而是积累后的顿悟，我们需要经历"理性——感性——理性"的多次反复后，才能锤炼出优化的方案。成功的创意可以使建筑在满足环境、功能、形式技术等基本要求的基础上，通过不断反复的思考过程，将作品推向更高的艺术层次，体现建筑的目标和价值。许多建筑设计大师的作品之所以能够流芳百世，很大程度在于他们立意新颖、独树一帜，当然这些都是建立在设计者全面而深入的调查研究基础上，以他们丰富的设计经验和学识的积累，运用想象力、灵感、建筑理念而形成的。

二、意象形成

"意象"一词源于1500年前的中国南梁朝，文学理论批评家刘勰在《文心雕龙·神思》中，第一次使"意"和"象"两个字形成一个词，认为"窥意象而运斤"是"驭文之首术"，直译的意思是"眼光独到的工匠，能够按照心中的形象挥动斧子"。泛指出创作中"意象"的重要地位。在近代理论研究中，仍视其为一个相当重要的概念，多用于行为心理学中，"意象"又叫"表象"或"心象"，是指停留在记忆的关于现实事物的形象，它可能是完整的，也可能以片段的形式出现。在这里，我们借用"意象"是相对于"意念"而言的，如果说意念是指建筑设计主题产生的设计概念，那么意象的形成则指创作主题在初步的设计意念的指导下，对建筑物的形式、布局、功能、结构选型等通盘考虑，对未来作品的形式进行一系列的抽象概括选择加工产生形象性的结果，并通过一定的表达手段使之物化的过程。这就是一个把"想法"体现为"手法"的过程，以图示语言的手段将一开始对设计内外环境条件分析的结果，以及创意构思的意念逐渐转化落实成具体方案的生成。简单地说意象是对意念的具体化、具象化，成为可以明确言说、书写、图示的内容。环境建筑设计的意象的形成主要包括以下几个方面：

1. 场地环境意象

环境建筑意象形成从何下手？既不是从平面下手进行功能设计，也不是搞形式造型研究，环境建筑物的方案应从整体出发，即以场地设计作为起点，因为建筑物设计总是处在一定的场地环境之中，必定受到环境的约束，此时解决建筑与环境的矛盾就成为环境建筑物方案设计起步阶段的主要矛盾，而场地条件又是矛盾的主要方面。处理好这两者之间的关系，是把握方案全局性至关重要的问题。设计者主要解决两个问题：

(1) 出入口设置

环境建筑设计最终是为人服务的，同时又与场地环境、周边地段环境、城市环境密切相关。因此，首先要确定的是人从城市环境中如何进入场地的。人的进入并不是随意的，受到多方条件制约，因此出入口设置正确与否直接关系到场地与城市道路的衔接部位是否合理，直接关系到后续设计外环境场地各种流线的组织是否有序，建筑物主入口、门厅甚至整体功能布局等一系列相关设计步骤。

①根据外部人流的分析来确定：场地主要出入口位置应迎合主要人流方向，尤其对于公共建筑来说，人在道路上活动，因此必须搞清周边道路情况，通常情况是较宽的城市道路。但也有特殊情况为主要人流方向，即有时道路虽然很宽却是城市快速交通道路；而另一面道路虽窄却人气很旺，聚集了很多店铺等（图5-33）。

②根据周边环境来确定：场地出入口必须要顾及周边的环境关系，才能使其成为有机整体。

③根据建筑内部功能要求来确定：场地出入口不但要求外部环境条件分析，有时也应顾及内部功能的合理要求，内外同时满足时场地出入口的确定才能被认可。

④根据设计规范来确定：建筑出入口既要与城市有便捷的对外交通联系，但也应注意尽量减少对城市干道交通的干扰。当场地同时毗邻城市的主干道和次干道时，应优先选择次干道一侧作为主要机动车主入口，按照有关规定，人员密集的建筑场地应该至少有两个不同方向的通向城市道路的出入口，这类场地主要出入口应避免布置在城市主要干道交叉口。若其场地内车流量大还应满足设计规范的要求，即距主干道红线交叉点70 m以上才能设场地车行出入口。

⑤按某种设计理念来确定：在某种特殊的理念支配下，有些场地的出入口选择的出发点并不是按上述各种条件，而是按传统的思想，例如风水观念的影响。

影响场地出入口选择的因素多种多样，设计者根据具体设计条件综合考虑，而不能孤立考虑其中一个条件，许多条件是相互影响的，也许还会自相矛盾。原则是一定要抓住环境条件的主要矛盾，解决优先权的问题。

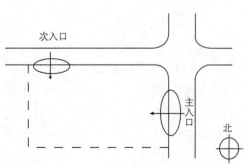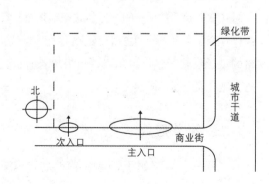

图5-33　根据人流确定出入口位置

作为内部人员或后勤使用的次要出入口，要根据场地周边道路、环境条件依据初步确定的主要出入口位置等因素来确定。其基本思考方法是尽量不与主入口在同一条道路上进出，如果只能在同一条道路上，应尽量拉开距离。

(2) 确定场地图底意象

任何一个拟建的建筑物都不可能占满任务书给定的场地范围，于是我们通常把新建建筑物称为"图"，而场地其他部分称为"底"。由于很多原因，场地必须留有足够的室外空间"底"。主要满足任务书中的使用功能要求，需要留有足够的室外活动场地，例如入口广场、运动场、游戏场等活动场地，停车场、景观区域等；城市规划要点所规定的室外空间的指标，如建筑密度、绿地率、容积率等；消防要求所规定的建筑物消防间距以及消防通道所需的室外场地；建筑规范、技术要求所决定的室外空间；日照、通风、采光；需要保留或是具有保留价值的室外空间；为了创造环境气氛而需要的室外场地尽可能满足要求；为扩建和发展而预留的室外场地要事先规划好；等等。

确定了场地图底关系将复杂的设计要素简化成"图"与"底"两个，考虑两者之间的布局关系，使设计者更容易从整体上把握，明确其中一个意象，另一个就显而易见。

首先要确定图的位置。作为整体的建筑——"图"在场地中的位置要受到多种内外环境条件的制约。

①从外部环境对"图"的限定考虑：外部环境对场地图底关系影响较大的因素是周围建筑物现状对"图"的规定性，例如，日照间距、防火间距等。其次是场地周边道路的状况也会影响图底的位置关系。需要安静的建筑，"图"的位置需要后退至道路红线，让出"底"的位置，以产生中间隔离带。有些场地的地质条件不尽如人意，如有暗塘、暗河或者地下设施将大大限制"图"的位置范围，"图"尽可能避开这些不利因素，以免给建筑物基础带来麻烦。只能将这些区域作为"底"中的室外活动场地或者绿化。

②从建筑的功能要求考虑：图与底两者的位置存在严格的对应关系，要按照该建筑类型的设计原理正确把握"图"的位置。

③从城市规划要求的制约考虑：任何一块场地的周边总有各种各样的建筑现状，规划部门从城市规划与设计的角度，根据各种因素提出场地周边的建筑控制线，即划定建筑物后退道路红线的范围。

(3) 图的形状

确定图的形状除了要考虑外部条件的限定作用外，还需考虑设计者在构思初始阶段构建的设计意念。

①从外部环境条件考虑：例如通风、采光等自然要素的限定要求尽可能使"图"形呈板式，使南北方向面宽较大，如果场地狭窄或建筑物主要面向东西道路，应尽量将其图形化解为E形或口字形等，目的使南北向总面宽尽量长些（图5-34）。此外还需考虑场地边界的形状，尤其在一些不规则的场地中，图形应顺应场地各边界的走向，使其自然和谐。如果以规矩图形硬放上去，会显得生硬和冲突（图5-35）。

②从满足建筑本身需求考虑：需要考虑建筑的功能使用要求以及技术条件的保障等方面。技术条件中，例如如果建设项目中不能提供中央空调，则建筑

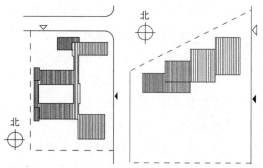

图5-34 场地为东西向狭长地带的"图"形分析　图5-35 顺应场地边界的"图"形分析

"图"形应尽可能采用分散式"图"形，相反如有中央空调，为了节省能耗则应采用集中式"图"形。

③从设计者主观意念考虑：设计师在设计构思中，为了创作与众不同的设计目标，往往会在图形上下功夫，甚至以象征性的"图"形表达一种设计意念，这种主观的图底意念容易陷入形式主义之中，应该尽量避免。

因此，决定图的意象的因素很多，需要综合分析抓住形成方案特色的主要矛盾，结合设计者的意念，初步把图确定下来。随着设计向纵深发展可能会有其他设计因素对图的初步意象产生反作用，但只能是修缮工作，而不是全盘否定。

例如课题任务——河滨公园咖啡厅为例说明场地环境设计。任务书中已经给出基地范围。首先进行场地出入口设计，一方面要考虑

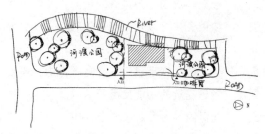

图5-36 河滨公园咖啡厅场地环境设计考虑

与东面城市干道的关系，也要考虑北面桥和道路交叉口的关系，此外，由于地块处河滨公园内，还要考虑与河滨公园的关系。确定出入口位置的基础上，为了满足滨水观景、休闲娱乐、亲水功能的需要，因此其"图"形设计通常表现为靠河一侧突出的效果（图5-36）。

2．造型意象形成

经过场地设计阶段，得到场地主次出入口设置范围和图底意象关系的阶段性成果，下一步正式进入对"图"的构思探索阶段。意象生成阶段最直接也是最首要的工作即建筑的造型的形成。主要方法包括意象选择和意象组合。

（1）意象选择：指对建筑基本形式的选择，目的是为了更好地进行组合。一方面受设计客观条件的约束，另一方面取决于建筑师在意念构建阶段的主观倾向，例如赖特的流水别墅、草原住宅均采用低矮而水平伸展的形体，研究认为这是赖特在构思时有意识地对宁静的山谷和广阔草原的模拟，而这种模拟正是通过意象形式的提炼反映建筑基地外部环境的风貌。

（2）意象组合：是指在意念构思的调节下进行的一种有目的的、有方向的形式要素与技术语汇的组合，即设计师将头脑中的多种意象组合在一起形成新的建筑意象形式。组合的能力一方面取决于建筑师的抽象概括能力，另一方面取决于建筑师头脑中的意象储备是否丰富。

在该阶段，个别意象形式会强烈吸引设计师的注意，从而诱导想象中的建筑形式朝它靠近，容易陷入抄袭、模仿

的困境，应注意避免。

3．功能分区

建筑都是为了解决人的使用问题，通过平面作为构思意象形成的切入点，有利于把握这一阶段的主要矛盾。具体来看步骤如下：

首先把设计任务书中罗列的若干房间，少则几个，多则几十上百个，纷繁复杂，按照功能分区的原则将其同类项合并成若干功能区，容易从整体上把握方案的总体框架。通常可以归纳为使用区域、管理区域、后勤区域三大类。对于中小型建筑来说，有时管理区域与后勤区域合并在一起。这就避免了由于排房间而不考虑造型设计目标对功能的制约性。接着将三者放到"图"中去，回到场地环境设计，考虑功能分区与"底"的关系，检验前一阶段的设计成果。有些情况下，三大功能分区不在同水平层进行，还需进行竖向功能分区，让不同的功能区在各层就位。

至此，图的单个细胞又分裂成三个细胞，这一阶段是从环境设计进入单体设计的转折点（图5-37）。

4．房间布局

房间布局即把所有房间纳入到各自的区域内。其思路原则是，房间布局不能串区，运用系统思维方法，逐步各自分析下去，直至每个房间定位。需要注意的是，此时还需要对照之前对"图"的意象造型的考虑，以此作为房间布局的限定条件。这种平面与空间的同步思维与操作以及对功能和形式互动思考的方式是开展构思探索阶段的特征之一。要使房间布局合理还需要设计者本身丰富的生活体验，设计的根本目的就是为满足生活秩序和行为方式而创造条件。善于观察生活、体验生活是提供功能设计的重要途径。例如图中是对于设计初学者来说最为熟悉的居住空间的房间布局。此时，

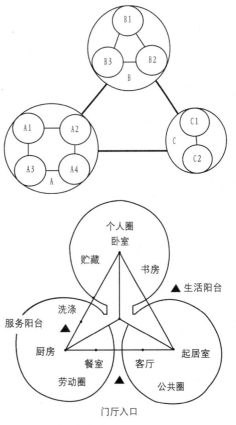

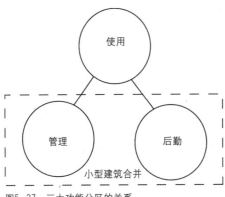

图5-37　三大功能分区的关系

图5-38　功能细胞分裂图

三大细胞已经又分裂成更多更细小的部分。这种图示思维的方法可以避免因房间众多而出现的失控和紊乱的现象。同时由于构思阶段并不关心房间的平面形状和尺寸大小，配置关系清晰就已足够（图5-38）。

5. 流线分析

(1) 水平流线分析：确定各层水平交通的设置方式。

①选择走廊的形式与位置：各类型建筑的功能要求不同，走廊的形式和所处位置也各不相同。主要由中廊、单廊、双廊甚至三廊、回廊等形式，设计者根据功能要求、造型要求和环境考虑选择具体形式和位置。

②确定水平交通的节点位置：走廊在平面重要位置或转折处需要做一些节点空间作为功能会聚、交通转换或者作为室内空间形态过渡手段。这一阶段我们只需考虑节点位置而不必精确形状和大小。

(2) 垂直流线分析：是对垂直交通手段（楼梯、电梯、自动扶梯）布局的考虑。对于小型建筑来说，垂直交通主要指楼梯的设置。布局楼梯主要有两条规律：一是在水平流线或节点上找合适的位置；二是对公共建筑而言，只要上楼，绝大多数情况需设两部及以上楼梯，要有主次之分，某些小型建筑可以只有一部。

①主要楼梯位置的确定：主要楼梯是让大量人流进入门厅后尽快向次层分流。因此其位置要尽量贴近门厅。不但要醒目，还要顺应人流，同时要注意楼梯的造型美（图5-39）。

②次要楼梯位置的确定：作为楼层疏散之用，位置要从顶层开始找，尽量靠墙布置，与主楼梯保持一定的水平距离，并与出口联系，满足消防疏散需求。

6. 建立结构体系

如何将上述的功能分析细胞支撑联系起来形成有模有样的方案雏形，需要结构体系的建立。将前几步获得的房间配置关系在结构的框架中稳定下来，并趁此机会落实各房间的平面形状和尺寸大小。

在第三章中介绍的建筑设计主要的结构体系中，小型建筑最普遍最常用的是框架结构，也有部分采用砖混结构。其中方形、矩形网格也是最广泛运用的形式，但也有因某种设计因素如不规则的场地形状，或者设计师有意图

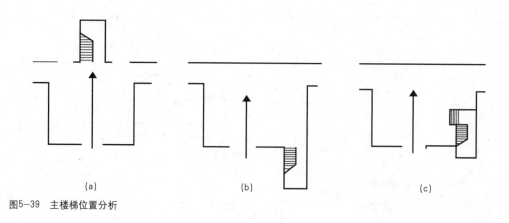

(a)　　　　　　　　　　(b)　　　　　　　　　　(c)

图5-39　主楼梯位置分析

的造型倾向，以突出造型而采用的三角形、六边形、圆形等网格形式。需要说明的是规矩的网格并不意味着造型的单一，还可以通过网格的移位、加减使体量发生变化，满足造型需求。在选定结构体系网格后，进一步确定网格的开间尺寸和跨度尺寸，一般根据建筑的功能使用要求来确定。对于小型建筑来说宜采用小尺度的体量以与建筑的个性或使用对象吻合，而不宜采用大建筑的网格开间尺寸和跨度尺寸，造成尺度失真。

7. 方案生成

这是构思过程的完成阶段，以方案的初步生成作为构思阶段的完结成果。我们只要将功能配置关系纳入结构网格

图中，进行局部调整工作。

(1) 在网格中落实各个房间的位置、面积、形状

①位置：将功能分析气泡图按配置秩序放入网格中，可以适当调整个别房间的位置以做到与网格的吻合。

②面积：初步计算一下各个房间需要占用几个网格，当然也不需要做到每个房间面积与设计任务书完全一致，可以在允许范围内上下浮动。

③形状：有时房间面积符合要求，可是房间形状不尽如人意，如出现拐角或者过分狭长等需要纠正。

(2) 将生成的方案再放入场地环境中，与环境协调

①调整方案的外轮廓与场地边界的关系

当生成的方案的外轮廓与不规则场地边界有冲突时，可以通过网格的移动、错位而获得和谐关系。如图（5-40a）中平面与场地斜路结合生硬，且形成的北向三角形无法使用。于是将方案修改成顺应斜路的锯齿状单元，使其与斜路一致，不但使建筑与边界条件更加有机，也将建筑的体量化整为零，减小了尺度感（图5-40b）。

②调整方案意象与周边建筑的关系

从城市设计角度看，生成方案与周边建筑成为有机整体。虽然它们在建筑性质、体量上有所不同，但毕竟处于同一环境中，要找出它们之间的联系。例如图（5-41a）中的平面外轮廓各边定位随意性较大，与周边建筑轮廓毫无关系，使环境缺乏整体性。因此，通过对位线的关系重新调整建筑外轮廓，使其与上下左右的建筑产生呼应关系，从而改善了新老建筑所围合的外部空间形态（图5-41b）。

③调整建筑"图"的意象与室外环境空间

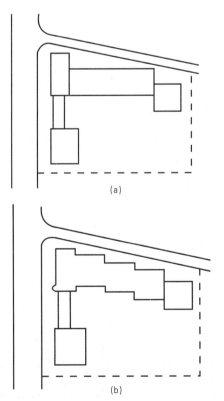

(a)

(b)

图5-40 调整建筑外轮廓与场地边界的关系

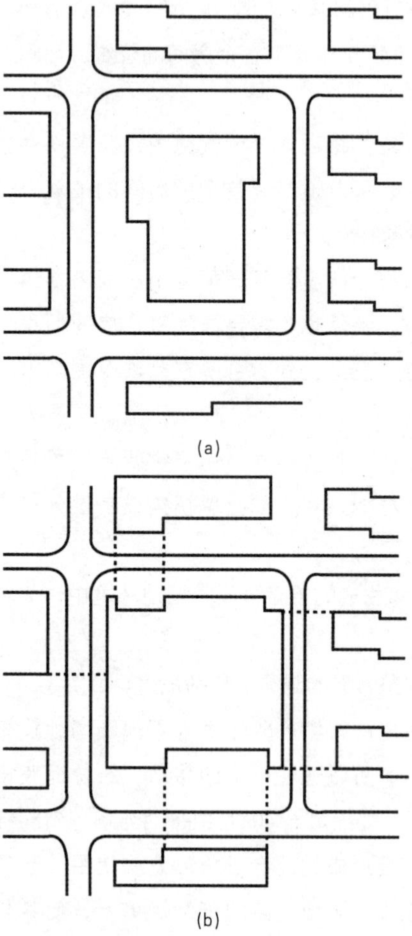

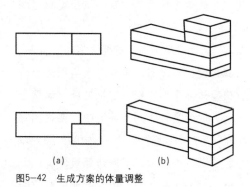

图5-41 调整方案意象与周边建筑的关系

图5-42 生成方案的体量调整

"底"的关系

室外空间形态也就是指"底"的形态。然而底和图是不可分割、相互补充的关系。总的来说，室外空间形态要与建筑本身形态相协调，对于重要的或有景观要求的室外场地因进行仔细的形态推敲，以获得最佳的图底效果和观赏价值，最终与建筑物构成内外和谐的有机整体。

④调整方案造型意象与平面意象的对应关系

造型与平面，即形式与内容是方案设计的基本矛盾，两者相互依存，且在构思的整个过程中相互转化，相互调整，直至和谐对应。通常情况下先进行平面探索，当方案探索以到达生成方案阶段时，建筑造型问题就成为主要矛盾，为了使后面方案完善阶段不会出现平面设计成熟但造型不理想的情况，必须及时协调造型与平面的对应关系。例如将图（5-42a）中的平面形式"竖"起来变成三维体量。其造型效果并不理想。将平面方案按图（5-42b）中的情况进行错开咬合，马上使造型体量关系得到改善。

总之，在该阶段，创作主体要考虑几乎所有的建筑问题，并提出相应的解决方案。就一般意义而言，整个构思阶段经历以下的过程，从初步意念构建，到局部建筑意象，包括场地环境、造型、功能、空间、结构等各方面，最后到整体意象形成，从而构思方案已基本形成（图5-43）。

```
┌──────────────┐        ┌──────────────┐        ┌──────────────┐
│  初步意念构建  │ ────▶  │  局部建筑意象  │ ────▶  │  整体意象形成  │
└──────────────┘        └──────────────┘        └──────────────┘
```

图5-43 构思的过程

第四节 设计构思阶段的表现方式

总的来说，环境建筑设计就是一个发现问题、分析问题、解决问题的过程。如果把设计前期资料的记录与分析作为第一步，那么环境建筑设计的第二步就是构思阶段的表达。构思阶段是整个设计的主体阶段，是设计师的设计意念逐渐清晰化的阶段，这一阶段主要的表现形式即利用视觉语言表现所观察记录到的资料和信息，形成一系列对设计项目和设计目标的认识，产生初步的设计构思方案，从而对后面的深化设计过程产生直接作用。而且这种图示表达也和构思的过程一样，呈现出多次反复和尝试性的特征。

在这个阶段，一切有利于思维的表达方式都可以采用，并要充分发挥和利用各自的优势来表达设计师的构思。他们一方面被用来表达创作者的构思，以便与他人进行交流；另一方面也用来促进创作者的思维，使之始终处于活跃和开放的状态，充分发挥思维的创造性，不断推进物化的建筑意象的形成。众多的表达方式以及它们在构思阶段的使用频率和使用效果如图（5-44）所示。

从使用频率和使用效果的综合情况看，构思阶段的主要表达方式有图示表达、模型表达和计算机表达三种情况，其中图示表达是仅次于语言文字表达的一种最常用的表达方式，它的特点是能比较直接、方便和快速地表达创作者的思维并且促进思维的进程。这是因为一方面图示表达所需的工具很简单，只要有笔、有纸即可将思维图示化。另一方面，由于图示表达所受的限制少，即思维和表达出的结果之间的阻碍相对很少，也使得表达出的结果和思维状态能够在最大程度上得以吻合，从而使得这种表达方式能够更直接地反映出设计的思维状态，更有利于捕捉灵感，推进构思。

同时，从使用效果中发现模型和计算机表

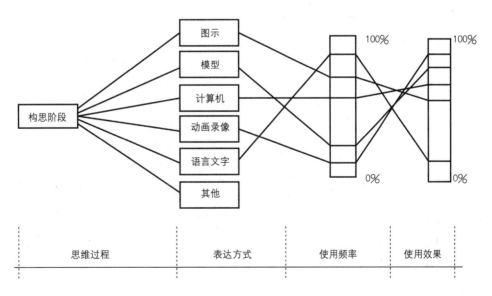

图5-44 构思阶段集中表达方式的常用频率比较

达都优于图示表达。但是对于前面所谈到的相对图示表达的便捷、迅速而言，后两者在主体思维和表达结果之间的阻碍相对要多些，或者可以说"转移"过程要复杂。对于环境艺术设计专业建筑设计课程的初学者来说，掌握基本的思维途径和图示表达是基础，如果连基本的表达方式都未掌握，就使用电脑，结果自然会茫然。因此图示表达即是构思阶段最主要、最方便的表达方式。

一、图示表达——图解思考

具体来说，在设计构思的开始阶段——意念构建阶段，设计师最初的设计意想是模糊的、不确定的，设计表达能够把设计过程中有机的、偶发的灵感及对设计条件的协调过程，通过可视的图形将设计思考和思维意想记录下来。随着构思的深入进入意象形成阶段，对建筑各方面实际条件进行不断协调、评估、平衡并决定取舍，经过反复推敲使意念阶段逐渐成为可以具象表现的雏形。著名美学家鲁道夫·阿恩海姆（Rudolf Arnheim）曾经说道："这样一些绘画式的再现是抽象思维活动的适宜工具，因而能把他们代表的那些思维活动的某些方面展示出来。"我们通常把这种图示表现的形式称为"图解思考"。

1. 概念

美国建筑师保罗·拉索（PaulAuster）在他所著的《图解思考》一书中提出了"图解思考"的概念，他认为图解思考是用速写、草图帮助设计构思的一个术语。在建筑设计中，这类思考通常与设计构思阶段相联系。因此我们可以将图解思考的概念简单地理解成用"图解"来帮助"思考"，其中"图解"是关键。

什么是图解？"图解"不仅是传达设计意图的重要媒介，也是设计者用于构思推敲的工具。"图解"一词的英文名称为"diagram"，它是由前缀"dia-"和后缀"-gram"组合而成的。"Di(a)-"描述二元对立、相互分离的状态。因此"diagram"具有双向性，有一种对话式的、互相交流、分解演绎式的图解的含义。图解贯穿于设计的思考、交流的过程，它可以明确功能、阐述形式、结构或设计程序，是一种关于组织的抽象思考方式。因此图解所描述的并非孤立事件，而应该理解为对各种元素之间潜在关系的描述——不仅是各种事件发生的抽象模型，也是设计思路的导航图，在这个阶段，思考与图解的密切交织促进了设想和思路。

2. 作用

(1) 一种分析工具

设计师在构思的过程中常常在脑海中会将前期资料中的视觉数据做分析和组合，结合设计师个人的想象及情绪反应形成有关设计的分析和概念性构思，此时图解可被用来记录设计师对视觉数据进行的分析和初始想法。随着设计构思的深入，由初始想法产生的建筑问题经历"发现——解决——再出现——再解决"的循环往复的过程。相应的我们需要用图解的表达形式不断地进行分析和尝试，是一个非线性不断探索的过程模式。正如图解思考中所说"所谓的'新设想'其实都是观察和组合老设想的新方法，一切思想可以说都是相互联系的"。

(2) 图示思维方式

图示思维方式的根本点是形象化的思想和分析，设计者把大脑中的思维活动延伸到外部来，通过图形使之外向化、具体化。图解可以将种种游历松散的概念用视觉可以窥见的图示来陈述。在发现、分析和解决问题的同时，头脑里的思维通过手的勾勒使图形跃然纸上，而所勾勒的形象通过眼睛的观察又被反馈到大脑，刺激大脑做进一步的思考、判断和综合，如此循环往复最初的设计构思也随着越发深入、完善。正如德加所述："草图SKETCH，是一种发现行为。在思维过程中需要脑、眼、手、图形四位一体。"我们将这种图示思维方式又称为视觉思考，著名美学家鲁道夫·阿恩海姆曾经在其《视觉思维——审美知觉心理学》中阐述道："视觉乃是思维的一种最基本的工具……艺术乃是一种视觉形式，而视觉形式又是创造思维的主要媒介。"保罗·拉索说"有充分迹象表明任何领域的思考由于应用一个以上的感觉（如边看边做）就会增强"。因此，视觉的思维性功能帮助我们通过图示进行思维，在整个过程中，不在乎画面效果，而在乎观察、发现、思索的互动关系。

（3）是一种交流媒介

建筑作品的完成最终是多专业、多工种、多部门长期交流合作的成果，在建筑设计中，建筑师必须不断与同事和其他专业人员和相关管理部门进行交流协调。在这种交流的过程中，图解是不可替代的最为方便、快捷和有效的交流媒介。保罗·拉索的《图解思考》旨在指导大家用图来解决问题，来与别人交流。拉索把图看作是发展设计的一种手法，把"图解"看作是一种概括的图形语言，它像语言文字一样，由语法规则和语汇构成。他认为"语言文字是递进的而图形语言是并列的"。我们要同时考虑各个符号和它们之间的关系。

一般来说构思阶段的图解交流主要是与同行建筑师进行，没有经过专业教育的其他人员很难理解表达的意思。当然技巧娴熟绘制精良的图解有时也可以征服其他人，使他们相信建筑师的能力。

3．具体表达方式及内容

环境建筑设计与其他艺术创作活动一样，它是一个形象思维的发展过程。图解思考就是环境及建筑艺术设计中形象思维表达的有效方法。对于设计师而言，形象思维有两个最基本的特点：一是形象思维需要设计师头脑中储存有大量的图像元素等信息；二是形象思维过程中设计师应具有对这些图像元素进行综合、筛选、加工和创造的能力。在生活中，设计师通过速写对事物形态、色彩、结构进行观察、研究和记录，培养了设计师对事物敏锐的形象感知能力和积累了大量图像信息；在设计中，设计师以草图表现方式将图像信息综合、加工和创造的形象思维过程与结果记录下来进行比较研究，促进了设计构思的深入发展。我们可以看到，每一个成功的设计必然是在大量的构思草图基础上产生的。在现代建筑师中，勒·科布西耶对草图的表达有着独特的理解，他认为草图的表达在设计的过程中扮演着重要的角色，他并不关心所绘制内容的形状、比例等，只是以精练、睿智的线条表达出自己最关键的感受（图5-45）。另一位现代主义大师阿尔瓦·阿尔托也留下了图解思考的传统模式，他的设计草图快捷多变，表达真实（图5-46）。

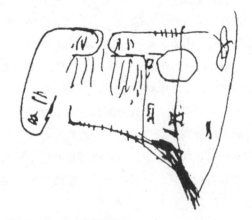

图5-45 勒·柯布西耶的草图

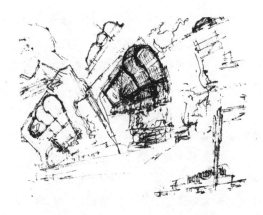

图5-46 阿尔瓦·阿尔托——伏克塞涅斯卡教堂草图

在计算机图形技术高速发展的今天，设计表现效果或模型的制作逐渐有了明确的社会分工，最终的设计效果表现与制作成为一种专业技能和职业。在这样的背景下，环境及建筑艺术设计师的设计表现更集中地体现在创意构思的图解思考过程之中，设计过程中的草图表现对于设计师来说既是一种挑战，同时也带来了工作的乐趣。在现代社会中，设计师能否以草图表现方式快速、准确地表达自己的设计思路，并通过设计表现草图不断发展和完善自己的设计构思，已成为设计师必备的基本能力。

总的来说，构思阶段的草图首先必须强调真实性。表达的内容要从复杂的背景资料中提取设计真正需要的核心部分，对客观状况的反映要有足够的准确性和真实性，例如对环境的改造利用，表达内容就应该围绕日照、通风、建筑与地形的关系等来进行，其次突出侧重点，构思表达不可能面面俱到，创作主体需要具有极强的观察力和高度的概括力，只对构思的重点作简洁的表达，有隐喻和象征的倾向。

根据建筑设计构思过程的不断推进，我们将草图主要分成以下二类：

(1) 分析类草图

主要用于意念构建阶段，但也贯穿意象形成阶段，因为整个构思的过程是一个不断尝试、检验循环往复的过程，因而也不断伴随着思维分析及表达。该类草图主要是在配合场地环境现状的调查分析基础上，尽可能地罗列与设计项目主题相切合的各种设计趋向。主要包括对客观环境条件的分析草图，如地形分析图、日照分析图等各种现状环境分析图，以及对建筑本身要求和涉及的各个方面问题的分析图解。例如功能分区分析、交通流线分析、结构框架分析，等等，通过反复研究和比较分析最终会对设计结果产生重要的影响。

①内容与特征

所谓的分析类草图是指在环境建筑设计项目中，一般用抽象的几何图示元素（包括线条、图形及符号）的方式表达自然或人工的事件，对创作设计中形象、空间、环境的构思记录和在方案推敲等工作时绘制的非正规的表现图。用于分析和理清设计思路，帮助设计师表达设计意图和

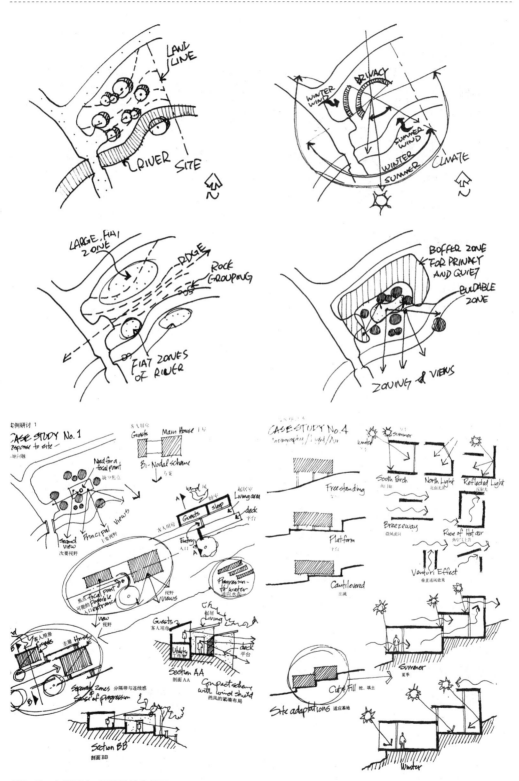

图5-47　实例探讨：环境设计分析图

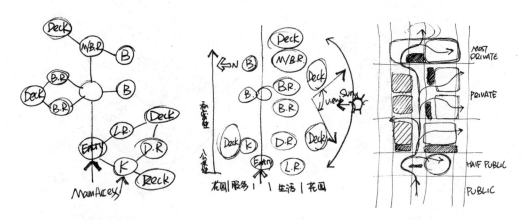

图5-48 功能关系分析图

理念，它是用以表现、交流、传递设计构思的符号载体，具有自由、概括、快速、简练、抽象、符号化的特点。主要包含以下几个方面的分析图。

环境设计分析图（包含地形、绿化景观、交通情况，等等）（图5-47）。

功能关系分析图（气泡图、方块图）（图5-48）。

在功能关系分析图中最常用的就是气泡图。不同大小的气泡代表建筑中不同的功能空间，气泡之间的位置关系和连线代表着这些功能空间之间的关系和相互作用。气泡和连线的不同布局代表着不同的逻辑关系。如呈串联排列、并联排列、放射状排列、网状排列等。

在气泡图的基础上，还有其他用于功能关系的分析图，例如方块图是在气泡图的基础上进一步表示出各功能空间的面积，有的还可以用色块来区分各功能区域大小。

建筑造型分析图（图5-49）。

鉴于环境建筑设计项目本身所具有的复杂性的特点，具体的分析图会根据项目的不同而有所不同或是侧重点不同。主要包括平面布局、空间体量、立面分析图、材料工艺。

②分析图的表现规律

分析图应具有开放性。不必限定于一种想法或画法，不必害怕错误，可以采用多种工具，表达粗放思维。

分析图应具有抽象性。通常利用简练的图形、文字将复杂的意象概括再现，或者借助方框、箭头、符号等对建筑环境、气候、物理因素进行分析，对功能、模数、轴线、核心、节点等概念进行提炼；这个阶段进行的仍是抽象与逻辑思维，而不必进行情景假设，以及模拟真实的三维透视图的绘制图（图5-50）。

分析图应具有稳定的核心内容，又具有可变的潜在可能。一张看似杂乱无章的草图中，往往隐藏了很多信息，有些会随构思的清晰而逐步强化的重要线索，有些则只是思考中所闪现的片段，但都是最原始的设计构思。

由于电脑辅助设计工具的参与，使手绘不再是唯一的设计分析图表现途径，但是徒手绘画因其敏锐快速的特质，依然是建筑设计师们所推崇的方式。

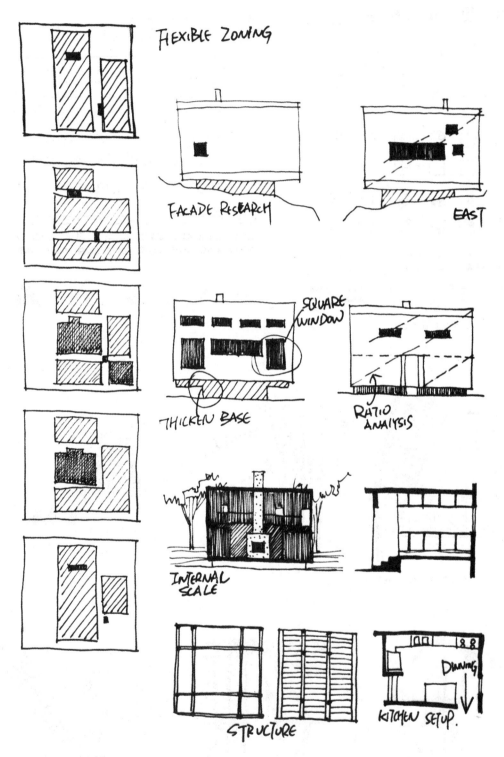

图5-49　建筑造型分析图

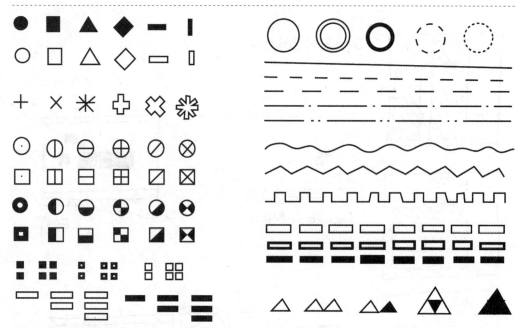

图5-50 分析图的抽象符号

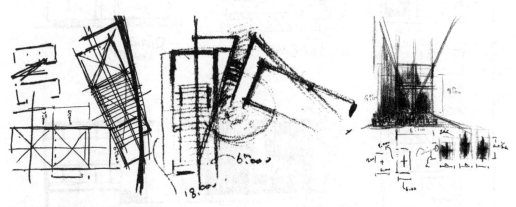

图5-51 安藤忠雄光之教堂概念草图

图5-52 安藤忠雄小筱邸住宅设计概念草图

(2) 概念类草图

主要用于意念构建阶段的表达。通常指表达意念，激励灵感的思维成果的概念草图，这一阶段的草图并不是构思设计的深入表现，往往只是关于建筑构思的模糊性勾勒，常常是建筑师灵感火花的记录，思维瞬间的反映。只是展示出设计的框架和方向。通过大量的概念性的草图以明确设计者的最终设计意图，从而反映一种构思可能的发展方向，为设计的深入创造充分发挥的空间。这类概念性草图可以是平面布局也可以是建筑形体的简单勾勒，往往很粗糙、随意也不规范（图5-51，图5-52）。例如贝聿铭的草图通常都很简单，尤其是他设计的华侨银行中心，构思来源于自己的姓"贝"，草图用最简单的笔画表达了这一构思（图5-53）。格雷夫斯在他的文章《绘画的必要性——有形的思索》中曾强调说："在通过绘画来探索一种想法的过程中，我觉得对我们的头脑来说，非常有意义的应该是思索性的东西。作为人造物的绘画，通常是比象征图案更具暂时性。它或许是一个更不完整的，抑或更开放的符号，正是这种不完整性和非确定性，才说明了她的思索性的实质。"

此外，构思阶段的图解思考的内容与设计前期考察阶段的表现形式——"图示笔记"相比，两者既关系密切又有明显区别。图解最显著的特征就是抽象的草图表现方式，甚至是包含有符号的分析图示，而不在于对象的具体尺寸、形状的记录。图示笔记虽然也有分析但仍主要侧重于记录现状，而图解更加侧重于思考过程的提炼。索默尔(Robert E. Somol)在《图解日记》（Diagram Diaries）的序言中所说"'图解'说明的是一种行为过程，而不是表现了一种结果"。

图5-53 贝聿铭新加坡华侨银行中心

二、模型

模型表达在构思阶段也有非常重要的作用，与图解思考类的图示表达相比较，模型具有直观性、真实性和较强的可体验性。它更接近于建筑创作空间塑造的特性，从而弥补了图示表达用二维空间来表达建筑的三维空间所带来的诸多问题。借助模型表达，可以更直观地反映出建筑的空间特征，更有利于促进空间形象思维的进程。国内外许多建筑师和事务所都很注重运用模型这一手段来推敲方案。以前，由于模型制作工艺比较复杂，因而在构思阶段往往很少用，但随着建筑复杂性的提高，以及模型制作难度的降低，工作模型或叫研究模型（Study Model）在构思阶段的应用越来越普遍，越来越受到建筑师的重视。利用模型进行多方案的比较，直观地展示了设计者的多种思路，为方案的构建、推敲、选择提供了可信的参考依据。

图5-54　探讨地形环境的工作模型

采用"研究模型"进行建筑设计并结合草图的手法，在构思阶段的应用已十分普遍，我们更提倡构思阶段中的那些简易的过程模型，因为它不仅能弥补草图的不足，也是思维过程中不可缺少的体验过程。那些方便、简易、快速的模型对构思阶段开拓设计思维、提高设计知识水平、变化设计手法起着积极的作用，对发现问题、解决问题的能力的培养也有直接的帮助。

构思阶段的工作模型相当于完成设计的立体草图，从表现内容看可以分为以下几类：

（1）以表现、探讨整体场地环境与建筑关系为主要目的的模型（图5-54）

表现形式更注重环境与相互关系的协调性。这类模型表现的重点是首先要建立场地模型，客观反映出场地环境的客观情况，尤其是设计前场地的原有情况，包括场地的地形和相关设施等，建筑物往往由于刚刚开始构思，还未形成完整的方案，因此，以简洁的整体性表现为主，往往是能体现出基本形态的本质特征就可以，关键是分析建设基地与场地的关系处理，以及建筑整体形态与场地环境形态的协调问题。这类模型主要是用于设计初期推敲环境

图5-55　大师作品——探讨建筑体块的工作模型
（弗兰克·盖里）

图5-56 学生作品——探讨建筑体块的工作模型

与建筑关系的工作模型。

（2）以表现、探讨建筑形态及体量关系为主要目的的模型（图5-55，图5-56）

表现形式在于建筑物或构筑物形式关系的对比和协调。这类模型以建筑物或构筑物的单体模型为表现形式，前文我们提到大部分建筑造型的原型出发点都是几何形，因此建立模型时首先应将构思的各种形态要素制作成相应的集合体块模型，然后运用类似搭积木的方式进行组合推敲，可通过堆积、删减、延伸、变化、调整、变异等多种方式进行组合，这类模型主要是用于构思、推敲阶段的工作模型。

三、计算机表达

计算机是近年来建筑设计领域迅速得到广泛应用的一种表达方式，它的强大功能使得它在图示表达与模型表达的

双重特点上显示出巨大潜力，它使二维空间与三维空间得以有机地融合，尤其在构思阶段多方案的比较中，利用计算机可以进行多种表现，例如可以从不同观察点、不同角度对其进行任意察看，还可以模拟真实环境，使得建筑的形体关系、空间感觉等一目了然，与模型相比，可以节省大量机械性的劳动时间，从而使构思阶段的效率大大提高，有效推进构思过程。但另一方面，正如前面所提到的，人的思维过程在用计算机表达的"转移"过程相对复杂，计算机表达的前期投入也非常巨大，只有在完成前期的准备时，它

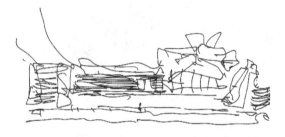

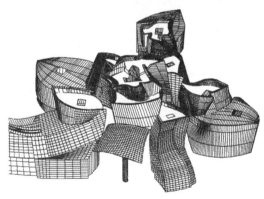

图5-57 西班牙毕尔巴鄂古根海姆博物馆草图—工作模型—计算机模型构思过程

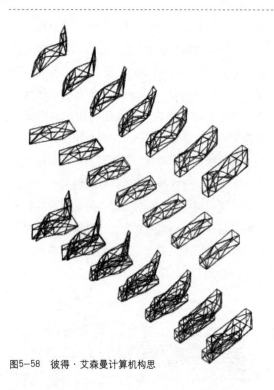

图5-58 彼得·艾森曼计算机构思

由于计算机的应用，许多人的构思阶段也发生了相应的变化。弗兰克·盖里的设计程序先是依据灵感勾勒的草图，然后根据草图做成原始的工作模型，并在此基础上建立计算机模型进行比较推敲（图5-57）。又例如艾森曼在构思阶段利用计算机处理历史、文化和场所的信息，并以此作为建筑形式生成的起始点（图5-58）。

总之，图解思考、模型表达和计算机表达是构思阶段的三种主要的表达方式。它们各有特点，对构思阶段的进程有着不可缺少的作用。在建筑设计的构思阶段将三者有机地综合运用，充分发挥各自的优势，弥补彼此的不足。一般来说，在构思阶段的早期阶段，多用图解思考来发现、分析问题，形成最初的建筑意象，而模型和计算机表达主要用于多方案的比较选择，使建筑意象更直接，更接近真实。

的效用才会发挥出来。

计算机表达是多种表达方式中最有前途的一种，它的优越性有待进一步开发和应用。

第六章　方案的深化与完善

由于建筑及环境设计涉及的因素是复杂的，要解决的问题也很多，而且解决问题的方法也不止一种，而是相对的。不同的设计师、不同的角度都会形成不同的方案。因此有时在基本立意和构思基础上会产生几种方案，这时需要进行多方案的优化选择，确定最适合的发展方案，在此基础上进行深入完善。优化完善是通过评估和比较确定拟采纳的方案之后，对定案做进一步的完善和深化，如个别地方的调整和修改、未尽部分的补充，以及细节问题的推敲等。这是整个设计过程的最后阶段，使构思阶段形成的意象充分"物化"，成为最终的设计成果。

在建筑设计的整个过程中，深化完善阶段的意义是非常重要的。因为就建筑设计的目的来说，除了一些个人概念性设计外，绝大部分的建筑构思都要通过最终的成果来体现，因此方案完善的程度、结果表达的如何便成了方案优劣的决定性因素之一。

在设计构思阶段，通过气泡图、方块图产生了一个基本的空间组织方案，这种方案"毛坯"仅仅是一个"空壳子"，现在就该触及设计的核心问题，需要一个符合使用者需要的平面方案，要使平面完善充实起来，还有大量的细节工作需要设计者仔细推敲。任何一种空间类型都包含着复杂的冲突，设计师需要在很多问题上权衡利弊，将一系列相互冲突的标准协调起来。

一、完善单个房间的平面设计

单个房间是构成建筑的基本空间，而一幢建筑又是由若干不同性质、内容、形态的单个房间组成的。因此，对单个房间研究的意义在于，通过完善实用功能要求、创造完善空间形态、精心推敲细部处理、满足技术经济条件等。一方面使单个房间自身得到设计完善；另一方面反作用于方案全局作局部修改，最终使整体设计质量得到提高。按照房间的类别不同我们将其分成主要房间和辅助房间两类：

1. 主要房间的平面设计

主要房间是指建筑内与主要使用功能最为息息相关的房间，例如住宅内的起居室、卧室，咖啡厅的休闲区，博物馆内的陈列厅等。根据使用性质的不同，主要房间的平面设计要求也不一样。

（1）主要房间分类

根据主要房间的功能要求来分类，可以分为以下三类：

生活用房——如住宅中的起居室、卧室，旅馆中的客房等。

工作学习用房——如各类建筑中的办公室、教室、实验室等。

公共活动用房——如咖啡厅的休闲区、商场营业厅、观演建筑中的观众厅等。

（2）主要房间的设计要求

①满足房间使用特点的要求

随用途不同，不同房间会有不同的使用要

第一节　完善建筑平面设计

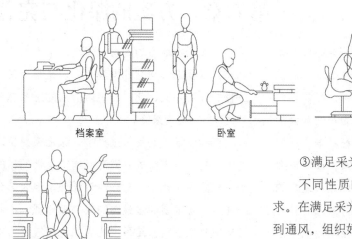

档案室　　卧室　　　　教室

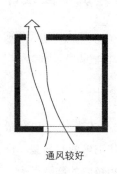

图6-1
空间尺寸与家具摆放

商店

通风较好　　　　通风较差

图6-2　平面布置与通风

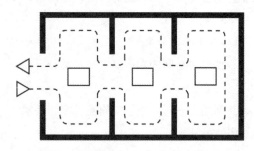

图6-3　某陈列室走道示意图

求，不同使用要求的房间，其空间形式也不同。

②满足室内家具、设备数量的要求

不同房间会有不同的家具和设备，设计要考虑家具的摆放，同时还必须满足家具使用时所需的空间尺寸，见图6-1。

③满足采光通风的要求

不同性质的房间会有不同的采光要求。在满足采光要求的前提下，还要考虑到通风，组织好穿堂风，见图6-2。

④满足室内交通活动的要求

不同用途的房间，交通活动面积的差别也较大，见图6-3。

⑤满足结构布置的要求

尽可能做到结构布置合理，施工便利。

⑥满足人们的审美要求

室内空间大小适宜，比例恰当，色彩协调，使人产生舒适、愉快等感受。

(3) 平面大小与比例

房间的大小在方案生成过程中是已确定了的。但能否满足使用要求、能否容纳下要求的人数、与家具设备的配置是否合理，甚至房间的具体尺寸、比例是否合适等都还需要设计者进一步思考，并加以完善。特别是对于以标准房间为模块进行平面组合时，更应重视对单个房间的研究。这样易于把握方案整体的框架。这些单个房间平面设计的完善与否，将直接关系到整体设计的质量。

例如小型书吧中阅览家具的布置。由于开间为4 m，与阅览桌合理的间距模数（2.5 m）产生矛盾，致使柱与阅览桌的布置缺少模数对应关系，甚至个别柱阻挡了读者进入阅览桌之间的通道，给使用带来不便。因此，需要将开间调整为5 m才可与阅览桌间距模数取得协调关系（图6-4）。

又如别墅设计中主卧的设计。通常由卧室、卫生间、壁柜等家具组成，每一部分平面尺寸及其组合关系的合理与否都直接影响到整体设计的质量。因此，也需在完善平面设计过程中仔细推敲。首先是对卧室家具的选择与布置进行深入研究，以验证生成方案的结构开间与进深是否需要作细微调整。然后，对卫生间洁具的选择与布置结合管道井的设置进行方案比较，以此得出符合厕浴要求的平面尺寸。其次，家具之间的过道平面尺寸研究也不可忽视，要保证最小尺寸符合使用要求。通过上述的研究、调整，最后确定了房间平面的尺寸与比例（图6-5）。

对于家具设备布置无严格或特殊要求的单个房间，平面完善工作与下述因素有关：

①与整体设计中统一的结构尺寸有关

为了不使方案的开间尺寸因单个房间大小不一而过于繁杂，以免造成立面设计无章可循和造成结构、施工的麻烦，一般而言，开间尺寸规格不宜过多。因此，对于单个房间的平面尺寸不必强行符合任务书规定的面积大小。此时，应以整体结构尺寸为主要矛盾，即单个房间的尺寸要服从整体结构尺寸的逻辑性。这样，单个房间的面积可以在规定面积的基础上上下稍微浮动。

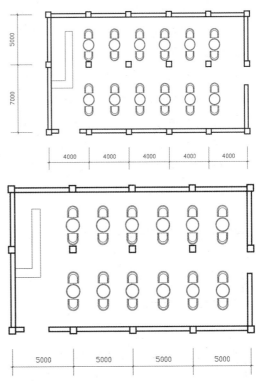

图6-4 调整开间大小与家具的关系

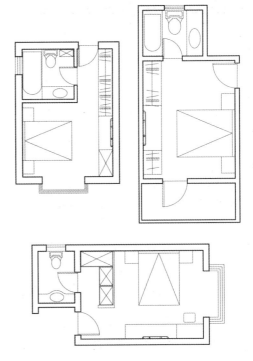

图6-5 卧室平面布置

②与房间比例有关

良好比例的房间平面尺寸是设计美学的一般原则。对于矩形房间来说，同样的面积，不同的长宽比例，直接影响到房间的使用。出于节能节地的需要，通常矩形房间的进深要大于开间，进深和开间常常采用接近于3∶2的比例。由于特殊情况而采用的狭长形房间，可以通过改变开门的位置来改善使用中的不便（图6-6）。

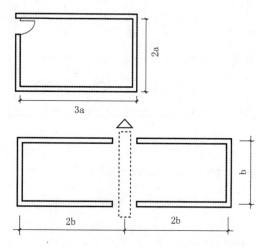

图6-6　开门改善狭长空间

③与房间的完整性有关

在一个原本完整的单个房间内又勉强填充另一个无法安排的房间，这就破坏了原有房间的完整性，使原有房间成为L形平面，这说明后加入的房间平面与原有房间平面不是有机结合，完善单个房间时应消除这种手法（图6-7）。

④与房间划分手段有关

在一个完整的大空间内若要划分若干单个房间时，每一单个房间的平面一方面要满足使用要求，另一方面也需力求空间完整。

例如，一个六边形平面的咖啡厅公共活动区，若要划分为两个房间使用，不同的划分手段将会产生不同的房间形态（图6-8）。前一个方案每个房间形态相对较为完整，其三个外墙面长度一致，而且隔墙位置与结构梁吻合，顶界面完整，但形成了四个锐角空间，使用时需要合理利用；而后者每个房间围合空间的界面长短不一，隔墙位置要和窗户相配合，又与结构梁布置相矛

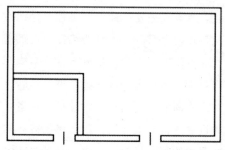

图6-7　破坏原完整平面的设计手法

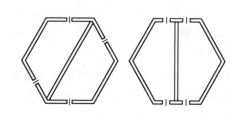

图6-8　不同平面形态的划分

盾，但空间较为方正，各有利弊。

若一个大空间先天就不完整，完善的办法是根据房间不同使用内容，或根据人的不同行为方式将计就计划分为各自相对独立完整的使用空间形态，但又不隔死。例如某L形平面作为小型咖啡店，可划分为各自完整的一大一小两个区域。大空间供顾客使用，小空间作为服务用，两者各得其所。也可按另一种思路去划分，形成大空间（散座）与小空间（雅座）相结合，更富于空间变化（图6-9）。

（4）平面的形状

在大量的建筑中，单个房间特别是中小房间通常采用方形、矩形平面。这种平面形式有利于家具、设备的布置，能充分利用使用面积，并具有较大的灵活性。同时，结构简单、施工方便，也便于统一建筑开间和进深，有利于平面组合。但是，矩形平面并不是唯一的最佳平面形式，在某些特殊使用要求的情况下，对平面形状可能要做更多、更仔细的推敲工作，使之更符合特殊使用功能的要求。这些特殊平面形式的产生常受下列因素影响：

①考虑特殊地段环境设计的影响

在不规则的用地条件下，建筑整体平面乃至单个房间的平面形状往往受到一定程度的制约。此时，单个房间平面的设计要寻找一个合适的形状去适应这个特定的环境条件。如图6-10是一块不规则的异形用地，特别是东南两面道路十分不规则。为了与地形条件吻合，东南角的平面采用圆形。因为它可以使建筑临街的两个互不垂直的界面自然过渡，而且带弧形转角的建筑界面有利于路口的城市交通对视线无遮挡的要求。

②考虑景向设计的影响

有景向要求的单个房间，其平面形状的完善要有利于扩大景向的视野。对于矩形平面而言，当然应以长边面对景向，从而获得更宽更大的景向面。若长边改为弧形面，则观景视野更佳。这样，平面就形成扇形、半圆形等形状。

③受功能需求影响

平面的形状首先必须符合功能使用的要求，通常使用中如果没有特殊

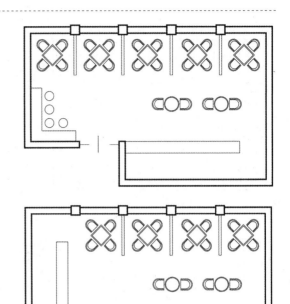

图6-9　不规则平面二次空间划分方法

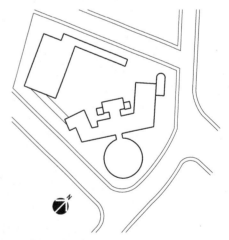

图6-10　地段环境设计

要求，多采用矩形平面，便于人的活动和家具设备的布置，结构施工也较为便捷。例如，住宅内的各类房间、办公室、旅馆客房等（图6-11）。

考虑最佳视线设计的影响：一个较大的阶梯教室，由于容纳人数多，势必平面长宽尺寸

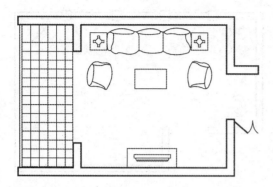

图6-11　某住宅起居室

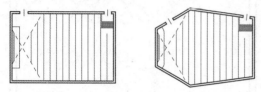

图6-12　视线设计对平面形状的影响

要比普通教室大得多。如果仍采用矩形平面，则教室最后排视距较远，或者前区不可设座位区的面积浪费太大。为了改进这一缺陷，可按最佳视线设计进行平面完善，即变矩形平面为六边形平面。这样，面积使用率明显提高，造型上也会因此而打破方盒子形态（图6-12）。

考虑声学设计的影响：观众厅、体育馆等大型空间，在使用中，为了让观众听得清晰、看得清楚，在矩形平面之外，还可以选用钟

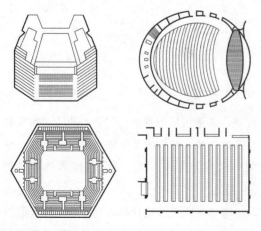

图6-13　不同的平面形状

形、扇形、六边形等（图6-13）。这些平面形状都有利于声的反射，使声场分布均匀。

考虑朝向——防西晒的影响：东西向房间在许多地区是不可避免的。在完善房间平面时，防止东西日晒成了设计的主要矛盾。可以将东西墙面作45°转折处理，改变房间朝向为东南向或西南向，使东西晒问题得到一定程度的缓解，由此房间平面形状出现异形，活泼了总是矩形平面产生的单调感，也增强了造型上虚实相间的韵律感。例如建筑大师路易斯·康设计的索尔克生物研究所实验楼（图6-14）。

④考虑立面造型设计的影响

一个主从关系十分明确的建筑体形，为了避免主体建筑过于单调，可以将内部房间的平面形状作形式上的变化，使用非矩形平面，以此达到丰富造型的作用。

就设计手法而言，有些设计者偏爱采用非矩形的形式构成法，如采用三角形、五边形、六边形、八边形，甚至圆形作为单个房间平面形状的母题。这并不是从内外设计条件要求出发而确定的平面形状，仅仅是一种设计手法而已。这种从方案生成一开始所确定的平面形状在单个房间平面完善时，不仅为了追求形式感的新颖，也要特别注意它是否能满足其他设计要素诸如功能、环境、技术等的要求。

然而，传统的设计理念与手法在信息时代的今天，越来越受到挑战和冲击。就单个房间的平面形状而言，已经出现了如同变形虫般的怪异平面。虽然给人们带

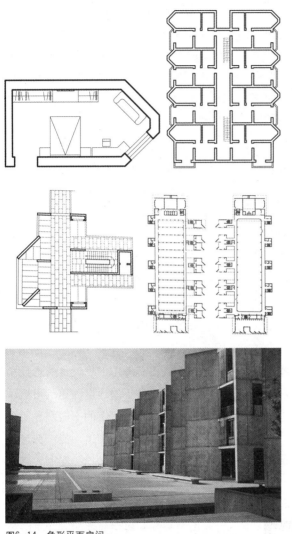

图6-14 角形平面房间

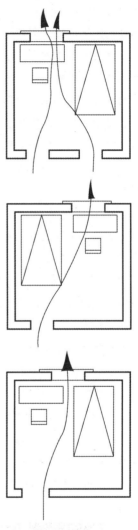

图6-15 门窗相对，形成穿堂风

来了精神的刺激，但同时又带来了诸如实用性、经济性、技术性等若干值得质疑的问题。因此，这种随心所欲的任意形平面不会是设计的主流。在完善单个房间平面形状时，除非个案，它不应成为设计者的选择。对于初学设计者来说，特别要加强设计基本功训练，而不是单纯地玩弄平面图形。

（5）窗的大小和位置

窗的大小取决于建筑的采光等级、建筑的节能要求、建筑的造型需要以及建造成本，要综合考虑，通常建筑采光等级越高，窗越大；在寒冷地区，建筑节能要求越高，窗越小。

开窗的位置选择直接关系到建筑通风的好坏，可以将窗户和门分别布置在相对的墙面上，位置也尽可能相对，以利形成穿堂风（图6-15）。

2．辅助房间的平面设计

辅助房间在建筑内主要提供辅助服务功能，例如住宅内的厨房、厕所，咖啡厅里的制作间、仓库、厕所，博物馆内的库房等。

辅助房间平面设计原理、原则和方法与主要房间平面设计基本一致，不同类型的主要房间会有不同的辅助房间，在这里我们主要介绍几乎所有建筑都有的辅助房间——卫生间的平面设计。卫生间的设计需要考虑卫生防疫、设备管道布置等要求，按照类别我们将其分为住宅卫生间和公共卫生间两类介绍，各自有其特殊的要求。

(1) 住宅卫生间

住宅卫生间的面积多为 $4 \sim 8 \ m^2$，大面积住宅常设两个以上的卫生间。卫生间均具有防水、隔声、通风等要求。在条件允许的情况下，卫生间可以考虑干湿分离、公私分区设计（图6-16）。

水平布置要求：无前室的卫生间不应直接开向起居室或厨房。住宅卫生间必须能通风换气，水平布置中可以对外开窗，则使用自然通风，条件不允许也可以使用机械排风。

竖向布置要求：卫生间不应布置在下层住户的卧室、起居室和厨房的上层，可布置在本套内的卧室、起居室和厨房的上层。

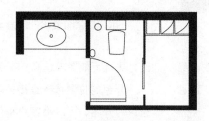

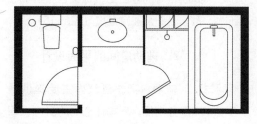

图6-16 干湿分离的卫生间形式

(2) 公共卫生间

公共卫生间不应直接布置在餐厅、食品加工、变配电所等有严格的卫生要求或防潮要求的用房的上层，并且内设洗手盆，宜设置前室。此外，还应遵循以下要求：

①在满足设备布置及人体活动的前提下，力求布置紧凑、节约面积。

②公共建筑中的卫生间应该有天然采光和自然通风。

③为了节约管道，厕所和盥洗室宜左右相邻，上下相对。

④卫生间位置既要隐蔽，又要易找。

⑤要妥善解决卫生间的防火、排水问题。

此外，还需考虑卫生设备的选择和组合。卫生间设备的选择因建筑用途、规模、标准、生活习惯的不同而有所差别。不同器具、不同使用功能，会形成不同的平面组合，例如单一厕所，带淋浴的厕所，结合了盥洗、淋浴功能的厕所。但都需要遵循一些基本设计原则：

①卫生间一般空间狭小，在有限的空间内布置洁具时必须考虑人体尺度。

在公共厕所内，为了保护使用者的隐私往往设置隔间。隔间的门分为内开和外开两种。门的开启方式的不同直接影响到隔间的尺寸大小以及卫生间内交通走道的宽度。外开的隔间，进深可以略小；门内开的隔间，需要更大的进深。门外开的隔间，隔间之间的通道宽度更宽，内开的隔间，隔间之间的通道宽度可以略小（图6-17）。

②卫生设备之间的尺寸要求。卫生

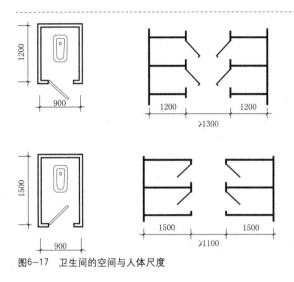

图6-17 卫生间的空间与人体尺度

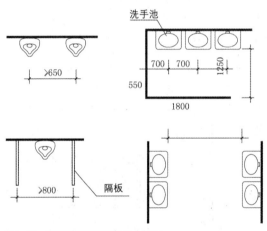

图6-18 常用卫生设备间的最小间距

设备如洗手盆、小便池之间有间距要求，小便斗之间没有间隔的需要加大间距，单边排列的洗手盆，其走道宽度略小，双边排列的走道宽度要加大（图6-18）。

二、完善房间组合的平面设计

上一个设计环节我们对单个房间做了非常深入的完善工作，但不等于把它们组合起来成为建筑整体就没有问题。我们需要进一步完善房间组合的平面设计。

1．房间组合应满足流线设计要求

房间组合的方式不完全是考虑空间之间的关系，更应是流线所反映的生活秩序或工艺流程所决定的关系。因此，房间的组合设计实质上是进行流线组织。

例如，餐饮类建筑中的厨房设计，在方案生成过程中，通过一系列思维过程可以确定了厨房的平面布局位置，但厨房内各房间还未就位，当完善厨房各房间组合设计时，要遵循库房—初加工—洗涤—切配—烹调(或蒸煮)—备餐—送餐等由生到熟、由脏到净的正向流程原则和收拾—洗碗—消毒—餐具库等由脏到净的逆向流程顺序，且两条流程不可相混。这就决定了库房要靠近厨房入口便于进货；切配间要紧邻烹饪间，便于食物加工流程连续。而烹饪间的另一端连着配餐间，这样，可以保证熟食卫生和安全。同时，餐后收回的餐具不能走原路回到厨房，而应从洗碗消毒间窗口递进，经过洗刷、消毒后送回配餐间或烹饪间（图6-19）。以上的流线组织就决定了厨房各房间组合的平面。

流线关系在房间组合的完善平面设计中如何理顺关系呢？对于环境建筑来说，通常是中小型建筑，因此在流线组织上并不是特别复杂，首先要求设计者对各类型建筑的设计原理十分清晰；其次在方法上，设计者不妨"身临其境"按各类流线要求"走"一遍，出现问题立即进行调整。

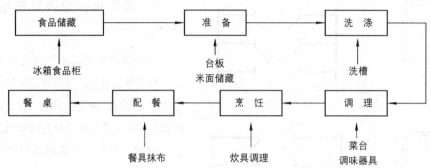

图6-19 厨房平面流线图

2. 房间组合应符合结构逻辑的要求

　　一幢建筑是由大大小小房间构成的，它们的组合关系虽然在方案生成过程中已经得到确定，且已纳入结构体系之中，但是在完善平面时总会有些局部调整，或者房间面积有所增减。所有这些改动对于楼层的房间组合来说，一定要注意到结构的制约。例如房间隔墙不能坐落在楼板上，至少下部要有结构支撑。特别是对于下部是大跨空间的房间如多功能厅、礼堂等其上方就不宜再组合若干小房间，否则将有违结构受力的合理性。

　　环境建筑设计中最常采用的框架结构中调整完善房间组合关系还是比较容易的。对于平面自由布局的砖混结构，在房间组合时设计者往往容易陷入凑面积和摆平面来研究方案，却忘记了符合结构逻辑性的要求。如某别墅设计，一层客厅与餐厅的平面组合既富于变化，空间又流通，但二层相应位置的主卧室南墙却压在餐厅的顶板上，且客厅西墙与厨房东墙不在一条轴线上，造成结构梁搭接不合理。鉴于上述结构受力不合理的问题，需要对客厅和餐厅的组合关系进行局部调整。让客厅西墙与厨房东墙对位，并在餐厅内添加两根圆柱，以支撑二层主卧室南墙两端点（图6-20）。这样就解决了二层主卧室南墙的结构支撑问题。

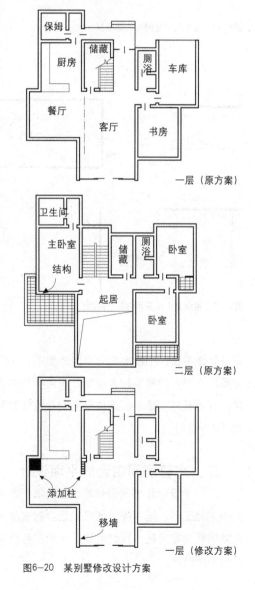

图6-20 某别墅修改设计方案

3. 房间组合有利于空间序列的变化

房间组合在满足功能秩序以及结构逻辑要求的前提下，为了增强空间的艺术感染力，以使人们从连续行进的过程中体验它，还必须进一步完善若干彼此相连房间的各种衔接与过渡处理。

当两个毗邻的较大房间紧贴在一起时，它们之间缺少空间的过渡，因此给人以平淡的感觉。如果两者大小、形状有别，封闭与开敞程度不同，甚至明暗反差较大却又能巧妙地组织在一起，则这种空间强烈对比的关系在人的心理中将产生特殊效果。如在一个高大空间之前组织一个小而低矮的空间，则这种平面组合可使人感到前者更显高大。如果在一个封闭的空间之后组合一个宽敞明亮的空间，则这种明暗强烈对比使人感到豁然开朗。如果在一连串的矩形房间之后，恰当地设置一个非矩形的房间，由于空间形态的突然改变，会使人眼前一亮，等等（图6-21）。这说明房间组合的完善设计，除了推敲功能性、技术

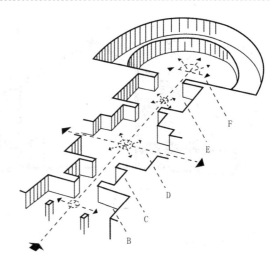

图6-21 房间组合中空间序列的变化

性外，还要从艺术性考虑房间组合的空间效果。

三、回顾及修改

当整张平面图成型时就非常需要进行一次基本的回顾，内容包括：方案要求（检查是否有遗漏的空间或功能，功能区域尺寸，还有对功能和美学的基本因素进行检查等）、规范要求（走廊、楼梯等）、细节要求（设计中是否存在相互冲突的元素，如开门、家具之间的净空、开窗，等等）。回顾结束后进行修改。

第二节 完善建筑剖面设计

剖面设计是建筑设计中必不可少的环节，它与平面、造型设计相互影响、相互制约。可以反映出建筑与环境的关系、建筑内部空间的组合关系，包括房间的形状、高度、室内外空间的处理，等等。同时也为立面设计提供在高度方向上形体尺寸和变化。

总的来说，建筑的剖面设计要符合建筑的功能使用要求，如采光、通风、层高等；还需要符合建筑结构、防火、经济等要求。在此基础上根据平面组合设计，进行建筑内部竖向方向的空间关系。根据剖面的空间形式不同，我们将从以下几个方面阐述环境建筑剖面的空间设计。

一、单层建筑的剖面设计

单层建筑空间的组合设计相对而言较为简

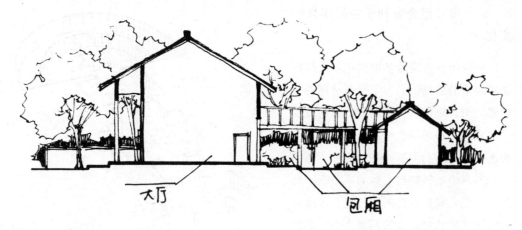

图6-22　某园林茶室

单。因为绝大多数的空间都是在一个水平高度上展开的，但单层建筑的不同空间其层高还是会有一些差异，通常会有以下几种处理：

1. 层高相同或相近的单层

对于一个或多个空间层高相同的情况，自然就作等高处理。但有时也会出现毗邻多个空间。层高有一些差异但不悬殊的情况，在这种情况下尽可能做到层高一致，这样既简化结构又便于施工。

2. 层高有一定差异的单层

有一定差异而无法统一的各空间层高，在空间组合时，可按各部分实际需要的高度形成不等高的剖面形式，例如某园林茶室，左侧为面积大且层高高的大厅，而右侧为廊道式的小包厢（图6-22）。

二、多层建筑的剖面设计

多层建筑在剖面组合时主要采用上下对应、垂直叠加的方法。同一楼层层高必须一致，如不能做到一致，如普通教室与阶梯教室层高不太一致，在这种情况下应考虑错层

的组合。不同楼层的层高允许有一定的差异，但上下之间其主要结构构件如承重墙、框架、楼梯间、电梯井等必须对齐，这样便于结构布置。同时，卫生间等上下有管道安装的房间也必须上下对正，便于管道穿越通畅与安装。对于一些面积大、空间高的房间，如多功能厅、小会堂等，由于室内不允许有柱子存在，所以在剖面组合时将其安置到建筑顶层，如果地面允许的话，首先考虑安排在标准层以外的底层。如果一些空间能安排在标准层以外的底层，可以设置成一层半或两层的夹层处理（图6-23）。

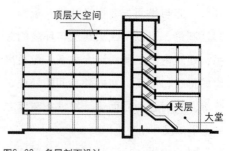

图6-23　多层剖面设计

三、错层的剖面设计

当建筑各组成部分在使用中有较紧密的联系，而相邻空间的层高却有一定的差异或者受到地形条件的限制产生了一定的高差时，我们通常采用错层的剖面组合。这一形式的剖面设计通常运用在山地建筑中。如果能合理利用地形，巧于因借，不仅能使建筑与地形有机结合，而且对于丰富内部空间形态和创造外部造型都将起到积极作用。这两方面的结合都可以通过剖面设计解决。例如，可充分利用地形依山就势采用错层方式进行平面布局，但在剖面上要研究错层高差应与地形坡度接近，并用楼梯把坐落在不同标高上的功能空间联系起来。当坡度较大时，也可将建筑直接骑在陡坡上，使建筑前后两部分分别落在高处和低处，并分设出入口。（图6-24）

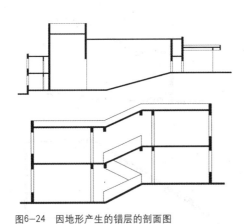

图6-24　因地形产生的错层的剖面图

四、特殊空间剖面处理

1. 夹层的剖面设计

当一个高大的公共空间，需要做水平二次空间分隔形成夹层空间时，这个水平分隔置需要推敲。图（6-25a）中方案夹层楼板偏上，图（6-25b）方案夹层楼板偏下，以人的正常尺度和空间比例来衡量，显然（a）方案楼板"吊"得太高，尺度不合适；而（b）方案楼板使下部空间矮于上部空间，与人的尺度接近，观感较好。而夹层下部低矮空间作为服务空间或过渡空间，其空间形态也恰到好处。其次，就楼板进深而言，前者深度超过大空间进深的一半，因而感到上下贯通空间的开口过小，比例不合适，显得压抑；而后者楼板进深浅，上下贯通空间开口大，空间就开阔许多。显然，完善剖面设计时，宜采用（b）方案。

上述分析的例子对于别墅的客厅、咖啡厅门厅等经常可以碰到，欲想使这些公共空间富于变化，且设计得体，必须在剖面上多做精心研究。

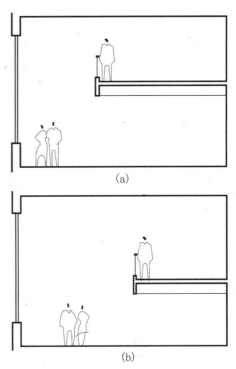

（a）

（b）

图6-25　夹层空间的剖面图

2. 中庭（边庭）空间的剖面研究

中庭空间的剖面形式是若干层楼面在同一平面位置上下开口，构成一个高大、上下楼层贯通的内部空间形态。它实质上是一个多用途的空间综合体，既是交通枢纽，又是人们交往活动的中心，也是空间序列的高潮。在这个高大空间中，多个空间相互流通，空间体互相穿插，顶界面有绚丽多彩的天窗，底界面有变化多端的小环境，所有这些构成要素的关系只有在剖面设计中加以推敲，才能全面地反映中庭空间设计的特征。

中庭空间的体量、形态、高宽比、顶部采光方式、地面设计要素的起伏、空间彼此间的联系与分隔、空间体的设置，等等，这些设计问题的解决与完善往往要通过对剖面的推敲来决定。其方法仍然要运用系统思维、综合思维的方法，充分考虑空间美学、功能要求、建筑结构、建筑节能、防火安全等。同时，还要对照平面设计所确定的条件，互动进行推敲，同步进行深化。此外，还要考虑受体量构思的制约。中庭通常用在商场、办公建筑等（图6-26）。

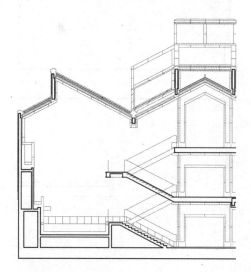

图6-26 中庭剖面图

3. 开发潜在空间的利用

在平面设计中，有些次要空间常被忽略，可是在剖面设计中只要深入思考，这些边角空间就可以得到充分的开发与利用。例如，楼梯间底层休息平台下部空间可以挖掘出来作为储藏间，甚至可作为其他辅助功能使用。另外，楼梯间顶层的空间也是可以挖掘出来的。在住宅设计中，这种设计方法经常会遇到。甚至在坡屋顶住宅中，顶层吊顶内隐藏着巨大的空间潜力，只要在剖面上精心研究，可以开发出数量可观的使用面积（图6-27）。

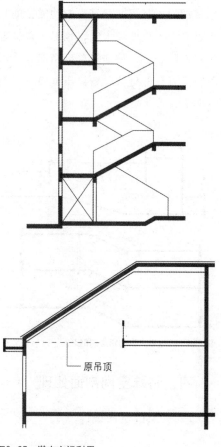

图6-27 潜在空间利用

　　从上述剖面完善设计的过程来看，剖面设计不仅是被动反映平面设计在竖向上的空间关系，而且能动地促进平面设计更完善，同时它既受到后一阶段立面设计理念的影响，又是立面设计的依据。作为设计程序，剖面设计虽是在平面设计之后，立面设计之前，但作为设计方法，它们应该是互动的，在同步深化中各自完善。

第三节　完善建筑立面设计

　　在方案构建过程中，我们对平面和剖面的完善设计都为立面设计提供了前提。反过来，立面设计通过自身的完善设计反作用于平面、剖面的设计成果。这种互动的关系再次证明方案设计的各个环节是相互依存的。建筑立面是建筑内外空间的中介界面，展现建筑空间组合、体量构成、形象意义。一般情况下，人们通过建筑立面感知建筑形体的存在，建筑设计的成败、好坏以及人们对建筑的认同与建筑立面设计有直接关系。

　　立面设计任务就是在建筑环境、平面、剖面的约定下，构思立面个性的表达，研究表皮形式的变化，选择立面材料肌理，把握色彩布局，确定门窗洞口的构成，推敲立面各部分比例与尺度以及整合立面各设计要素成为一体。立面设计的内容涉及建筑美学的问题，在第三章建筑设计的基本问题中我们提出建筑的形式美原则，在这里我们应用形式美的原则完美地体现出所追求的立面效果。但另一方面，建筑立面的形式美法则又不是纯艺术的创作。它不像其他艺术形式那样再现生活。它一方面要受到平面功能、结构形式、构造做法、材质肌理、色彩因素、施工技术的制约，因此，建筑立面形式的创作自由是有限度的；另一方面这些外在因素随着时代的发展、科技的进步总是在不断地变化，而受制于这些外在因素的建筑立面形式也就不可能停滞不前，一成不变，而是随着时代的发展而发展。

　　总的来说，建筑立面设计有以下几点原则：

　　(1) 建筑立面首先要与功能有必然的联系和呼应，并且反映出不同类型建筑的空间特点，表现出不同的建筑个性。

　　(2) 建筑立面应与周边环境有密切关系，在尺度、体量、色彩等方面反映出在地域、气候、文化等条件下建筑应有的环境特征。

　　(3) 立面设计应具有整体性，主从关系清楚，具有较强逻辑性，避免凌乱。

　　(4) 立面应具有一定的趣味性，有一定的细节处理。

　　具体来看，可以分为以下几个部分来设计体现。

一、建筑轮廓线

　　外轮廓线是建筑形体的边界，是反映建筑体形的一个重要方面，具有较高的可识别性。特别是当人们从远处或在晨曦、黄昏、雨天、雾天以及逆光等情况下看建筑物时，由于细部和内部的凹凸转折变得相对模糊时，建筑物的外轮廓线则显得更加突出。为此，在考虑建筑立面处理时应当力求具有优美的外轮廓线。

　　我国传统的建筑的轮廓丰富多变，有不同形式的屋顶，屋脊与挑檐、屋脊吻兽与檐角走兽等各种形式，加之又呈曲线的形式，从而极大地丰富了建筑物外轮廓线的变化，这些形式要素构成了中国建筑的基本特征（图6-28）。类似于中国建筑的这些手法，西方古典建筑中也不乏先例。注重山花中央及两端的人物或动物雕塑，建筑关键部位设计塔楼等，这些对丰富建筑轮廓的产生具有重要作用（图6-29）。另外，我国传统建筑与西方古典建筑都比较关注建筑轮廓的投影、静态变化；而现代建筑综合时空要素更注重建筑轮廓的动态变化，形体日趋简洁，不拘泥于细部处理，着重强调形体组合所获得的转折变化、光影变化等（图6-30）。因此，如今单靠细部装饰求得轮廓线变化的可能性愈来愈小，为此，还应当从大处着眼来考虑建筑物的外轮廓线处理。这就是说必须通过体量组合来研究建筑物的整体轮廓变化，而不应沉溺在烦琐的细节变化上。

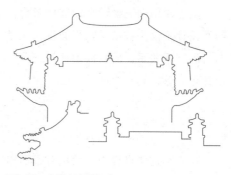

图6-28　中国古建筑轮廓

自从国外出现了所谓"国际式"（International Style）建筑风格之后，出现了一些由大大小小的方盒子组成的建筑物，由此而形成的外轮廓线不可能像古代建筑那样，有丰富的曲折起伏变化，但是这却不意味着近现代建筑可以无视外轮廓线的处理。同是由方盒子组成的建筑体形，如果处理得不好，往往使人感到单调乏味，处理得巧妙，则可以获得良好的效果。

图6-29　西方古典建筑轮廓

1. 运用加法丰富外轮廓线

立面的外轮廓，特别是天际线的轮廓往往给人以突出的印象，也是设计者刻意追求立面变化的部位。值得注意的是，我们不但要推敲正立面外轮廓的起伏变化，更要通过勾画小透视推敲立面上形体的变化对立面外轮廓线的影响。一个好的立面外轮廓总是与立面上形体的凹凸变化取得和谐一致。而且这种形体变化最好是带功能性的。如住宅建筑的转角阳台、

图6-30　现代建筑的动态轮廓

博览建筑的特殊采光装置、宾馆建筑的顶层旋转餐厅、商业建筑的广告设施、交通建筑的钟塔等，以及许多公共建筑利用楼梯间、电梯间冒出屋顶，从而突破天际轮廓线的手法，都是结合功能要

图6-31　利用加法丰富建筑外轮廓

求，以局部的体量变化求得立面整体轮廓的丰富感（图6-31）。

2．利用减法丰富外轮廓线

如果说上述附加小体量处理是运用加法丰富立面外轮廓的话，那么，利用装饰构架则可以看成是用减法对立面轮廓产生影响。这就是说，装饰构架可以看成是从立面整体形象中挖去一部分而形成，并产生内轮廓变化的另一种韵味（图6-32）。这种立面轮廓不能简单地观察外轮廓的形，而应把透空的内轮廓变化与外轮廓边界看成共同形成建筑

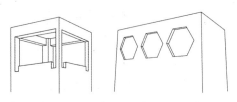

图6-32　装饰构架形成的内轮廓

物的另一种轮廓类型。有时外轮廓虽然平直，可是内轮廓却富于变化，同样产生优美的立面效果，值得注意的是，运用构架丰富立面内轮廓应适度，不能为装饰而装饰成为多余的附加体。如果能与功能、结构、造价结合起来考虑，则可以收到一举两得的效果。

3．利用前后体量的立面外轮廓

另外，当立面有前后体量重叠时，我们不能按天际轮廓线作为整个立面的外轮廓线。因为前后体量的各自立面不在一个层面上。当从远距离透视看建筑物全貌时，立面整体轮廓固然重要，但从近距离透视上看，前面体量的立面轮廓线也很重要，而后面体量的立面轮廓却退居次要地位。特别是当从两点透视角度看建筑物时，前后两个体量的立面并不像正立面重叠在一起那样，而是随着视点不同而产生立面轮廓的变化。因此，在立面完善设计时，前后体量的立面轮廓都要精心推敲。

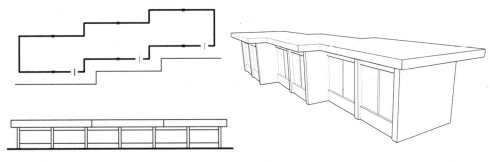

图6-33　透视中建筑真实立面轮廓线

例如，一个平面为锯齿状的小型环境建筑，从透视角度去看立面前后关系曲折变化形成具有节奏的韵律感。如果在高度上变化或者运用加法在屋顶上附加构建，则显得多余（图6-33）。

4．利用周围环境形成整体轮廓

对于环境建筑来说，我们还可以将建筑与周围环境所构成的景观视为一种图形。当我们只考察图形轮廓而非内容时，其意义就会因此而降低，据此我们可利用轮廓来确定图形范围、突出图形内容。这种原理及方法在中国传统园林设计中体现得尤为突出。例如镇江市金山寺建筑与环境的处理，慈寿塔作为主体建筑位于山顶，其他建筑散落在山肩、山腰、山脚，很好地保持了整体的轮廓线（图6-34）。

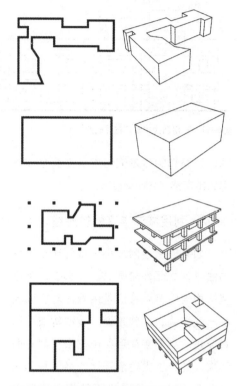

图6-35　柯布西耶建筑构成的四种形式

第一，建筑外观直接、真实地反映内部空间组织及变化，此形式被现代建筑大力提倡，被多数建筑师采用，适用于空间组织简单、立面形象完整的建筑。

第二，在简单的外壳下，内部空间布置紧凑，此形式保持立面形象完整，但是需要把握形体比例尺度，丰富细部构件，密斯的"玻璃盒子"就属于此类。

第三，用独立结构做简明的外壳，各房间可在结构中自由布置；当今许多建筑师都采用这种"内外两层表皮"的做法，选择各种材料和结构以展示"皮包骨"或"骨包皮"的关系。

第四，外观与第二种形式类似，内部空间组织是第一和第三种形式的混合。如萨伏伊别墅。

图6-34　镇江市金山寺

二、建筑立面构图

建筑立面作为一种表现建筑形式、形体、形象的手段，其设计需要把握建筑内与外、虚与实、凹与凸等关系。

1．内外关系

柯布西耶在《建筑构成的四种形式》一书中，将建筑外观与内部空间的关系分为以下四种形式（图6-35）。

建筑发展到今天，其立面的处理形式已经多样化，但大多数建筑在立面处理上，总体上来说不外乎是以上的某种方式或某几种方式的混合。

2. 虚实关系

虚与实是建筑立面设计中一对相辅相成的矛盾。西方人一贯认为世界是物质的，因而强调建筑实体及体积感，门窗只是通行疏散、采光通风的"通道"。中国人坚持无形的"虚"是事物的原本形态，因此强调"虚实相生"的美学原则，讲求"留白"的艺术处理。在讲建筑概念时我们常引用《老子》中的话："凿户牖以为室，当其无，有室之用。"强调有了门窗才能算建筑，空的部分才是使用的部分。因此，在建筑的体形和立面处理中，虚和实是缺一不可的。没有实的部分整个建筑就会显得脆弱无力；没有虚的部分则会使人感到呆板、笨重、沉闷。只有把这两者巧妙地组合在一起，并借各自的特点互相对比陪衬，才能使建筑物的外观既轻巧通透又坚实有力。

一般对建筑虚与实的理解是："虚"意味着开敞、通透，人们可以通过窗、幕墙、洞口、架空区域等构件及部位穿透视线；"实"意味着遮挡、隐蔽，可以由实体墙等不透明构件阻隔视线。建筑立面上的虚与实关系处理实质上就是门窗与墙体关系的处理。

不同的建筑物中各自所占的比重却不尽相同。有些建筑由于不宜大面积开窗，因而虚的部分占的比重就要小一些。如博物馆、美术馆、电影院、冷藏库等就属于这种情况。大多数建筑由于采光要求都必须开窗，因而虚的部分所占的比重就不免要大一些，它们或者以虚为主，或者虚实相当。由此可见，决定虚实比重主要有两方面因素：其一是结构；其二是

功能。古老的砖石结构由于门窗等开口面积受到限制，一般都是以实为主。近代框架结构打破了这种限制，为自由灵活地处理虚实关系创造了十分有利的条件。特别是玻璃在建筑中大量地应用，可把高达几十层的"玻璃盒子"支撑于半空之中。

赖特曾说："建筑要是没有窗户的问题那该多好、多省事。"如何组织门窗并使之变化有序便成了建筑立面设计的关键点。门窗排列大致有以下几种方式：

（1）网格式排列。网格式门窗排列是建筑立面设计中最常见、最简单的一种方法。有许多建筑，单元空间的开间和层高尺寸相对统一，由此而形成的结构网格整齐划一，门窗可以按照逻辑而清晰的结构网格均匀排列。这种门窗排列

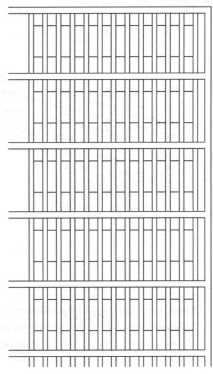

图6-36　网格式排列门窗

方式很容易使建筑立面显得单调和呆板，但如果处理得当，例如把窗和墙面上的其他要素(墙垛、竖向的棱线、槛墙、窗台线等)有机地结合在一起，并交织成各种形式的图案，同样也可以获得良好的效果，形成优美的韵律感，同时可取得简明、庄重、大气等良好的视觉效果（图6-36）。

（2）片组式排列。片组式门窗排列即有意识地将分散状态的门窗组合成集中状态的门窗。建筑门窗呈一组或多组状态、有规律地大小变化或重复出现，同样可以使建筑立面具有一种特殊的韵味。同时通过一些细节处理手法体现虚实变化的韵律感。例如有的建筑由于强调竖向感，而尽量缩小立柱的间距，并使之贯穿上下，与此同时又使窗户和槛墙尽量地凹入立柱的内侧，从而借凸出的立柱以加强竖向感（图6-37）。和这种情况截然不同的是强调横向感。特点是尽量使窗洞连成带状，并最大限度地缩小立柱的截面，或者借助于横向连通的遮阳板或槛墙与水平的带形窗进行对比(虚实之间)，从而加强其横向感（图6-38）。采用竖向分割的方法常因挺拔、俊秀而使人感到兴奋；采用横向分割的方法则可以使人感到亲切、安定、宁静。如果把上述两种处理手法综合地加以运用，则会出现一种交错的韵律感。例如图6-39外立面采用横向水平为主的体块处理，同时在底层设置了竖向的列柱，取得了方向上的对比和变化，从而获得舒展、大气而又稳重的效果。

（3）散点式排列。散点式门窗排列即有意识地将集中的门窗组合成相对分散的门窗。这种门窗排列方式很容易生动和活跃建筑立面，但排列不当也容易零乱和破坏建筑立面。排列门窗时，可将门窗视为一种建筑立面构图的"符号"和"图案"，应当控制门窗与建筑立面边角的对位关系以及门窗之间边角的对位关系。勒·柯布西耶设计的朗香教堂，其门窗排采用散点式布局，但门窗之间仍然具有一定的边角对位关系（图6-40）。

总而言之，立面虚实处理最关键的问题就是要把墙、垛、柱、窗洞、槛墙等各种虚实要素组织在一起，而

图6-37　日本九州大学会堂——立面竖向感

图6-38　卡塔尔多哈旅馆——竖向交错

图6-39　某公司办公大楼——横向与竖向交错

图6-40　朗香教堂的开窗

图6-41　康乃尔大学约翰逊艺术博物馆

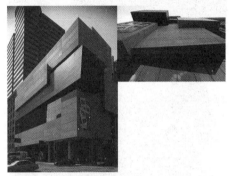

图6-42　辛辛那提当代艺术中心

使之有条理、有秩序、有变化，特别是具有各种形式的韵律感，从而形成一个统一和谐的整体。然而，有时为了求得对比，应避免虚实双方处于势均力敌的状态。为此必须充分利用功能特点把虚的部分和实的部分都相对地集中在一起，而使某些部分以虚为主，虚中有实；另外一些部分以实为主，实中有虚，这样，不仅就某个局部来讲虚实对比十分强烈，而且就整体来讲也可以构成良好的虚实对比关系。

3．凹凸关系

我们称建筑中实或凸的部分为"正形"，虚或凹的部分为"负形"。"正形"与"负形"并没有轻重、主次关系；正是因为"正形"与"负形"的客观存在，才使我们可以识别两者的特征，区分空间与形体、建筑与环境之间的关系。

就建筑立面而言，凹凸是建筑立面某些部位的退进（包括切除、镂空等）或拉出变化。建筑凹凸可以丰富建筑立面的层次感，增强建筑形体的体积感，产生建筑形态的光影变化感。大尺度凹凸必须结合建筑使用功能、结构形式、材料构造等因素考虑（图6-41，图6-42）。

①立面重点。人们经常把建筑拟人化。

"屋顶"是人的头、"檐口"是人的眉眼，"门窗"是人的鼻子和嘴巴……建筑屋顶与檐口、门廊与雨篷、门与窗、阳台与楼梯等部位，经常是人体视线活动的重点，因而也是构成建筑立面设计的重点。建筑立面重点具有"画龙点睛"的作用，如阳台是住宅的标记。重点部位的设计及处理，应当结合功能与形式考虑，综合平衡局部与整体、色彩与材料、比例与尺度等关系，力求在变化中有统一，在统一中有变化。

例如建筑出入口给人第一印象，是建筑立面的一个重点部分。建筑的入口具有"非内非外"、"亦内亦外"的空间性质，正是由于其中介空间的特质，使得"外空间—入口—内空间"三者渐进的层次得以顺理成章，使得自然

环境、城市环境与建筑空间得以交融渗透。以环境建筑——别墅为例，入口

图6-43 玛丽亚别墅入口

对于一个家庭私有空间和外部空间的融合具有重要作用，作为这样一个"灰空间"，在设计手法上通常会采用立面凹凸的形式，形成不同领域之间的过渡空间，完成室内外的渗透与延伸。通常采用的具体手法是设置门廊、抬高门厅地坪标高、增设踏步、加大门扇尺度、设置橱窗或玻璃等。例如阿尔瓦·阿尔托在设计玛丽亚别墅的主入口时，在形式上采用了自由曲面的雨篷以立柱形式凸出于立面，门厅与室外的高差既产生了节奏，也使空间关系被处理得自由活泼，丰富了建筑立面（图6-43）。

②立面转角。建筑转角是建筑界面的交接点或交接线。作为建筑造型元素之一，建筑转角可以增强人们对建筑形体的感受。直角设计是建筑师常用的一种手法，所形成的建筑界面关系明确、肯定。为获得建筑形象的独特性、阐明建筑意义的重要性，建筑师还会采取强化、软化、弱化等方法，加强建筑转角设计（图6-44）。

强化转角通过外凸、重复、对比转角等手法实现。锐角处理突出建筑界面之间的冲突感，给人以气势逼人而又富有张力的视觉形

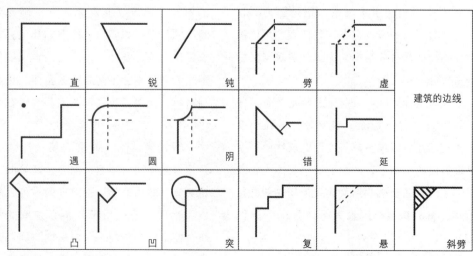

图6-44 立面转角处理方式

图6-45 软化转角处理

图6-46 菲利普·埃克塞塔学院图书馆　图6-47 琦玉现代美术馆

象，因而很容易吸引人的注意力。锐角很容易形成"死角空间"，如何利用"死角空间"是必须思考的问题，贝聿铭先生设计的美国国家美术东馆，其锐角适合于大规模的博览建筑，其"死角空间"的浪费似乎可以忽略不计。

软化转角即对转角进行圆滑、延伸、斜劈等处理。为改变直角生硬形象、柔和建筑界面轮廓，建筑师通常以弧形转角实现相邻界面的自然过渡，以柔和光影淡化界面之间的视觉反差。圆弧半径尺寸影响转角视觉效果，半径越大，转角弱化效果越好。当平面成为圆形或椭圆形时便消除了转角（图6-45）。

弱化转角通过切除、内凹、撕裂转角等手法实现。此方法实际上就是局部切除建筑形体的某一边

角，以增加建筑转折部分的层次。作为一种弱化转角设计，简单、自然、不刻意处理更能显现建筑形体的落落大方（图6-46，图6-47）。

此外，对于建筑立面来说，如果把虚实与凹凸等双重关系结合在一起考虑，并巧妙地交织成图案，那么不仅可借虚实的对比而获得效果，而且还可借凹凸的对比来丰富建筑体形的变化，从而增强建筑物的体积感。此外，凡是向外凸起或向内凹入的部分，在阳光的照射下，都必然会产生光和影的变化，如果凹凸处理适当，这种光影变化，可以构成美妙的图案。例如杨经文设计马来西亚IBM办公大楼（Menara mesiniaga），圆形的建筑外立面虚实结合、凹凸交错，其对比是异常强烈的，成为充满雕塑感的标志性建筑（图6-48）。

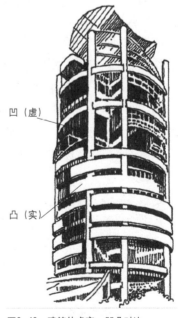

凹（虚）

凸（实）

图6-48 建筑的虚实、凹凸对比

三、色彩和质感的处理

在视觉艺术中，直接影响效果的因素从大的方面讲无非有三个方面，即形、色、质。在建筑设计中，形所联系的是空间与体量的配置，而色与质仅涉及表面的处理，现代建筑中通常将其称为"表皮"。设计者往往把主要精力集中于形的推敲研究，而只是在形已大体确定之后，才匆忙地决定色与质的处理，因而有许多建筑都是由于对这个问题的重视不够，致使效果受到不同程度的影响。

1．色彩

（1）色彩的作用

色彩在建筑中具有区分、强调、调节等作用。

色彩可以区分建筑空间、形体及构件等。如巴黎蓬皮杜艺术与文化中心即将不同的管道系统涂以不同颜色，交通系统用红色，供水系统用绿色，空调系统用蓝色。色彩越鲜明其区分效果越强。这充分说明"图底"关系的重要性（图6-49）。

色彩可以强调建筑的某些特殊部位及某种特殊情态，如美国肯尼迪图书馆以大面积的黑白对比渲染肯尼迪的死亡悲剧，以大体积的玻璃幕墙给人水晶体般的纯净感受。需要注意的是，所强调的特殊部位其色彩应该是小面积的，同时还要与非特殊部位形成色彩对比（图6-50）。

色彩具有调节作用。色彩与人的视觉及心理、社会文化等相联系，引发某种情感沟通。大体量或立面层次少的建筑可以利用色彩化整为零，"打碎"尺度，"拉出"或"推进"立面层次。当然，形体较简单的建筑，往往会采用引人注目的色彩进行构成，以增加其整体表现力。

图6-49
巴黎蓬皮杜艺术与文化中心不同颜色的管道

图6-50　肯尼迪图书馆的黑白对比

（2）色彩的选择及设计原则

建筑色彩选择及设计应当结合地域文化、协调环境、和谐统一考虑。不同国家或地区的总体色彩存在着差异，导致这种色彩差异存在的因素很多，与地理、气候、文化及经济等因素有关。一般阳光充足的地区会以白色或其他浅色为基调色，而降雨较多的地区则会以绿色、红色等为基调色。简单地想象一个国家或一个地区，就会联想到某种色彩。国家或地区的总体色彩由设计师所决定，设计师应结合地域文化特点，规划城市的色彩、设计建筑的色彩。如墨西哥建筑师路易斯·巴拉干喜欢采用带有墨西哥气息的红、黄、蓝等色彩（图6-51）。

当建筑处于某种自然环境及人工环境中时，建筑师对色彩的考虑基本上有

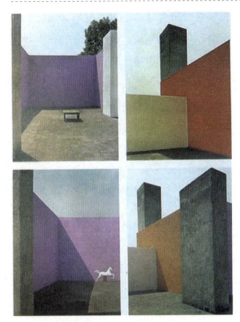

图6-51 浓烈的墨西哥色彩

两个出发点：一是强调和谐，即采用与周围环境相同或相似的色彩，使建筑在视觉上与环境更好地融合；二是强调对比，即采用与周边环境相差较大甚至对比的色彩。突出建筑与周围环境的"图底关系"。需要强调的是，在城市环境中，人们接受的视觉信息非常大，为了减轻视觉疲劳与压力，建筑与环境的色彩协调关系显得尤为重要。

　　建筑师对建筑色彩的处理，有强调和谐、强调对立两种倾向。西方古典建筑，由于采用砖石结构，色彩较朴素淡雅，所强调的是调和；我国古典建筑，由于采用木构架和玻璃屋顶，色彩富丽堂皇，所强调的则是对比，对比可以使人感到兴奋，但过分的对比也会使人感到刺激。人们一般习惯于色彩的调和，但过分的调和则会使人感到单调乏味。在现代建筑设计中，应该根据建筑功能性质和性格特征分别选择不同的色调，

以对比求统一，通过色彩交织、穿插等产生调和及呼应。如商业建筑、娱乐建筑等，可以采用较活泼、热烈的色彩；而办公建筑等适宜采用相对平和、稳重的色彩等。不过，随着建筑设计的多元化，色彩运用也将越来越灵活。但有一点是肯定的，那就是更加重视使用者的心理和生理需求。

　　此外，建筑色彩的处理还受设计师主体的思想和喜好影响。现代主义大师中有以色彩作为作品特色的大师，例如"白色派"的代表人理查德·迈耶，他的作品几乎都是白色的，善于利用白色表达建筑本身与周围环境的和谐关系。他说："白色是一种极好的色彩，能将建筑和当地的环境很好地分隔开。像瓷器有完美的界面一样，白色也能使建筑在灰暗的天空中显示出其独特的风格特征。雪白是我作品中的一个最大的特征，用它可以阐明建筑学理念并强调视觉影像的功能。白色也是在光与影、空旷与实体展示中最好的鉴赏，因此从传统意义上说，白色是纯洁、透明和完美的象征。"因此他将全部建筑外墙面处理为白色，在不同季节不同时间的光影作用下，产生出不同的色彩效果，又使所有材质的差异得到充分的体现，从而形成更多的空间想象和追求（图6-52，6-53）。

图6-52 千禧教堂

图6-53　亚特兰大高级美术馆

2．质感

色彩处理和建筑材料的关系十分密切。材料的表情通过材质、肌理、色彩等视觉特性得以表现。材质是材料形状、光泽度、透明度等给人的感官印象，表现为自然质感或人工质感。肌理即材料机体形态和表面纹理，有自然肌理和人工肌理之分，如材料通过自然生成，或者经过印染、喷绘、扎压、镀刻、腐蚀、切割、镶嵌、拼接等技术处理所形成的结构纹理、凹凸图案等。不同材料还能给人不同的色彩感、温度感、胀缩感、软硬感等视觉与心理感受，如砖、石、木材等经常给人以朴素感、厚实感、亲切感等，玻璃、金属等材料经常给人以精细感、坚硬感、冰冷感等。

我国古典建筑以色彩瑰丽见称，当然离不开琉璃和油漆彩画的运用。新中国成立后新建的大型公共建筑，除琉璃外还运用了各种带有色彩的饰面材料如面砖、大理石、水磨石等新的建筑材料。但总的来讲我国当前的建筑材料工业还是比较落后的，还不能提供质优而色泽多样的建筑及装修材料。这在某种程度上确实影响到建筑的色彩、质感效果。不过我们也不应当以此为借口而放松对色彩的研究。事实证明：即使是一般的建筑材料，如果精心地加以推敲研究，也还是可以取得令人满意的色彩、质感效果的。

近代建筑巨匠赖特可以说是运用各种材料质感对比而获得杰出成就的高手。他熟知各种材料的性能，善于按照各自的特性把它们组合成为一个整体并合理地赋予形式。在他设计的许多建筑中，既善于利用粗糙的石块、花岗石、未经刨光的木材等天然材料来取得质感对比的效果，同时又善于利用混凝土、玻璃、钢等新型的建筑材料来加强和丰富建筑的表现力。他所设计的"流水别墅"和"西塔里森"都是运用材料质感对比而取得成就的范例（图6-54）。

天然石材

光滑的抹面

赖特所设计的流水别墅，为了使建筑质感变化效果更加丰富，故利用天然石料所具有的极其粗糙的质感与光滑的抹面形成了强烈的对比。

图6-54　流水别墅的表面材质

质感处理，一方面可以利用材料本身所固有的特点来谋求效果，另外，也可以用人工的方法来"创造"某种特殊的质感效果。例如美国建筑师鲁道夫(Paul Rudolf)非常喜欢使用一

图6-55　耶鲁大学建筑管"灯芯绒"表皮

种带有竖棱的所谓"灯芯绒"式的混凝土墙面来装饰建筑，这就是用人工的方法所创造出来的质感效果（图6-55）。

色彩和质感都是材料表面的某种属性，在很多情况下很难把它们分开来讨论。但就性质来讲色彩和质感却完全是两回事。色彩的对比和变化主要体现在色相之间、明度之间以及纯度之间的差异性；而质感的对比和变化则主要体现在粗细之间、坚柔之间以及纹理之间的差异性。因此，在建筑处理中，两者都是不容忽视的。

四、细部装饰处理

在不同的历史时期，通过反复争论，装饰在建筑中的地位和作用可谓是众说纷纭。即使是处于同一时代的人，对装饰的看法也大相径庭。拉斯金（Ruskin John）曾明确指出"建筑与构筑物之间的主要区别因素就是装饰"，而随后的卢斯（Adolf Loos）则认为"装饰即罪恶"，而且现代建筑更是主张废弃表面外加的装饰。当今，随着社会生活的高度发展，生活节奏的加快，紧张的环境里的人们越来越需要给自己生存的物质空间环境赋予感性意义——

要求一个有人情味、能抚慰人心的心理环境，达到打发情感、调节心理及消除工作疲劳的目的，因此，人们开始追求建筑艺术环境。

从发展的总趋势看，建筑艺术的表现力主要应当通过空间、体形的巧妙组合；整体与局部之间良好的比例关系；色彩与质感的妥善处理等来获得，而不应依赖于烦琐的、矫揉造作的装饰，但也不能完全否定用装饰来加强其表现力。不过装饰的运用只限于重点的地方，并且力求和建筑物的功能与结构有巧妙的结合。建筑装饰语言的应用作为一种合理的手法在经过现代建筑的"净化"之后再次被利用。

人对环境的体验不是局限于整体中某个孤立的部分，整体的知觉限于局部而又决定局部的性质，建筑装饰设计应依附于建筑的整体设计。任何游离于整体的装饰，即使本身很精致，也不会产生积极的效果。在考虑装饰问题时一定要从全局出发，而使装饰隶属于整体，并成为整体的一个有机组成部分。为了求得整体的和谐统一，建筑师必须认真地安排好在什么部位作装饰处理，并合理地确定装饰的形式（如雕刻、绘画、纹样、线条……），纹样、花饰的构图，隆起、粗细的程度，色彩、质感的选择等一系列问题。

从建筑装饰的内在意义和外在形式来看，建筑装饰大致可分为两大类别：一是表达性建筑装饰，如壁画、雕塑等（图6-56）；二是修饰性建筑装饰，如材料之间的交接处理、界面本身之间的表面性处理、与建筑结构的结合等（图

6-57）。前者注重建筑空间或界面特殊意义的表达，后者注重从建筑自身出发，对结构、构造等影响视觉的外在因素的处理，又往往被称为建筑装修。从建筑装饰的存在形态来分，可分为平面装饰和立体装饰。

分界线和由过渡色块所组成的线型，甚至是根本不存在的视觉效果以及断续模糊的虚线，如何划分及组织这些线条，对立面的效果影响很大。因此造型艺术都非常重视线条的概括力和表现力，它是造型艺术的重要语言。

线条有各自不同的特点：垂直线条以促使视线上下移动，造成耸立、高大、向上的印象。水平线条可以导致视线上下移动。产生开阔、伸延、舒展的效果；斜线条会使人感到从一端向另一端扩展或收缩，产生变化不定的感

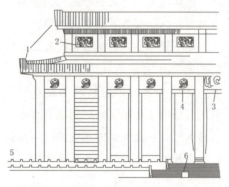

图6-56 建筑装饰壁画、雕塑

图6-58 直线装饰线条

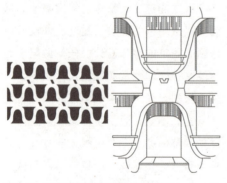

图6-57 与结构结合的修建性建筑装饰

1．平面装饰

（1）线条

线条是客观事物存在的一种外在形式，它制约着物体的表面形状，每一个存在的物体都有自己的外沿轮廓形状，都呈现出一定线条组合；其次，由于材料的拼接，都会在表面上形成一些缝隙，构成线条；此外，线条并不都是客观存在的实体，比如不同影调之间的

图6-59 曲线装饰线条

觉，富于动感；曲线条使视线时时改变方向，引导视线向重心发展；圆形线条可以造成人们的视线随之旋转，有更强烈的动感。正因为它们有这些不同特点，在长期的实践中，线条便被人们赋予了抒情的作用，如用垂直线表现崇高、庄严、向上。水平线表现平稳、开阔、平静，斜线富有动感，曲线表现优美，圆形线条流动活泼等（图6-58，图6-59）。

（2）纹样与图案

无论是哪种装饰都会运用到纹样和图案。装饰纹样图案的题材，可以结合建筑物的功能性质及性格特征而使之具有某种象征意义。例如中国古代建筑中就广泛地运用了纹样装饰，在古建筑上经常出现的装饰纹样有龙、虎、凤、龟四神兽和狮子、麒麟、鹿、鹤、鸳鸯等动物。龙在古代属于神兽，代表皇帝，是帝王的象征；狮子本性凶猛，为兽中之王，成了威武力量的象征。植物中的松、柏、桃、竹、梅、菊、兰、荷等花草树木也是古建筑中常见的装饰素材，象征吉祥、富贵等（图6-60）。

图6-60　中国传统装饰纹样

和建筑创作一样，装饰纹样的图案设计，也存在着继承与创新的问题，传统建筑在装饰纹样方面给我们留下了极其宝贵、丰富的遗产。如果原封不动地搬用这些传统装饰图案，必然会与新的建筑风格格格不入。为此，在现代建筑立面装饰中必须在原有基础上推陈出新，大胆地创造出既能反映时代，又能和新的建筑风格协调一致的新的装饰形式和风格（图6-61）。

图6-61　上海世博会波兰馆

此外，装饰纹样和图案通常需要介质来表达，例如壁画等形式。因此装饰纹样的疏密、粗细程度的处理，必须具有合适的尺度感。过于粗壮或过于纤细都会因为失去正常尺度感而有损于整体的统一。尺度处理还因材料不同而异。相同的纹样，如果是木雕应当处理得纤细一点；如果是石雕则应当处理得粗壮一些。再一点，就是要考虑到近看或远看的效果。从近处看的装饰应当处理得精细一些；从远处看的装饰则应当处理得粗壮一些。例如栏杆，由于近在咫尺，必须精雕细刻；而高高在上的檐口，则应适当地粗壮一些。

2．立体装饰

建筑与雕塑历来关系密切，在环境中两者都是"硬件"。前者注重实用功能，后者讲求精神效应，就整体环境来讲，它们相互依存、和谐统一。

　　建筑与雕塑大体上有点缀、空间媒介、建筑构件本身的三种关系。运用于建筑的雕塑能加强建筑空间感、美化建筑整体和突出建筑主题，所以建筑雕塑具有纪念性、装饰性、主题性等多种功能（图6-62）。建筑装饰雕塑是建筑艺术表现的一种辅助手段，无论雕塑的内容、材料及其大小如何，只要是参与建筑形式构图的装饰性三维构成都可称为建筑装饰雕塑。除了主要的装饰性用途外，它还可以创造空间的层次变化、强调造型、主题或暗示建筑的使用性质。例如德国MyZeil复合式购物商城的立面处理，形成独特的装饰，好像一个凹进去的"眼睛"雕塑（图6-63）。又如扎哈·哈迪德设计的Broad艺术博物馆。整个建筑都采用褶皱外形，更像一个大型的金属雕塑（图6-64）。

　　综上，建筑装饰的形式多种多样，除了线条、壁画、纹样、雕塑外，其他如线花格墙、漏窗等装饰设施都具有装饰的性质和作用，对于这些细部都必须认真地对待并给予恰当的处理。

五、立面设计的创新途径

　　在信息化的今天，随着经济与科技的发展，人们的审美取向也发生了巨大变化，不再受制于传统美学的束缚，并力图摆脱总体性、线性和传统的思维惯性，使美学思想由客观标准走向主观倾向。美学范畴由一元转向多元，人们的审美意识也由此更富有时代性。而设计者也不再将"形式追随功能"奉为信条，不再沉溺于推敲体量的主从关系、立面的虚实凹凸对比及所产生的光影效果等，而是尽情张扬建筑创作的个性，追求建筑形象深奥的美。由此

图6-62　赫尔辛基火车站

图6-63　"时尚之眼"

图6-64　Broad艺术博物馆

图6-65　法国阿拉伯世界研究院

给立面带来新的形象、新的意义。诸如通过立面的透明性，模糊了建筑内外概念，并在光的映衬下，形成独特的视觉效果；通过立面的匀质化表露，消解了建筑整体与部分的主从关系，使立面给人以强烈的视觉冲击；通过立面的精致性细部处理，表现了传统技术所没有的高水平工艺；通过立面结合展示、动画、印刷等信息传播技术，使其突破了传统立面的概念，成为信息传播的媒介，体现未来感；通过立面的生态化处理，而散发出生命的气息，使传统立面不再生硬冷酷，等等。由此可见，当代的立面创新设计真可谓五光十色、形式各异。但是，立面创新设计并不等于设计者可以天马行空、为所欲为，它需要设计者具有更扎实的设计基本功底、更科学的设计理念和更有效的解决设计实际问题的技术手段。

（1）创新的立面设计要运用现代的科技手段

随着现代科学的发展，技术的手段愈加先进，立面的材料变得愈为多样。但能源的日益短缺、环境污染的加重以及建筑材料毕竟是有限的自然资源这一基本事实，使得为人类创造舒适内部环境并欲实现环境友好的立面担负着越来越复杂和苛刻的功能。这就导致立面设计方法从二维单层表皮的艺术性推敲向三维多层表皮进行整合设计的重点转移。

现代的立面设计在注重多元化美学原则的前提下，更应关注多层表皮的材料在技术、经济、美学等方面产生的影响。因此，现代的立面创新设计仅有艺术的手段已经远远不够了，而应更多地运用现代技术手段解决人类面临的可持续发展问题。甚至运用智能化手段让表皮从静止的系统变为能够自我调节、自动运行的可变表皮。

例如让·努维尔（Jean Nouvel）在1987年设计的法国巴黎阿拉伯世界研究院（Institute of the Arab World, Paris），将传统的穆斯林图案与现代的材料、技术融合为一体，建筑表面由27000个铝制的仿相机光圈形式构成的控光"快门"置于双层玻璃中，通过光电单元与计算机相连，以气控方式调节阳光透过表皮的量，一方面注释了阿拉伯传统文化，另一方面以体现智能技术（图6-65）。

还有许多新型材料的出现与生态技术的结合，创造出独特立面表皮。例如由Cloud9建筑公司设计的Media-ICT办公楼，采用了一种可以通过膨胀或收缩来调节室温的氟塑膜ETFE新型材料。整个大楼通过光伏建筑屋顶、新型材料、雨水自动回收系统和区域性供冷系统几乎实现了零排放，降低了95%的碳排放量（图6-66）。

图6-66 巴塞罗那Media-ICT办公楼

（2）创新的立面设计离不开系统思维方法

立面这张"表皮"仍然是建筑设计众多要素之一，它离不开整体。尽管当今在强大的技术支持下，立面形式可以从以前的材料约束中解放出来，不再因空间、结构长期占据着现代建筑设计要素的地位而扮演次要角色，立面这张"表皮"被设计者越来越看得重要。为了吸引人的眼球，设计者正不断地创造着一些与众不同的诱人设计。但深究其设计思维，设计者在强调突出立面这张表皮的同时，仍然离不开对环境、功能、空间、材料、光线等建筑基本要素的深入思考和表达，并没有简简单单地把立面看成仅仅是一张不受约束的表皮。

综上所述，完善立面设计并非做表面文章，它要综合艺术与技术的手段，不仅与建筑设计的所有要素整合为有机整体，而且要与环境条件密切关联。立面设计手法形式多样，针对不同的项目、不同的设计条件，设计者应加以选择。

第四节　完善建筑外环境设计

在前述完善建筑单体的平、立、剖面设计之后，我们即开始转向对外部环境的完善设计。虽然在方案构思阶段时，我们已预先从总体的图底关系分析中初步把握了室外场地的位置、范围，但其设计内容还是一片空白，需要在完善外环境设计时加以充实。其包括将入口广场、活动场地、绿化用地、道路系统、防卫安全、环境小品等各室外构成要素，通过有组织的合理布局构成一个彼此完美结合的有机整体。作为方案设计的最后环节，完善外环境设计对于体现设计者的立意与构思，以及完善室外场地使用功能要求环境气氛都将起到十分重要的作用。

一、总平面设计

整个外环境的平面设计是整个设计过程的基本环节，即通常所说的总平面设计，很大程度决定了最终建成环境的功能与景观质量的优劣。在平面设计中，我们将从功能分区和平面形态两方面考虑。针对建筑的具体环境设计做出合理的功能分析和平面布局基本关系，是环境设计的基础，这源于功能对建筑外部环境诸要素的制约和影响。总平面功能分区的具体要求有：

把方案起步时已确定的场地主次出入口和建筑方案设计所确定的建筑单体各出入口作为条件，按人的活动规律、场地内各功能的具体要求，分别将入口广场置于场地主入口与建筑物主入口之间。

将停车区毗邻于场地车道入口与入口广场附近的区域；将活动场地布置在日照、通风最佳的地段。

将绿地、景观区域配置在人易于接触或观赏的最佳部位。

将后勤内院设在场地次要入口附近等达到动与静、公共与私密、开敞与封闭的场地分区效果。

这些功能内容只要分区合理，并保持区域间的联系，就能有效组织各类活动，并与建筑物构成内外和谐的有机整体，保证人流动线的通畅与便利。

二、推敲室外空间形态

1. 平面形态考虑

任何的平面图形都是点、线、面关系网络化的结果。在建筑外环境中，点可以理解为节点，是一种具有中心感的缩小的面，通常起到线之间或者面之间连接体的作用。平面形态的构成元素主要分成硬质和软质两大类，硬质元素主要有道路、广场等人工元素，软质元素主要有绿化、水体等自然元素。

（1）平面图形中的点、线、面

在各类外环境的平面图中，担当线、面和节点的环境要素有一定的区别。就环境建筑形成的外环境来说，其图面中的线一般为道路所形成。面是包含建筑的一系列地块，而各类广场、重要构筑物是其中的节点，例如屈米设计的拉·维莱特公园就是由点、线、面三层结构构成的标志性作品之一（图6-67，图6-68）。

（2）图形的边线控制

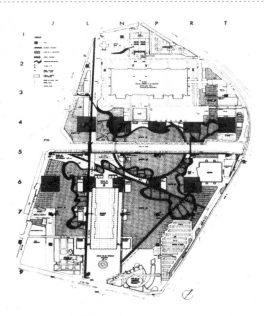

图6-67　拉·维莱特公园平面图

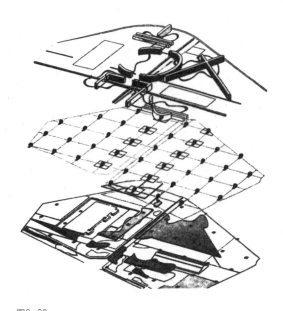

图6-68
由点、线、面三层结构构成的平面布局的景观要素分析图

环境平面图形的边线可以由城市干道、河岸、围墙、铁路路堑所构成。建在地势平坦，不受树木、山坡、河道等自然因素影响基地上的外环境，易于具有直线或规则曲线形的边线，从而构成明快、秩序感强的总体图形。而

相反，受自然因素影响较大的地区应采取自然的边线以适应周边条件。

（3）几何形态的节点设计

无论是区域环境中的公共广场，组团建筑中的小绿地、水面、广场，还是单体建筑外环境中的入口广场之类的节点空间，运用几何形态会使整个环境的平面图形显得更趋完美。这是因为正方形、圆形、三角形、椭圆形等这些几何形态具有抽象的规律性，是统一和秩序的象征，易于将周围的平面图形凝聚在一起成为一个有中心感的整体（表6-1，图6-69，图6-70）。

图6-69　圆形平面节点

（4）面的连接与组织

无论是大尺度的区域之间还是小尺度的场地之间，在平面图中都是解决面的连接问题。在建筑外环境中的平面设计中，面可以通过一个节点相连接，也可以分别地连接在线型的道路两边，更多的是面与面的连接。

图6-70　三角形平面节点

平面形状	形状的意义
方形	具有严谨、平稳的构图，易形成一定的几何关系，满足不同形式和功能的需要
圆形	特点为向中心凝聚和向周边发散，围合感强
三角形	具有刺激、紧张、不稳定、有趣的特点，但不易生成其他形状
复合形	在某个单一的方形、三角形或圆形中加入其他形状，空间情绪多义、含混
不规则形	方形、三角形和圆形的综合，空间情绪多变、不定、轻松活泼

表6-1　不同几何形状的意义

之前提过，建筑内两个面之间的连接一般有分离、紧邻、相交、包含四种基本关系。外环境平面中的面之间的关系也是如此，连接时需关注各自边界的连续性和规整性。

（5）平面形态的统一

统一是形式美的重要规律之一。在

建筑外环境的创作设计中，图形的统一是平面设计的重要原则。尤其是在小尺寸的外环境设计实践中，平面构图的统一是最终形成形态统一环境的重要前提。对于构成平面形态的点、线、面而言，和谐的关系首先表现在个体形态的规律上，还体现在个体形态组织的规律性上。总之，整体构图的完整性、个体形态的关联性、形态组织的规律性是实现平面形态统一的基本原则，也是实现环境美的首要条件。

2. 立体形态考虑

空间的立体形态主要体现在空间的剖面形式上，对于建筑环境来说包括地面的起伏变化以及垂直的限定要素带来的剖面上的变化。此外还要考虑人的观赏对环境立体形态的需求。

（1）地形变化

地面的高低起伏所带来的剖面上的变化，表现为三种形式：平坦地形、凸起地形和凹形地形（图6-71）。

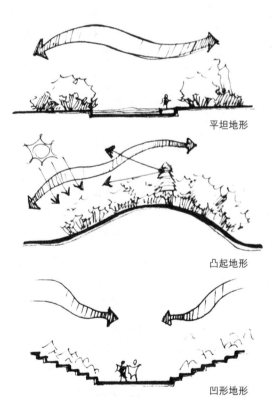

平坦地形

凸起地形

凹形地形

图6-71　空间立体形态的类型

平坦地形：坡度起伏很缓，缺乏私密性和安定的围合感，具有强烈的视觉连续性和统一感。因其具有宁静、悦目的特点，常常设置草坪、平静的水面等，同时，平坦的地形还具有

多方向性，布置在其上的各设计要素，往往具有很强的延伸性和多向性。通常需要在平坦地形中设置体量较大、颜色鲜艳的物体作为趣味中心，形成视觉焦点，也可依靠各种垂直要素进行空间的划分，形成不同层次的空间。

凸起地形：如山丘、缓坡等，相对于平坦地形更具动感和变化，在一定区域内可形成视觉中心。地形高起的地方，往往具有良好的视野，因此常设置构筑物等，以便人们远眺观景或种植植物等，突出其视觉焦点的地位。另外凸起地形对室外环境的微气候具有一定的调节作用，如东南朝向的坡向，冬季能获得直接的光照，且避开了寒冷的西北风，是宜人的活动场所，反之，北向斜坡不宜大面积开发。

凹形地形：与凸起地形相反，两个凸起地形相连接可形成凹形地形，或是将平坦地形局部下沉形成凹形地形。这种地形具有内向性和围合感，形成一个相对不受干扰的空间，给人以稳定和安全感。另外，周围的斜坡一定程度上抵挡了外界的风，在冬季，阳光直射到斜坡使地形内温度升高，形成了适宜活动的小环境。

（2）垂直限定要素

建筑外部环境中垂直要素很多，可以分为线、面两种形式。线要素有人工构筑的如柱子、塔、公共设施等，自然的如一棵棵的树木，线要素往往会成为外部环境中的视觉中心，如纪念性的雕塑；连续排列的线要素可以成为划分空间的无形界面。面要素主要有建筑的外立面、围墙、密植的植物等。面要素常成为空间景物的背景和轮廓，有时也是观赏面。这些垂直要素产生不同的空间效应，主要体现在空间与封闭程度上，从而改变空间的立体形态。

①通透性

垂直要素的通透性会影响人视线的连续性，从而影响人们对空间开敞或封闭的感知，一般来说，垂直要素分为硬质和柔性两大类。硬质垂直要素是指密实的、能明确界定空间的一类要素，如建筑立面、矮墙等，柔性垂直要素是指对空间有围合但不限定或限定不明确的一类要素，它们只起到空间划分的暗示作用，有待人的心理感知而获得空间感，如柱廊、树丛、绿篱等。硬质要素的通透性要弱于柔性的要素，因而其对空间的限定也就越强。墙壁的封闭程度最高，可以完全阻挡人的视线，种植紧密的树丛，虽然几乎完全阻隔了视线，但因其给人的心理感觉却是轻盈通透的，空间的封闭感下降。一些公共设施以及稀疏的绿化等，保持了视线的通透性，使空间隔而不断。

②高度与间距

垂直要素的高度和间距也会直接影响空间的通透性和封闭程度。垂直要素随着高度的增加，其通透性就会下降，封闭感会越来越强（图6-72）。比人高的垂直要素中断了地面的连续性成为完全的隔断；较低的垂直要素主要起到划分空间的作用。除了高度之外，垂直界面的间距也对封闭感产生作用。例如两高墙之间的空间给人的感受就与两面墙之间的间距和墙的高度有关。间距越大，空间的封闭感越弱（图6-73）。

③组合方式

垂直要素的组合方式不一样，也会产生不同的封闭效果。如图6-74a在四个脚上立有圆柱，由于柱子没有方向性，而具有扩散性，因此只限定了一个空间，但其侧面几乎没有遮挡，所以没有封闭的感觉。四面皆有垂直界面，形成较强的封闭性，可是四角上的空间欠缺又不严谨；在四个角上有转折，产生了界面的连接，空间的整体的封闭性强烈很多。另外，如图6-74b四个面围合的空间封闭感最强，三个面围合的U形组合次之，两个面围合的组合较弱，同时两个面的平行组合形成的封闭感也最弱。在实际设计中，垂直要素的组合更为丰富多样，各种形式的组合形成各种形态的空间。

(3) 视景与空间组织

①环境景观序列和空间的处理

环境景观的展开与前文建筑空间的展开一样需要有一个秩序，也有一个起承转合的动态过程，这样才会引人入胜。常见的序列：序景—起景—发展—转折—高潮—结景，有时也有变化。

一般来讲，将主要的环境景观安排在转折、高潮等阶段，次要的环境景观安排在起景或结景阶段。序列组织最关

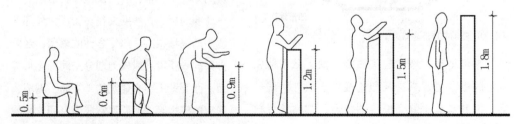

图6-72　垂直要素高度与空间效应示意图

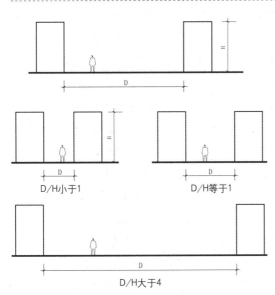

图6-73 垂直要素距离与空间效应示意图

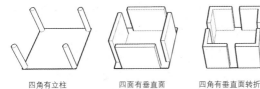

四角有立柱　　　　四面有垂直面　　　　四角有垂直面转折

图6-74a 垂直要素的组合方式与空间效应示意图a

四个面围合　　　　两个面围合　　　　两个面平行组合

图6-74b 垂直要素的组合方式与空间效应示意图b

键的问题在于空间的处理。序列中不同节点对应的各个环境景观一般也具有不同的空间形态。空间的组织也符合序列的展开，根据功能的需要，结合地形、人流活动特点来安排，巧妙运用空间上的各种处理手法，诸如空间的开场和封闭、大与小、疏与密、简与繁、聚与散之间的关系，有效地烘托和强化景观序列，使之具有抑扬顿挫的节奏感。此外，还须借助空间的引导和暗示帮助使用者循着特定的顺序，经历完整序列。

②动线和视线的组织

动线和视线的组织，很大程度上与景观序列以及空间的处理紧密相关。动线的组织，跟人流线路有关，与环境中道路的设置密切相关，或迂回或便捷。对于环境建筑来说，周围环境规模一般不大，可采用单一的环状动线组织，有时会加以若干捷径。如果是大规模的建筑外部环境，可提供一条主要动线和几条辅助线路供人选择。

视线的安排，决定了人们对景观序列以及空间形态的感知，结合动线给人们动态连续的视景和空间体验。通常

图6-75 移步换景

会开辟有直接的视景通道，给人良好的观赏视角和视域。开门见山，直奔主题。也可以通过对景、框景、借景、障景等一系列视景处理手法，获得欲扬先抑的空间效果。英国的戈登·卡伦（GordonCullen）在其著作《城市景观》一书中提出连续视景的分析方法，可以很好地分析动线和视景的组织。不同的节点上看到不同的景象，随着脚步的移动，画卷逐渐展开，空间有收有放，既完整又有变化（图6-75）。

三、完善外部环境构成要素设计

在完成了建筑外部环境平面和空间设计的基础上，进一步深入对环境中的组成元素的设计进行阐述。构成外部环境的要素有很多，有不同的分类方法。

(1) 根据材料质感可以分为软质要素和硬质要素。

(2) 根据要素属性可以分为人工要素和自然要素。

(3) 根据艺术形式可以分为具象环境要素和抽象环境要素。

(4) 按功能分可以分为观景功能的环境要素、兼使用和观景功能的环境要素。

在此，我们着重分析影响外部环境的四个主要因素，道路、水体、绿化与环境构筑物。其中道路与环境构筑物属于硬质要素、人工要素；而绿化和水体属于软质要素与自然要素。

1. 道路

道路是环境节点的纽带，是整个景观体系的动脉。总的来说，整个道路系统是由不同层级的道路组成的。主干道应简洁明确，承载主要的交通负荷。它不仅能阻止各功能分区之间的联结关系，还起着分割环境空间的能力。同时具有良好的导向性，道路系统结构决定人流

动速度的调节器。次干道是引导人流进入环境景观深处的通道组织，是深化景观序列的重要手段。小路是景观区域内最活泼也最具趣味性的道路，是表达情绪特征的元素，深入景观腹地，深入引人入胜的幽深之处。具体来看，道路设计还需满足以下设计要求：

(1) 满足车辆、人行要求

道路的类别有很多，满足车辆、人行的不同需求，通常以道路宽度来划分（表6-2）。道路的宽度要视使用情况而定，车行道可分单行道、双行道。如果是尽端式车行道，则需设置回车场。人行道可与车行道合二为一。当车流量大时，要单独设人行道。诸如此类的道路要求及其尺寸设计都应符合相关规范。布置时应该动静分开，流量大的道路与小的道路分开，人流量大的场地还应分设出入口，形成单向循环前进，人行与车行分开，客运与货运分开。

此外还需考虑为残障人士和老年人设置的人性化的无障碍设计与应变设施，避免无意义的步道高低变化。

车道类型	车道宽度（m）
单车道	3.5
双车道	6~7
人行道	>=1.5
机动车道与自行车道混行	单车道>=4
	双车道>=7
消防车道	>=3.5

表6-2　道路类型与宽度

(2) 满足场地联系

从建筑物功能分区和建筑物安全疏

散考虑，必然在建筑物地面层有若干个对外出入口。它们需通过场地道路连接成整体。因此，在总平面设计时，道路的布局常以连接各个出入口为目的，形成整个场地的道路骨架系统。

庭院内的小径虽然走向随意，但起始点位置的设计与人的交通行为有着密切联系。这就是说，小径两端的位置不是随意的。它们要与周边功能空间的关键部位如楼梯口、房间入口、重要辅助房间(如厕所)入口等发生密切关系，通过庭院内曲径把这些功能很自然地联系起来。

(3) 满足消防要求

场地内道路在满足使用功能要求的基础上，还要进一步符合总平面的消防要求。如道路间距不宜大于160 m，长度超过35 m的尽端式车行路应设回车场，其消防道路不应小于3.5 m。遇到建筑物有出入口时，其消防道路应距外墙3 m以外等。

2．绿化

绿化作为建筑外部环境空间设计的要素之一，是改善外部环境的重要手段。其中植物是绿化的主角，它的身份是相当特殊的，对于人的生存、情感以及审美等方面都具有非比寻常的意义。我们生活居住的城市在数千年前就有可能是被植物占据的丛林，在建筑诞生之前，植物构成了人的主要生存环境，也是人生活需求的重要来源，对人类的宗教、文化、艺术等方面的形成发展起到了巨大的影响作用。在建筑外环境中，主要由植物构成的绿化设计应注意以下原则：

(1) 生境营造的原则

对于植物而言，它的生存空间包括气候、土壤、水、地形、日照、生物等，这些都是植物的生长环境。不同的植物具有不同的生态习性，对外部条件有不同的要求，这些生态条件影响植物的种植类型、群落组织以及生长演替等特征，这些生态环境简称为"生境"。"生境营造"是指通过实体空间设计、地形塑造、水文条件、道路、建筑与构筑物及其他环境设施的设计，改变植物生长的光、水、热等生态因素，营造展示自然内在秩序的空间组织，为物种提供适宜的生长空间。因此，换句话说植物种植应遵循地域化的原则。

(2) 形式审美化原则

从整体布局形式来看，绿化形式设计和水体一样可以归纳为自然式和规则式两种。利用植物营造空间，树形、色彩、线条、质地、肌理、大小、高低、比例等因素对视觉形态有很大影响，设计时既要丰富又要统一，既要考虑植物的多样性又要兼顾均衡与稳定。在平面上以均衡为准绳，在立面上则以稳定来体现轻重关系。其次，使植物配置的单体既要有规律的重复又要有间隙的变化。在序列重复中产生节奏，在节奏变化中产生韵律。同时关注植物种类的搭配，以形成景观的层次感、优美的植物轮廓线。最后，注重比例与尺度的合理，既包括景物之间的比例关系，也包括景物本身的长、宽、高比例，对于一些具有较高观赏价值的植物的选择，其范围缩小至个体，体形、高矮大小、轮廓、花、枝、叶、果等元素都应考虑。

具体来说植物的主要种植方式有点植、丛植、片植与线植，其造型的评价标准应符合环境艺术学中点、线、面、体这些元素构成的形式美原则。同时绿化是分隔、组织空间的有效要素，能使建筑外部空间更加丰富。具体的布局形式主要包括以下几种：

①综合式（图6-76）：布局形式采用点、线、面三种形式的综合式绿化布局。一般用于大型的环境空间中，在构成中要注意高低、大小、聚散和整体的起伏变化，才能产生丰富良好的效果。

②垂直绿化（图6-77）：从空间的垂直面考虑，尤其是建筑的外立面，以绿篱、悬垂、攀延为主要特征形成绿化的竖向延伸，造成富有生长动感的绿化效果。

③重点绿化（图6-78）：在外部环境空间的重点部位，用体态较大的乔

图6-76　综合式绿化

图6-78　重点绿化

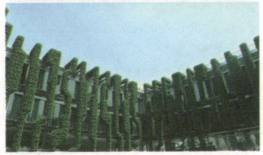

图6-77　垂直绿化

图6-79　点缀绿化

木，或比较集中的组团绿化形态，追求自然景观的效果，形成丰满的绿化视觉中心。

④点缀绿化（图6-79）：建筑外部环境空间中往往有许多边角空间，如入口两侧、柱廊周边、墙角或拐角处等，在这些部位进行绿化点缀达到丰富空间层次的效果。

（3）四季成景原则

景观植物的景色随季节的不同而有所变化，这是植物最大的特点，春天鸟语花香；夏天绿荫遮阳；秋天层林尽染；冬季银装素裹。根据每个分区或地段突出的季节植物景观主题，可分区培植相应的植物种类。此外在重点区域，应使四季皆有景可赏，以免一季过后显得单调。

（4）场地总体规划原则

绿化是地段、场地环境中的一个重要的构成元素，它的设计必须符合外部环境的总体规划，处理好绿化与其他元素之间的关系，例如建筑、水体、

图6-80　绿化与其他元素整合

道路等，使之成为一个有机的环境整体（图6-80）。

3．水体

"有山皆是园，无水不成景"，由此可见水在环境中作为景观的重要性，水景是景观的点睛之笔。适当的水景构造如人工湖、假山水景、鱼池、喷泉、水幕墙等，能起到丰富空间环境和调节小气候的作用，增强舒适感；同时水还是生态环境中最有灵性、最活跃的因素，将水、绿色植物等有机结合，会让人有回归自然的感觉，大面积水域还能吸收空气中的尘埃，起到净化空气的作用，对人的健康大有裨益。水体景观的分类方式主要有以下几种：

（1）按水体的属性，可以分为自然型和人工型

自然型水体多利用地势或土建结构，仿照自然景观而建。池、塘、瀑布、溪流、泉涌等在传统园林景观中比较多见。而在现代环境景观设计中则偏向人工型，借助现代化的设备来造景，例如各式各样的喷泉。

（2）按水流的状态，可以分为动态水和静态水

静态水产生倒影，波光粼粼，给人以明净、清宁或开阔或幽深的感受，以不同深浅不同形状的水池形成平静水面，如海、湖、池等，这类水体通常作为观水设计考虑（图6-81）。动态水多为人工创造的具有动态特征的水体景观，变化形态各异——激流、涌流、渗流、溢满、跌落、喷射、水雾等，每一种造景手法都独具特色，给人以欢快清新、变幻多彩的感受，这类水体多做亲水设计（图6-82）。在外部环境空间设计中，通常将动静两种形式结合起来，静水、流水、落水、喷泉往往组合在一起形成动静有致、虚实相生共同构成了水景空间，丰富景观环境（图6-83）。

图6-81 静态水

图6-82 动态水

图6-83 动态和静态水的结合

(3) 按水体的规模和形式,可以分为大规模水面和小规模水面,可以是自然形状的,也可以是规则的几何形。

规模较大的水面在整体环境中能起到控制的作用,它常作为环境中的视觉主体。根据水面所处环境的形态、规模,可以灵活多变。既

可以单独设置,也可以多个进行组合,建立具有立体效果的水景。这类水景在环境景观中时常运用,与其他环境构筑物如汀步、桥、廊、亭等组合,让人置身水景,同时又能够种植适宜的植物、养鱼,成为观赏景观。规模较小的水面,它在整个环境中起到点景的作用,往往是空间中的视觉焦点,丰富、活跃环境气氛。因此它既可以单独设置,也可与花坛、平台等设施组合成景。

自然形状的水体是保持天然的或模仿天然形状的河水、湖、涧、泉、瀑等,水体在环境中多随地性变化而变化;规则式形状的水体有运河、水渠、水池和几何形状的喷泉、瀑布等。运用这样的几何形状一方面追求一种具有韵律和秩序的美,另一方面也起到一定的空间系带作用。水体在空间环境中具有线性、面型的连接作用。作为线型关联要素时,具有一定的方向感,一般采用流水的形式,将不同空间节点连接起来形成整体空间的系带作用。这类水景一般水势较浅,人们可以涉水游玩,直接感受水体的清澈、凉爽,同时又能与石阶、绿化、雕塑等结合,创造出生动的环境空间,具有极强的亲水环境(图6-84,图6-85)。同时,作为一种面型关联要素,水又将多个散落的空间统一起来,形成整体效果。

在实际设计中,除了水景本身的设计,还要充分重视与周围环境的配合以及创造出宜人的亲水环境。例如,一般在优美的自然风光中,以静水倒映出湖光山色会相得益彰。大面积的静水切忌空而无物、松散而无神韵,应是曲

图6-84　线形亲水空间

图6-85　亲水雕塑、装置

图6-86　韩国景福宫水景

图6-87　凡尔赛花园

折丰富的。如果置身于整齐封闭的建筑群中，则以动、静态水景来活跃环境的氛围，丰富人们的视野，可以考虑放置石景、亭廊等。这些景观性的地形处理，一般不宜单独安排（图6-86）。当然也有例外，例如凡尔赛花园，绿化和水体都采用规整的几何形状，以表现西方的统治者的审美情趣，表现出严谨的构图原则（图6-87）。

除了考虑水体的三维景象，极致的环境设计还关注到四维、五维的层面。例如流水的声音、气势磅礴的瀑布、急速流水飞溅的水花和轰鸣声使人兴奋，岩洞中叮咚跌落的水滴声使人放松。赖特的经典设计——流水别墅，在山泉潺潺的溪流边使人与自然融为一体。又例如考虑水流的触摸的感觉，水因为环境的不同会有山泉的凉、河水的暖、温泉的热、湖水的幽，水的活跃性吸引人们去感受，去触摸，设计师应该充分考虑亲水设计增强趣味性。甚至还可以考虑水流的气味、海水的味道、阴雨天气和晴朗天空下空气截然不同的气味，这一切都是水蒸气运动的结果。这些都是设计师可以关注的因素。

总之，从水入手，充分尊重地形、依山就势，巧妙组合建筑群体，使建筑与滨水、山体绿色空间形成相互融合的统一体。

4. 环境构筑物

通常情况下，广义的环境构筑物泛指不具备、不包含或不提供人类居住功能的人工建造物，主要是指除了一般有明确定义的工业建筑、民用建筑和农业建筑等之外的，对主体建筑及环境有辅助作用的，有一定功能性的不具有供人员进入的内部空间结构的建筑统称。狭义的构筑物在我国并没有明确的定义，一般在空间中具有美感、为环境所需要、能够满足人们某种行为需要而设置的人为构筑物，称为小品构筑物，如一块设计新颖的指示牌、一座构思独特的城市雕塑，甚至是一盏雅致的园灯、供游人小憩的座椅、水中的汀步等，都可称之为环境构筑物。在国外，urban element（城市元素）、urban furniture（城市装置）、sight furniture（园地装置）等都表示环境构筑物的概念。环境构筑物一般都具有简单的实用功能，又具有装饰性的艺术造型。

在场地环境设计当中，环境构筑物虽然体量较建筑物小，但同样影响着建筑及环境的整体形象，是一项重要的环境设计因素。在第一章中我们曾经提到建筑的概念包括建筑物与构筑物，因此环境构筑物从广义上说属于环境建筑的范畴，在这里我们对环境构筑物的设计进行重点阐述。

环境构筑物的设计取决于许多因素，诸如设计者的主观因素，如艺术修养水平、文化涵养、风格取向等；还有许多客观因素，如环境构筑物所处的空间环境、气候条件、地形特征等自然因素；业主对环境构筑物的性质及内容的要求；可供选择的材料和可实践性的技术条件制约；以及不同地域文化背景、文化传统和当地人们的生活习惯等。环境构筑物的设计必须遵循从实际出发的原则，解决好"人—机（构筑物）—环境"三者之间的关系，协调各因素之间的矛盾，寻求一个最佳平衡点，将构筑物的设计能够更好地体现人们的需求。

①构筑物必须满足人的需求

在环境活动中，人是活动的主体，人的活动习惯、行为、爱好决定了对活动空间的选择。环境构筑物的设计应遵循"以人为本"的原则，人类的行为、生活、休憩等各种活动形态都是我们从事环境构筑物设计的重要参考依据，称为"人性化设计"。人性化设计实际上是对人的社会化属性的诉求。环境空间中的构筑物设计是设计师以现代设计理论为依托，运用现代技术、新工艺、新材料精心设计的具有艺术性、舒适性、科学性的人性化空间。其中按照人体工效学的观点，所有人的活动都对应于一个确定的尺寸空间，这一点在构筑物设计中的体现较为突出。另外，在当今社会的大环境下，人们开始对所处的环境空间达到人文气息的体现，追求意境的创造。主要表现为对纯朴大自然的向往、地方主义的热爱、超现实主义的追求等方面。

②构筑物必须与环境相融合

环境构筑物可以看作一个单体。环境构筑物周围的空间可以看作为全局整体。如果从构筑物的统一性来分析，一个具有美感的环境构筑物的出现，可能成为某一区域的亮点，如果需要完整融合到建筑环境中甚至是城市环境中去，既要具有个体的形式美，同时又要在整体环境中具有突出元素，两者相得益彰才能是整体和谐。环境构筑物的设计需要依景衬物、依物托景，环境构筑物的设计不仅需要以单独的艺术手法来表现，还必须考虑是否与现实环境相融洽。

第一，与自然有机统一。环境构筑物的设计应顺应自然、亲近自然。不仅要有山水等物质因素，也要有一个统一的精神元素，这种精神元素才是最主要、内在的。中国的设计师们在创作和审美中追求的是意境和品格，注重的是寄托和交融，在有限的事物中表现出广阔的境界。"崇尚自然，师法自然"是环境构筑物设计中所遵循的原则。让人、自然、事物协调地生存在同一环境中（图6-88）。

图6-88 构筑物与自然的有机统一

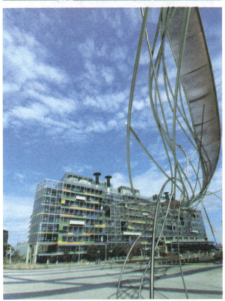

图6-89 雕塑与建筑主体和谐

第二，与环境中的主体建筑和谐。环境构筑物处于建筑的外部环境中，其设计应与建筑的风格协调。例如运用相同的设计元素、色彩、材质等，相互呼应，但环境构筑物毕竟是处于整个环境中次要的地位，不能够喧宾夺主，比主体建筑出彩，从而使环境与建筑达到最终的和谐统一（图6-89）。

第三，体现地域性。环境构筑物设计要做到人与环境的和谐统一，应融合当地文化。城市的历史中蕴藏着丰富的政治、经济、文化内涵，特别是传统的文化特征、城市风貌、历史遗迹，了解当地的气候、民风、民俗、生活习惯和周围环境特点，把握基本的创作风格和思路，运用技术，创造出符合当下环境的构筑物（图6-90）。

场地环境中的构筑物类型一般由建筑类构筑物、艺术景观类构筑物，公共设施类构筑物

图6-90
巴拉干运用浓烈的墨西哥色彩设计的城市雕塑

三方面构成。下面将分类进行说明：

(1) 建筑类构筑物

建筑类构筑物我们可以通俗地称之为"环境建筑小品"，是介于环境设施与建筑之间的"另类表情"。在环境中既具有极强的使用功能，又能与环境结合组成景致，供人们方便地游览、休憩。建筑小品是环境景观的一部分，并与整体环境密切结合，与自然融合为一体的建筑类型。体现环境的人性化设计和人文价值。

通常，建筑小品功能简明，休量小巧，富于神韵，立意有章，精巧多彩，有高度的艺术性。在古典园林中，建筑小品以其丰富多彩的内容、造型和传统形象见长，富于表现力，既有交通使用功能，又起主导作用，点缀环境、烘托景色。在现代景观环境中，建筑小品是建筑的点缀和陪衬，顺其自然，插其空间，取其特色，求其借景，力争人工中见自然，给人以美妙意境。从其具体形式看，主要包括亭、廊架、桥、墙体等构筑物。

①亭：是指场所绿地中精致细巧的小型建筑物，主要提供人休憩观赏的凉亭，是人们茶余饭后喜欢去的地方，在它所限定的空间里人们可以聊天、乘凉、玩耍。由于凉亭具有美观的造型，周围开敞，在造型上相对的小而集中，因此，常与山、水、绿化结合起来组景，并作为整体环境中"点景"的一种手段（图6-91）。

②廊架：廊架通常包括连廊和花架的形式。

连廊：指屋檐下的过道及其延伸成独立的有顶的过道称廊。在空间设计中，廊不仅作为个体建筑联系室内外的手段，而且还常成为各个建筑之间的联系通道，成为场所空间内游览路线的组成部分。它既有遮阴蔽雨、休息、交通联系的功能，又起组织景观、分隔空间、增

图6-91　中国传统的亭

加风景层次的作用。廊这一构筑物的特点表现为"虚"，只有柱和廊顶。透过细细的列柱之间的空间观赏廊外面的景色，似隔非隔，若隐若现。廊的设计应因地制宜，结合自然环境采用漏景、障景的形式来分割空间，同时结合不同的地形，例如平地、水边、山地塑造不同形式和高低错落的空间。廊一般设置在人流集散的主要地方，为了达到美观实用的目的和增强亲和力，通常与植物、座椅等要素结合起来设计（图6-92，图6-93）。

花架：是用刚性材料构成一定形状的格架供攀缘植物攀附的园林构筑物，又称棚架、绿廊。它可作遮阴休息之用，又可点缀园景。花架是最接近于自然的环境构筑物了。花架可以附属于建筑而建，是建筑空间的延续。也可以在建筑外部环境中独立设置，可以在花丛中，也可以在草坪边，使空间有起有伏，增加平坦空间的层次（图6-94）。

③桥：我们在这里所指的桥是环境景观中的桥，可以联系风景点的水陆交通，组织游览线路，变换观赏视线，点

图6-92　中国传统的廊

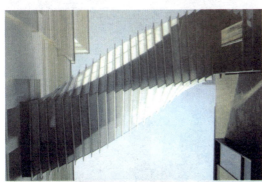

图6-93　现代建筑中的连廊——英国伦敦舞蹈学院

图6-94　建筑的延续——花架

图6-95　环境景观中的桥

图6-96　景观墙

缀水景，增加水面层次，兼有交通和艺术欣赏的双重作用，且艺术上的价值往往超过交通功能。桥的布置同外部环境的总体布局、道路系统、水体面积占全园面积的比例、水面的分隔或聚合等密切相关。例如在水体清澈明净处建桥，桥的轮廓需考虑倒影；地形平坦，桥的轮廓宜有起伏，以增加景观的变化。在大面积水域架桥，且位于主要建筑附近的，宜宏伟壮丽，重视桥的体型和细部的表现；小面积水域架桥，则宜轻盈质朴，简化其体型和细部。水面宽广或水势湍急的水域，桥宜较高并加栏杆；水面狭窄或水流平缓水域，桥宜低并可不设栏杆。水陆高差相近处，平桥贴水，过桥有亲水之感（图6-95）。

④墙：墙是用砖石等砌成承架房顶或隔开内外的构筑物，是建筑物本身在竖直方向的主要构件，墙在空间环境中起划分范围、分隔内部空间和遮挡劣景的作用。精巧的墙体具有装饰功能，墙体的形式追求与周围环境相融的设计理念，造型简洁，色彩协调，比例恰当，内外通透，充分利用空间，常与常绿、整齐的植物结合在一起，以遮掩墙根，形成花坛等植物景观（图6-96）。

（2）艺术景观类构筑物

艺术景观类设施主要包括雕塑及各类装置艺术小品，对于点缀和烘托环境气氛，增添场所的文化气息和时代风格起到重要作用。它赋予环境空间一定的精神，传达着空间的思想信息。有特定的主题，对环境空间起到一定的标志性作用，其艺术形象，生动而极具趣味性。雕塑与装置艺术小品的设计要点如下：

①注意整体性

环境雕塑布局上要注意雕塑和整体环境的协调。在设计时，需要对周围环境特征、文化特征、空间、景观等方面进行全面准确地理解和把握，然后确定雕塑的形式、主题、材质、体量、色彩等，使其和环境协调统一（图6-97）。

②体现时代感

环境雕塑以美化环境为目的，应该要体现时代精神和时代审美情趣。雕塑的取材相应较为重要，应注意其内容、形式要适应时代的需求，具有前瞻性。注重与配景的有机结合，应该注意与水景、照明和绿化等进行配合，以构成完整的环境景观。一件成功的雕塑品的设计除必须具有独特的创意、优美的造型之外，还

图6-97　雕塑

图6-98　雕塑的现代感

必须考虑到现有的工程技术条件能否帮助设计的实现，能否达到预期效果（图6-98）。

(3) 公共设施类构筑物

公共设施类构筑物通常简称为"公共设施"，是为现代人生活、出行、活动等提供必要需求的各种公共性、服务性的设施系统。它介于环境艺术设计和工业设计之间，集美化、功能、环保于一身，具有多样化、复杂化、个性化、多领域相结合的特点，承载着特有的地域文化和历史，体现了环境场所空间的形象与文明，对整体环境构成、氛围营造及场地主题的升华有着重要的意义，充分体现了现代城市发展的时代进程。

公共设施构筑物按其功能可以分成：信息设施、娱乐设施、服务设施、卫生设施四大类。

①信息设施

主要指标志导向，环境标志作为一种文化或文化的一部分，有着引导、说明、指示等功能，同样它也是环境布局的重要环节，也是营造风格、塑造文化的重要组成部分。它的形式包括是以文字、图形、构筑物表示的广告牌、环境标志牌等（图6-99）。

图6-99　信息设施

图6-100　娱乐设施

②娱乐设施

娱乐设施主要包括供儿童进行户外活动的游戏设施，也包括儿童和成人共同参与使用的娱乐和游艺设施，还包括适用人群面更广的通用性更强的健身设施，可丰富人们的娱乐生活，锻炼人们的体魄，陶冶人们的情操（图6-100）。

③服务设施

服务设施以座椅等休息设施为主。座椅在城市的居住区、商业区、公共活动区、旅游区等公共场所为人们提供一些小憩的空间。作为公共环境中的座椅已经成为城市的一道亮丽的风景线，为人们带来了便利，使环境更加和谐，同时让人们拥有一些较私密空间进行一些特殊活动，如休息、小吃、阅读、打盹、下棋、晒太阳、交谈，等等（图6-101）。

图6-101　座椅

除此之外，还包括为人们提供多种便利和服务的设施，例如电话亭、售货亭、候车亭等。

④卫生设施

为保证环境清洁的卫生设施最具有代表性的是垃圾桶、洗手池等。

随着人们在建筑外部环境中的活动方式、公共概念的转变以及技术的进步，人们对景观环境中公共设施的要求也越来越高。设计原则主要体现在三个方面：

①功能方面：首先，满足易用性原则。就是"是否好用或有多么好用"。它是针对具有明确使用功能的公共设施设计时必须考虑的原则性问题。其次，满足合理性原则。是指公共设施在满足其基本功能的同时，不宜让使用者赋予其他功能。以公共座椅为例，公共座椅的主要功能是为在公共空间中穿行者或逗留者提供适时的休息，这种"休息"的程度级别在于"坐"，而并非是"卧"。此外，材料合理也是体现合理原则的主要方面，应考虑材料的价格、加工和耐用程度。第三，安全性原则。作为公共环境中的设施，设计时必须考虑到使用者可能在使用过程中出现的任何行为，例如儿童游乐设施设计时便要充分考虑到其材料、结构、工艺及形态的安全性，尽量避免对使用者所造成的安全隐患。此外，还要满足公平性原则。主要表现为公共设施应不受性别、年龄、文化背景与教育程度等因素的限制，被所有使用者公平地使用，比较突出的问题就是"无障碍设计"。

②造型方面：首先，符合审美性原则。公共设施对于城市环境的营造有着重要的推动作用。一个设计合理且极具美感的公共设施，不但可以有效地提高其使用的频率，而且可以增长人们爱护公共环境的意识，增强人们对城市的归属感和参与性。其次，具有独特性。公共设施随着当代加工工艺与生产技术的进步，越来越多的公共设施设计正在向"人性化"、"个性化"的方式转移。设计中"人"与"环境"的因素，是公共设施设计的基本。而它的独特性原则就在于，设计者应根据其所处的文化背景、地域环境、城市规模等因素的差异，对相同的设施提供不同的解决方案，使其更好地与环境"场所"相融合。

③材料技术：满足环保性原则。生态环保环境问题一直是备受关注的焦点，在设计领域也逐步出现了倡导环境保护的"绿色设计"。公共设施同样应贯彻绿色设计原则，它要求设计师在材料选择、设施结构、生产工艺、设施的使用等各个环节都必须通盘考虑节约资源与环境保护的原则。

第五节 完善阶段的表达方式

环境建筑设计的完善阶段可以划分为两个层次，细节完善和成果表达。这两个层次各有特点，同时又共同构成完善阶段的整个过程。细节完善阶段是建筑设计完善阶段的第一层次，也是对构思阶段的延续和补充，使建筑方案变得更细致、更完整、更明确。当建筑方案经过细节完善阶段后，建筑意象被最后明确下来，进入到成果完善表达阶段。建筑是科学与艺术的结合体，它要求创作者能以最终的成果来表达他的创作意象，展示他的创作境界，抒发他的创作情感，同时也便于与甲方、业主、施工人员进行交流，是十分重要的环节。

因此，建筑方案完善阶段的表达也分为两个阶段，一个是细节推敲完善阶段的表达，这是阶段性的表达，是对构思阶段思维表达的提高和发展，主要还是以草图、草模的形式出现。另一个是设计方案的最终表达和展示。它的基本要求是，充分表达设计者的意图，不扭曲，不遗漏。在基本要求的基础上尽可能地发挥艺术表现能力，使方案展示更具视觉冲击力。展示的手段包括各种图纸、模型乃至动画，视具体需要而定。

一、 概述

1. 作用

前面我们已经阐述了设计表现是设计师观察记录的工具，是图解思考的必要过程，是形成视觉交流的重要手段。设计表现不仅能够帮助设计师去设计整体建筑与环境，空间形态与构造关系、材质肌理与配色关系等视觉效果，以便深化和完善设计方案，同时也是形象化的视觉交流方式，它能够比较完整地传达出设计思想，增强设计方案的说服力并取得人们的价值认同，为设计方案开辟通向成功的途径。虽然建筑设计方案往往最后是通过设计制定的技术符号、数据标注、文字说明和技术规范的设计图纸来表现，但这图纸并不等于所有的设计表现，有人甚至认为设计表现只不过是整合了图纸信息的形象化表现，不具备设计的本质特征，设计的成功与否取决于设计本身的质量，而不应该是取决于设计表现的良莠，这一观点是片面的。

我们从另一个角度来理解设计表现与设计的关系。即设计表现不仅具有完整表述设计方案的作用，同时也是评价设计作品的手段之一。保罗·拉索在《图解思考》中谈到，其实从20世纪60年代起，设计图纸已经不是单纯判断设计的唯一标准，而只是手段之一。比如音乐作品不能以五线谱上书写的音符来判断，音符仅是作曲人头脑中构成的完整作品的一种记录方式，以便演奏时执行，但音乐演奏时，还必须对作品的创作思想、情感及表现技巧深入研究和感悟，才能抓住作品的内涵并演奏出具有感染力的音乐。环境建筑设计好比音乐作曲，设计图纸只是设计师形象思维的创造性过程的记录方式之一，更多地体现了设计方案事实的技术规范和依据，要全面地把握设计的整体风格和艺术效果，还需要深刻理解设计师设计过程的主导思想和艺术处理的技巧。因此，设计师只有通过设计表现提供更广泛的关于设计观念的信息。从这个角度上讲，我们可以比较客观地理解设计方案与设计表现之间的关系，对于一个完整的设计方案，设计表现与设计图纸是结果相同但是过程却全然不同。

现在，我们对设计表现有了更全面地了解，设计表现决不仅是向人们展示最终设计预想结果的效果图，设计师应具备的设计表现能力也不是其他设计效果图制作专门机构能够取代的。在现代建筑及环境艺术设计中，只有充分认识和处理好设计与设计表现的相互关系与作用，才能够逐步完善设计方案。

2．分类和内容

按设计程序划分，我们可以将设计完善阶段的表达分成两个方面：

（1）方案的细化阶段

这一阶段的主要任务是对阶段性草图的进一步深入优化，不断对建筑与环境整体、局部进行反复推敲和对比，完善设计构思。包括给形式、结构、色彩、材料、功能、风格、经济投入等问题提出解决方案，无疑这一阶段是设计过程中的重要内容，所有的设计成果将在这一阶段呈现。深化阶段的表现形式不仅仅是简单的图示，而是有尺寸有比例的二维和三维表现，也可以通过工作模型进行更加直观的三维表现。可以说这个阶段的草图及工作模型是设计构思的论证推敲过程，为制订设计方案图纸提供了依据。

二维表现：仍以徒手绘制图纸为主以外，此时的草图可以称为"演绎性草图"，旨在使原始构思进一步明确化，建立建筑视觉形象，探索面临的建筑问题，成功地演绎性草图可以基本反映建筑的形象特征，通过一系列手绘性质的透视、平面、立面、剖面和节点草图形式将设计意图明确表现出来，通常按照比例规定采用半透明的拷贝纸或硫酸纸在上一轮草图上，多次修改整合，再与以前的构思比较、重新评价，进行取舍。有需要时甚至可以通过透视图或轴测图（所有空间中的平行线在画面上也是平行的）的绘制，不仅显示出形态、虚实，还能通过上色和简单的渲染反映出材质和光线，对主要的技术问题和创作构思作重点表达（图6-102，图6-103，图6-104）

图6-102　萨伏耶别墅推敲草图

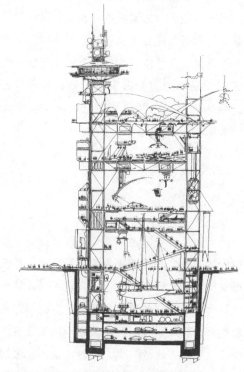

图6-103　罗杰斯设计的富谷展示大楼剖面草图

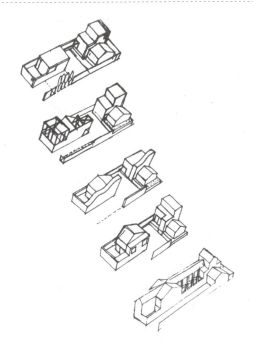

图6-104　住宅轴测推敲图

此外，计算机辅助设计的表现形式在这一阶段占的比例有所增大，计算机可完成这一传统的人工绘图的过程，并可以绘制更加精确和更加复杂的建筑。

三维表现：鉴于手绘表现效果和角度的限制，当出现复杂空间的环境建筑，为了更好地推敲空间形态与布局关系，用二维表现进行研究较困难时，我们可以采用三维模型的形式，从空间的角度提出设计新思路。模型可以是手工制作也可以是电脑生成。手工制作工作模型更为真实、直观、具体，充分发挥三维空间，可以全方位进行观察，所以对空间和环境关系的调整的表现能力尤为突出。

运用模型进行方案完善和推敲的过程中可以培养设计者的创作能力、动手能力以及空间想象能力。通过模型表现，可以突破二维平面表现手法的局限，在三维空间造型上对设计进行推敲、修正，体会设计的光影、结构布局、

形体构成等，进而对方案进行细部推敲、分析、完善设计构思。

这一阶段仍以工作模型为主，但与构思阶段的工作模型有明显的区别，是构思阶段工作模型的延伸和细化。构思阶段的工作模型主要是分析建筑体量，建筑与周边环境的模型，制作比较简单，以体块式制作为主。而这一阶段的工作模型以推敲平、立、剖的详细布局为主，凭借技术知识、经验及视觉感受对影响设计的各个方面如材料结构、形态、色彩、装饰等进行推敲调整，例如分析结构时，可做框架模型来解剖结构；推敲内部空间时，可做剖面模型来展示内构（图6-105）；以及详细的场地环境模型来说明布局，从制作的程度上来看更为精细。通过模型表现，从而可以充分调动综合设计的潜能来优化设计方案的细节元素，更好地完成前期的创意。

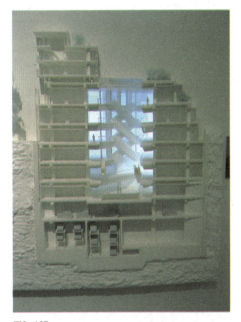

图6-105
剖面工作模型——安藤忠雄同润会青山公寓

但手工制作的模型也有明显的缺点，模型大小的制约，细部表现存在难度。因此，计算机发挥数字化设计的优势，能形成精确的三维模型，更加有助于方案的推敲。

通常在整个推敲的过程中会综合运用多种表现形式，从二维到三维再回到二维，即经过"面"—"体"—"面"的循环，最终定稿。

从抽象的概念构思到具体的空间图形的获得是一个质的飞跃，这过程中的每一次深化都需要进行表现，这一阶段的表现一方面要保持图形的清晰性，另一方面要不断验证所传达的信息的准确性。

(2) 方案定稿完善阶段

这一阶段的设计表现主要是方案的最终完整表现。通过一系列正式的设计图纸将设计师的设计意图准确无误地传达给甲方和施工单位。主要包括以下几种表现类型：

①方案图：根据三视图三个面的正投影原理，以严格精确的尺度为依据，遵守制图规范的原则绘制的一套图纸，着重表达环境建筑的造型、整体布局。方案图是艺术构思、表现走向科学思维的表现，并能附于工程实际的图面语言表达。对于环境建筑物来说是包括平、立、剖的方案图，对于环境构筑物来说，例如景观小品，有时就是指三视图。通过平、立、剖面，精确传达环境建筑的空间环境和造型（图6-106）。

②施工图：是在对环境建筑的造型或整体布局、结构体系等大体定位的基础上重点考虑材料、技术工艺措施、细部构造的详细设计与表现。施工图设计

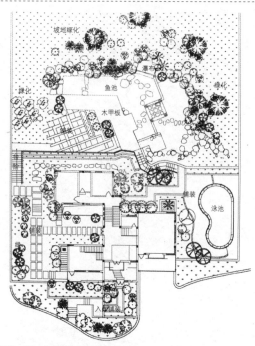

图6-106 别墅方案设计平面图

是把艺术创作设计形成的事物形象与空间环境通过技术手段转化成现实中的事物形象与空间环境，在这个过程中需要对材料制作工艺及内在结构关系进行分析、研究、计算，要求专业的技术设计人员的参与，必须准确无误，因此一般需要由专业绘制施工图的工程师负责。施工图为施工构建理性依据（图6-107）。

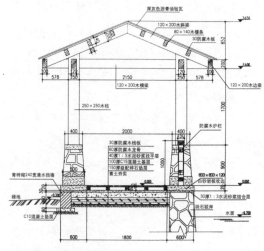

图6-107 环境构筑物施工图

③效果图：效果图通常可以理解为对设计者的设计意图和构思进行形象化再现的形式。通过手绘或计算机辅助设计在二维的平面上表现出某些角度的三维的体量关系和空间环境，强调直观性、通俗性。主要包括人高透视图、鸟瞰图、轴测图。效果图的表现并没有严格的规范，因此，不同设计师在效果图表现方面都有各自不同的风格和特征。显示出设计师独特的表现意识、绘画手法和视觉印象。因此，效果图通常是设计方案展示最吸引人的表现形式（图6-108，图6-109）。

④模型：环境建筑设计方案表现模型不同于工作模型，是以设计方案的总图、平面图、立面图为依据，按比例微缩得十分精确。其材料的选择、色彩的搭配等也根据原方案的设计构思，并适当进行加工处理。需要强调的是，表现模型不是单纯依图样复制，是一种艺术再造，也可以运用电脑建立数字模型或多媒体展示，这一阶段的模型与推敲阶段的模型有着本质区别。这是设计结果的完整表达，模型制作更加细致、完整、贴近真实情况（图6-110）。

从整个环境建筑设计的过程来看，设计表现其实是一个十分宽泛的概念。从具体的形式来看，它既可以是二维的平、立、剖，也可以是三维的透视图，还可以是立体的模型；从表

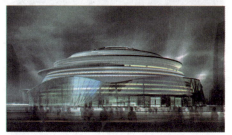

图6-109　电脑效果图——学生作品

现方法上来看，它既可以是手绘，也可以是辅助工具表现，还可以是计算机绘制。虽然表现的形式不同，但是它们的目的是一致的，设计表现的目的在于采用最合适、最佳的表现方式完全传达和展示出设计师的设计思想和设计理念，并帮助设计师进行方案的交流和演进。

总结一下，环境建筑设计中常用的设计表现手法主要包括以下三种类型：图示类表达、模型类表达和计算机表达。一个环境建筑设计项目通常是综合运用多种表现形式来达到最佳的效果。因此，我们在下面的章节中详细阐述这三类设计表现的具体内容和形式。

图6-108　手绘效果图——学生作品

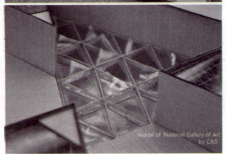

图6-110 建筑表现模型——学生作品

二、图示类表达

1. 推敲草图的表现

(1) 特征

推敲方案草图的视觉表现应体现较强的论证作用。例如在平面布局上应推敲尺度的合理性，平面空间的划分不仅只是一种平面形式，而是以特定尺度规范的空间形态（图6-111）。

因此，在草图表现中首先需要把握基本尺度、比例和结构方式，再通过线条、方向、形状、色彩、投影等视觉要素的逻辑关系论证，去推敲设计方案的合理性和形式的审美性。

推敲方案草图的表现应是比较严谨、肯定和清晰的。在推敲阶段如果草图的视觉表现仍然是模糊的话，将无法成为技术制图和实施施工的依据。因此，推敲草图表现的线条、形状、结构以及主要色彩关系应该表达明确的形象概念。如图6-112是齐康设计的英雄纪念碑，对其顶部造型进行了多方案的推敲。

(2) 草图表现的艺术形式

草图表现的艺术形式有以线条为主、以块面为主、以明暗投影关系为主等体现了设计师本身的表现能力，审美意识，因而具有不同的艺术表现风格。几种常见艺术表现形式，色彩往往是一种辅助表现手段。

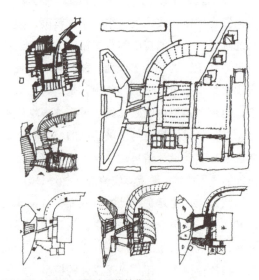

图6-111 平面、空间方案推敲草图

图6-112 造型推敲方案草图

图6-113 柏林下椴树街14-22号 建筑师：费林斯·克吕格尔

图6-114 哈雷市场办公楼 建筑师：保罗·伯姆

图6-115 达豪中心区 绘图者：康拉德·德夫纳

图6-116 海德尔堡宫 绘图：奥古斯都·罗曼诺·普莱利

① 以线为主的草图表现形式（图6-113）

"线"是最基础的、最本质的造型手段，易于初学者掌握，应用时灵活多变，通过线的方向、粗细、虚实、疏密等变化，使线条富有极强的表现力。在环境建筑设计草图表现中，线的方向表示了环境建筑物的趋势，比如：水平线为主的建筑造型，给人一种扩展、稳健的艺术感受；以垂直竖线为主的建筑形态，给人一种上升、神圣的艺术感受；而以斜线条为主要特征的建筑，给人一种不够稳定却具有动势和灵性的艺术感受。长线条具有延展性，短线条重复具有韵律感，长短线条的适当配合可以形成一种节奏感。曲线柔美、流畅，直线刚劲、挺拔，不同的线条变化，可以表现出各种艺术风格。同时，线在建筑中表示了界面的转折，使建筑形态起伏得当、变化有序，有利于表现建筑的视觉层次。

② 以块面为主要造型特征的草图表现形式（图6-114，图6-115）

"块面"造型有两种方法：一是以线的围合形成块面，另一种是以明暗对比形成转折的块面关系。前一种块面造型的方法实际上也是以线为造型的元素，不同之处在于造型过程中更注重曲线的围合形成不同大小块面的对比关系，更强调面的变化所形成的艺术效果，而不在于线与线本身之间的关系。后一种是以明暗对比形成的块面造型，造型中更注重用明暗表示不同朝向的块面，形成具有体积感的块面转折关系，这种方法更有利于帮助理解建筑物的体积和形体结构，就草图表现的画面来看也更具有节奏感。

③以明暗投影关系为主要特征的草图表现形式（图6-116）

表现投影关系是指在线和块面造型的基础上，假设了一种特定的光照环境，以表现光对环境建构物作用的视觉形式为主要目的。这种表现形式更多运用于设计草图的推敲阶段，以利于检验在某种特定光环境中建筑物形式的视觉效果变化。表现投影关系的草图画法更具有挑战性，它不仅要注重形体结构本

身的造型，也要注意把握某一形体投射在另一形态上的投影造型，通过这种交错复杂和富有变化的关系表现，可赋予草图表现的画面很强的、更真实的视觉表现力。

2．建筑制图

对于环境建筑设计来说，设计者的专业方案图纸一般指方案初步设计的完成，初步设计的图纸主要表现为规范的建筑制图。之后参与施工图的绘制，因为施工图需要土木、结构、设备等专业工程师的加入才能完成，建筑设计师只能是参与其中。

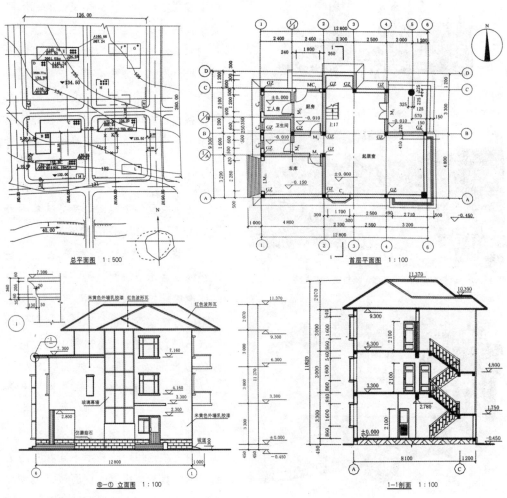

图6-117　建筑制图

(1) 内容

一般来说，设计方案图纸主要包括总平面图、平面图、立面图、剖面图（图6-117）。

①总平面图：用以反映场地的总体环境和主要布局情况，主要表示新建建筑的位置和原有建筑、场地情况、周围设施的关系，包括道路、绿化、地形地貌等。

②平面图：假设用一水平面在适当的高度将建筑物水平剖切开，切面以下部分的水平投影图就叫平面图。图纸根据建筑的内容和功能的使用要求，结合自然条件、经济、技术条件确定各功能空间形状、大小、相互关系、相互位置，室内外之间的分隔与联系，使建筑平面组合满足使用、经济、美观、合理的要求。

③立面图：以平行于房屋外墙面的投影面，按照正投影的原理绘制房屋投影图就叫立面图。可以表现整个空间环境或一个建筑物、构筑物的造型、式样和立面上的所有要素，包括屋顶形式、门窗洞口位置、外墙饰面材料及做法等。根据建筑的性质和内容，结合材料、结构、周围环境、艺术表现要求，综合考虑建筑物的内部空间形象、外部体形组合、立面构图以及材料质感、色彩的处理等，使建筑物的形式与内容统一，创造出良好的建筑艺术形象。

④剖面图：用垂直于平面的剖切面对建筑进行剖切，剖切位置一般选择建筑内部空间比较复杂的部位（楼梯），并尽量剖到门窗洞口，所获得的正投影图。可以表现出整体环境及空间各部分的空间关系；建筑物内部的空间关系。根据功能和使用方面对立体空间的要求，结合建筑结构和构造的特点来确定房间各部分高度和空间比例；考虑垂直方向空间的组合和利用；选择适当的剖面形式，进行垂直交通和采光、通风等方面的设计，使建筑立体空间关系符合功能、艺术和技术要求。

(2) 表现规律

①设计方案图纸强调准确性和规范性。由于方案图纸的绘制是从项目一开始到项目方案完成后的一项技术性工作。如果说设计草图和效果图可以带有一定艺术性，其线条、笔触、构图、色调可以在一定程度上反映设计者的绘画功底和艺术修养，那么方案图纸中的各种线条、标注、图例、符号等都必须严格遵守制图规范，不能随意发挥和臆造。以专业语言准确表达方案设计。

②设计方案图纸是把设计思想、理念转化成现实环境、空间的过程。要求在具体绘制表现前，要有充分准备，在确定环境建筑的造型、空间布局、结构等基础上，还需考虑、材料工艺等方面的问题。

③设计方案图纸要求正确无误。由于设计方案图纸是整套施工图的部分内容，也是施工图的基础，因此，正确与否直接关系到设计能否顺利变成现实，并避免发生事故，造成不应有的损失。

3. 效果图的表现

(1) 表现内容及要素

设计效果图也即一般所说的透视图，主要表现三维空间的整体效果。也包括像轴测图这样的特殊的透视图。设计效果图的表现应该是在设计方案成型以后，以视觉形象的直观表现来检验或展示设计方案的预想成果，是以设计方案图纸为最根本的依据，受设计方案整体构思和各项条件的制约。在理性地解读了方案图纸的全部内容并理清它们之间的逻辑关系后，对那些符号、数据信息以形象思维方式将其转换为可塑造的视觉形象。如何正确地、真实地反映出尚未实施的设计方案的效果，主要体现在以下几个要素：

①比例与尺度：在设计效果图表现的要素中，处于首要位置的是设计中的尺度与比例关系。设计方案中的尺度与比例规范了空间关系，规划了合理的使用功能与基本形态，使设计构思成为具有可操作性的设计方案。设计效果图表现实际上是以形象语言塑造空间形态，如果没有严格的尺度与比例的概念，就无法准确地表达出设计方案的基本形态。但另一方面，大部分的效果图是采用了具有空间深度的透视表现方法，它所反映的尺度是随着透视的变化而改变的，这种变化是无法用测量方法直接准确取得的，因此，尺度在透视图中所表现出来的是相对的比例关系（图6-118）。

②光影关系：在环境建筑设计效果图表现中，塑造空间的第二个要素就是正确利用光影关系。无论是建筑本身还是建筑外环境，空间形态的塑造都与光影关系密不可分。所有空间形态都是以条件光作用下形成的视觉效果为最终设计形态的。光影的形成包括自然光源和人工光源。对于建筑与环境，在确定朝向以后，日照轨迹是光影变化的主要条件，从而产生不断变化的视觉印象。光影不仅影响着空间形态与视觉肌理，还影响着环境色调。另外，夜景的人造光也有讲究。对于建筑内部，无论是自然光还是人工照明，除满足照明功能外，更重要的是通过光影作用塑造符合设计

图6-118　柏林米特区　建筑师：卡尔·海因茨·师默

图6-119　上海贝尔AG的波利默技术中心
建筑师：英格·格鲁伯

思想和视觉需求的空间形式，以利于表达设计主题与烘托空间气氛，结合设计方案的空间布局、造型形式、材质和色彩等因素创造出具有独特意境的空间环境（图6-119）。

③材质表现：设计效果图表现中的第三个要素是材质表现。环境建筑设计中对材质的选择和搭配是表现设计风格的主要内容之一。不同的材质风格可产生不同的审美感受，如富丽堂皇、朴实大方、自然幽静清雅等。此外，材质的选择还与建造成本有直接关系。因此，设计效果图表现中不能仅重视空间形态的准确表现而忽略材质表现，也不能一味追求表现效果而忽略材质的真实性。一般来说材质包括质

图6-120 柏林雅格办公楼 建筑师：赫尔诺特·纳尔巴赫

地、肌理、色彩、反光等视觉属性，这些属性的差别形成了不同材质的差异。效果图表现中深入正确地表现这些属性是准确传达出设计方案材质设计理念的关键（图6-120）。

总的来说，在用设计效果图表现环境建筑时，设计的尺度要求是塑造空间和形体时的主要依据，把握空间透视的比例关系是第一要素；在进行光影造型与色彩表现时，空间朝向与光源的设置以及投射角度是主要依据，正确利用光影表现空间形式结构与环境色调氛围是必须考虑的因素；在深入刻画、渲染表现效果时，设计方案中的建筑材质是主要依据，客观地表现材质的属性和相互间的关系是关键的要素。只有尊重这些设计表现的依据，把握好设计表现的要素，发挥表现的技巧，才能客观地表现出设计方案的效果。

(2) 表现规律

客观表现设计方案的整体面貌，增强对设计方案的认知。设计效果图表现是依据设计方案图纸提供的信息，包括描述设计的形式、功能、尺度、材料、结构以及各种技术标准的图示符号、数据和注释，这些信息界定了设计方案的基本形态，整体面貌和构造细节。设计效果图表现最基本的任务就是要以视觉表达方式，客观准确地整合设计中有关形象的信息，建立起可供更广泛交流的视觉语言方式。

突出设计思想和设计风格，强化设计效果的渲染。设计思想设计风格是环境建筑设计的精神所在，体现了设计的价值取向。不同设计的价值取向必定产生不同的设计效果，强化设计效果的某种倾向性特征进行渲染表现，能够更集中、更突出地表达出设计思想、设计风格的特点和鲜明的价值取向，有利于争取对设计方案更广泛地认同。

选择恰当的视觉语言方式，发挥艺术表现的感染力。从设计心理学的角度讲，设计方案的感染力往往先于说服力，是第一印象；而说服力是理性思考的结果，体现于设计方案内在关系的合理性与科学性。在环境建筑设计中，效果图表现是对设计整体面貌最终结果的呈现，能调动视觉语言的艺术感染力去吸引人们的注意、激发人们的兴趣、影响人们的价值取向，这将会确定或动摇建立设计方案说服力的基础。因此，在众多设计表达方式中选择最恰当的视觉语言方式，充分发挥艺术表现的感染力实现有效表达是十分关键的一步。

(3) 艺术形式

环境建筑设计效果图表现的形式很多，风格纷繁，每个设计师都有自己的形式风格特征，例如素描或单色表现、以色彩气氛渲染的表现形式、以材质拼贴的表现形式、以模拟真实感的表现形式、以平面化倾向的表现形式，等等。

在效果图表现中，不同的表现形式展示出不同的艺术表现效果，如有的严谨工整，有的粗放自由，有的单纯简洁，有的细腻精致、有的色调统一，有的材质分明，有的结构清晰，而有的光影强烈，等等。这些鲜明的艺术表现效果都集中反映了设计方案中的某些特征或凸显的风格特点。设计效果图表现是对设计方案的客观反映，并不是面面俱到的真实性反映，而是要通过对设计方案的主要创意的认识，将设计表现的艺术风格融入到设计方案中，并去强化设计方案的整体效果。

三、模型表现

环境建筑设计的模型表现是按照一定的比例将环境与建筑微缩，运用三维的、立体的模型来展示一个多维的、直观的空间视觉形象，并且综合运用色彩、空间、肌理、质感、体量等元素来向人们传达设计者的设计内涵和意图，其整体性和可触摸性使它比平面效果图具有更强的表现力。模型表达对于非专业人士来说，是对方案进行评比和决策的有效表达方式。

目前，在完善阶段采用模型的机会越来越大，即使计算机技术如此发达，也取代不了模型表达的可体验性，模型不仅被业主认可，也会使设计师增长信心。

1．特点与作用

(1) 特点

模型表现的特点就是直观，在环境建筑设计中无疑会涉及三维空间的设计，模型的直观作用就显得非常重要。模型直观地表现出环境建筑中的形体空间，让人感受到实体空间和负空间，即由实体分隔出的外部空间和建筑内部空间；还直观地表现出了环境建筑的体量感，这种体量感是指造型形式及形体比例关系的视觉感受；另外还可以直观地体现建筑空间的结构方式，包括建筑形体之间的组接关系、形式的构造方法，等等。

另一方面，模型类表现由于制作时间或材料的限制会比图形表现稍慢，但在方案深入设计过程中，模型的直观效果往往会给设计者带来更全面的思考。设计师应该善于利用模型类与图形类表现相结合的方式推敲方案。

(2) 作用

①启发空间思考

由于在设计过程中除了需要用图形的方式表现外，往往还需要一种更为直观的方式来帮助设计者进行三维空间的思考，因此模型成为表达设计思维的重要类型。

②评价设计优劣

模型具有评价设计效果的能力。这是由于一个仅在二维平面上推敲的造型，其实质内容和解决策略往往会停留在浅显、平面的状态中，但模型则可成为三维"现实"模拟的重要辅助手段，是设计者不可或缺的方案手段，因此对于委托方和决策人来说也是一种更好评价设计方案的辅助手段。

③直观展示

一些环境建筑设计项目为了使设计方案能生动直观地展现出来，让人一目了然，就需要用模型的手段来做确定性的表达。模型是设计者与甲方或业主之间进行交流的重要工具之一，它胜过全部的言语。模型上直观的色彩、材料、环境氛围，以及建筑空间的比较和模型细部的装饰都为设计师提供了最有力的表现方法，从而对设计作品构成强有力的视觉支持。

2．设计模型表现的形式及内容

环境建筑设计的模型表现是设计整个过程尤其是构思推敲过程中借助的一种手段，其表现形式是多种多样的。如果按照上文表现的阶段来看，可以划分为环境建筑设计细节推敲阶段的工作模型与方案展示模型。从模型表现的内容来看可以有以下两种分类方式：

（1）按模型表现的对象来分

①以推敲与表现场地设计为主要目的的模型（图6-121）

这类模型表现的重点是设计后期场地设计的详细内容，包括场地内地形、道路、景观绿化等环境要素，场景的细节比建筑的细节更重要，建筑物和构筑物的模型应该是简洁整体的，关键是表现场地设计的合理性以及建筑与周边环境和谐的氛围。

②以表现建筑内部环境空间关系为主要目的的模型（图6-122）

表现形式包括内部空间平面与立面两方面的关系。建筑的内部环境空间是由天花、地面、墙体围合的一个相对封闭的空间。当其作为推敲室内平面、立面布局的工作模型时，通常需要打开一个面才能进行内部空间环境的探讨，一般来说要对平面布局关系进行建模，应打开天花，着重探讨由墙体界定的内部空间的形态关系；要探讨纵向（立面）造型关系，应打开一个次要的墙体以便观察主要立面。

③以表现建筑技术为主要目的的模型（图6-123）

表现形式包括对材料、结构等建筑局部关系进行论证。虽然是技术层面的问题，但是仍然以探讨形态问题为核心，对建构中以多维度的平面视图都难以表达的特殊形式的构造、结构关系通过建模来进行材料强度、力学负荷等方面的计算论证。这类模型主要是用于技术推

图6-121
以推敲与表现场地设计为主要目的的模型

图6-122
罗杰斯及其合伙人事务所在巴塞罗那的拉斯阿里纳斯的项目模型

图6-123　探讨建筑材料技术的模型

敲的工作模型。

（2）以模型的制作材料来划分

材料是建筑模型构成的一个重要因

图6-124 纸制模型——学生作品

素，它决定了环境建筑模型的表面形态和立体形态。从另一方面看，模型制作从某种角度上来说是对材料的加工、制作和粘贴，对模型材料的选择运用直接影响着模型的最终视觉效果。实体模型选择的材料应具有便于加工、修改和调整，常用的材料有泥、纸板、木材、泡沫、塑料等，不同材料有着不同的特性，往往根据模型表现的需要进行选择，从而表现出不同的艺术形式及风格。

①纸质材料

主要指卡纸、纸板、瓦楞纸板等，纸质材料重量较轻，柔韧性强，具有很强的可塑性，造型工具简单，加工非常方便。其中纸板类是纸质模型材料中最常用的一种。纸板类材料种类很多，有国产和进口两大类，其厚度为0.5～3mm，颜色达数十种，纸板的肌理和质感也各不相同，纸板使用方便，可以任意地裁剪、切割、折叠，然后通过粘贴而形成所需要的整体的或细节的造型。纸板本身易着色，能在纸质表面画出所需要的色彩和材质效果。在环境建筑设计的模型表现中常用于工作模型的表现或效果表现，适用表现的环境建筑类型广泛，但更适合表现薄壳结构的建筑，不过一旦纸质材料通过黏结成型后，修改比较麻烦，另外由于材料的柔软性，模型容易被挤压变形（图6-124）。

②木质材料

木质材料指的是一般木材、胶合板、专门做模型加工的型材，以及与木材性能相近的复合密度板等，木质材料的稳定性强、韧性好，使用专门工具加工成型也比较方便。木材作为模型材料，适用范围也很广，应充分利用木材特有的材质纹样能表现出建筑独特的亲和力和环境和谐的自然清新的效果。木材可加工成板、线、块材，无论是表现整体造型还是细节刻画都具有很好的效果。相对于纸质材质，木材成本相对高些，没有专门的工具加工起来比较困难（图6-125）。

③塑料：主要包括三类，分别是泡沫塑料、有机玻璃板、ABS板。

泡沫塑料：是指聚乙烯、聚苯乙烯等发泡塑料制品，具有重量轻、吸水性小、承受压力小、稳定性好，极易进行切割、雕刻、黏结成型等特性。使用泡沫塑料制作用于方案推敲的工作模型最为常见，采用电热丝可以任意切割变化复杂的形状，也可用工具切割大块面的形体，修

图6-125　木制模型——学生作品

改起来比较方便；但泡沫塑料结构较松软，不宜加工太过细小的形态，表面也不够光洁。在环境建筑设计的工作模型中主要用于表现整体性强、块面大的建筑或环境地形的模型（图6-126）。

有机玻璃板：有机玻璃板是环境建筑模型制作中的常用材料，材质表面光滑，具有现代感。常用的厚度为0.5～5 mm。分透明和不透明两种。在精细建筑模型中，有机玻璃板是不可缺少的材料。有机玻璃可经热加工形成各种弧形面，但材料较脆，在切割和热加工过程

中容易发生断裂。激光雕刻机能对有机玻璃板切割、雕刻、开空，效果极佳，小工程作业中用到有机玻璃板可以用勾刀手工划制。

ABS板：材料表面光滑，为乳白色塑料板材，常用厚度为0.5～5 mm。同样，ABS板能热加工成型，可以制作各种弧形面，材料韧性较好，不容易发生断裂，是做建筑模型墙体的理想材料。表面易于着色，用于喷漆上色也不会产生腐蚀（图6-127）。

④泥塑、石膏类塑性材料

除了上述常用的三大类模型制作材料外，还有泥塑、石膏等塑性材料可用于制作环境建筑模型（图6-128）。

泥塑材料是指黏土类材料，成本较低，具有很强的可塑性和较好的硬度，但稳定性较差，适当湿度的黏土可以自由地塑性和修改调

图6-126　泡沫类材料模型——学生作品

图6-127　有机板、ABS板制作的模型——学生作品

图6-128 泥塑、石膏类模型

整，有利于塑造任意曲面的形态并可以达到较好的表面平整度。但在干结的过程中具有较大的收缩性，容易造成形态断裂。因此较适合作为环境建筑设计中工作模型的材料，主要可用于场地环境模型或整体感较强的建筑体量模型。

石膏具易塑性，可以形成各种形状，故常用于注模。石膏脱水形成的固体坚硬、易脆，长时间干燥放置后容易开裂，所以高档次的环境模型已经很少使用石膏作为模型主体材料。

⑤其他辅助材料：模型辅助材料是模型主体完成后，模型深入制作时所用的材料。模型辅助材料主要应用于建筑物或构筑物模型的细部和环境表现的配景制作等方面，因此设计的种类繁多。选用适宜的辅助材料能提高模型的整体效果，完善细节表现。例如金属材料、草皮、草粉、成品配景材料，主要使用于展示方案效果的表现模型更丰富真实。

3．实体模型的建立

不同阶段的模型表现具有不同的要求，因此建立模型的方法也不是唯一确定的，一般来说，细节推敲阶段的工作模型以表现推敲的内容为主，重点表现环境建筑设计的某一方面，而方案表现模型以表现环境和建筑整体、和谐氛围为主。我们这里按模型表现的内容分成三类来介绍建立实体模型的基本方法。

（1）场地环境模型

在环境建筑设计中，建设项目的场地环境是需要考虑的重中之重的问题，在设计构思前需要对场地环境做详细完备的调查，在设计中需要尽可能保护和利用原有场地的环境条件，如山地、坡地、滨水环境等，因此建立场地模型是非常必要的，建立的思路一般有两种：一是按场地原貌建立模型，通过模型研究发现场地环境问题构思设计；二是在场地平面图上以对原有环境的利用作了初步设计，按设计思路建立新的场地环境做设计方案的推敲工作。这两种方法的选择应根据实际情况来选择。建立场地模型的基本方法如下：

①确定场地环境模型的比例。根据场地大小制作比例，考虑到制作的速度和便捷的程度，模型不宜过大。对于较大的区域景观环境模型可以采用化整为零的制作方式。

②制作模型底座。模型底座一般使用多层胶合板、精木工板、复合密度板等不易弯曲、断裂的板材，板材的厚度与强度要根据模型大小和重量来确定，底版应略大于模型范围，以便制作和搬动。

③建立场地地形模型。整个场地环境模型中最初需要表现的是场地地形。尤其是对于山

地、坡地这样的场地环境，地形的表现可以说是整个环境模型中的重点。场地地形表现一般采用纸板、木板、泡沫塑料、黏土。对于地形的表现一般用两种方法：一是按照规定的比例以及地形等高线，将板材（木板、泡沫板、纸板）切割成一块块的等高线形状，然后将这些切割好的等高线形状板材，采用多层粘贴成如同表现"梯田"一般，且忽略自然地形中的部分细节。这一手法比较适合要求精确表现地形的场地环境（图6-129）；二是当场地地形比较不规则时，则可采用写实性的表现。

④场地地形模型基本完成以后，可添加其他环境细节来突出环境特征。比如原有建筑物可用塑料块体来表示，水面可用色彩来区分，

图6-129　"梯田"式地形

图6-130　场地环境模型分区调整

图6-131　建筑模型细节

道路可用线或纸片，大树可用树枝，重点植被可用适当大小的颗粒状物体来表示，等等。一般来说场地环境模型应在环境色调上保持和谐统一，避免杂乱无章。如果以表达形态为主的话，最好保持模型环境色调一致，避免色彩的干扰；如果以表现场地功能分区为主，可使用弱对比色彩来区分（图6-130）。

（2）建筑主体模型

建筑主体是环境建筑设计模型表现的主要组成部分。具体的考虑主要有以下几个方面：

①整体与局部：其中制作深度是一个很难掌握的因素，并不是制作越深越好，都是随着模型整体的主次关系、模型比例的变化而变化。如果是用于推敲方案的工作模型，制作深度要求不高，如果是用于表现方案效果的模型，制作深度较高，一般需要表现出基本的建筑模型件，如屋顶、墙面、开口部分（即门窗）。但由于实体模型比例和制作深度的限制，无法做到与真实方案一模一样，因此在立面表现时为了一定的效果会根据实际情况进行立面的适当的添加和删减，以表达最主要的效果（图6-131）。

②材料的选择：一般是根据建筑物或构筑物主体的风格、形式和造型进行选择。另外还要参考模型的类型、比例和模型细部表现深度等诸因素进行选择，一般来说，材料质地密度越大越硬，越利于建筑模型细部的表现。对于推敲模型来说，最常选用易于切割和修改的很厚的泡沫塑料，当然也可根据构思的效果选择其他块状模型材料，如木

板等。对于方案效果表现模型来说，选择材料的范围更广，往往选择与方案真实效果较为贴近的材质，同时考虑制作深度较细，通常选择易于加工的材料。

③模型色彩效果的表现：一种是利用建筑模型材料自身的色彩，这种表现形式体现的是一种自然的美，一般用于工作模型（图6-132）；另一种是利用各种涂料进行表层喷涂，产生色彩效果，一般用于表现模型。但总的来说要求模型色彩和谐统一（图6-133）。

④结合场地环境考虑建筑主体：对于环境建筑来说，场地环境和建筑物或构筑物主体之间的关系密不可分，因此，对于工作模型来说场地模型与建筑主体模型接触的部分应相对准确，才有推敲的价值，同时体现了建筑实体与外部环境空间的形态比较；对于表现模型来说，建筑实体的表达与环境应整体协调，并且在表现上有所侧重。例如整个设计方案从环境构思出发，场地环境模型应是表现重点（图6-134）；如果方案设计从建筑本身出发，环境只是陪衬，应以表现建筑为主。

(3) 建筑物内部空间环境模型

环境建筑设计模型表现中的室内空间模型主要是指用于推敲建筑设计中内部空间环境的工作模型，一般有两种形式，一种是建筑剖面空间模型，包括了纵向的多层空间的比较或横向的并列空间比较，采用侧面打开的方式；另一种是单层空间布局的模型，主要针对内部分隔、交通组织等空间关系的推敲。采用顶部打开的方式，从上往下观察发现问题。建筑内部空间环境是人活动的空间，因此在分析空间时应放置相关比例制作的参照物进行比较，如

图6-132 保持材料自身色彩

图6-133 喷涂色彩

图6-134 环境与建筑表现融合

人、家具等。此外，当其作为展示建筑内部环境效果的表现模型时，我们可以选择局部空间作为表现对象，并采用合适的视角以求最大限度地表现建筑内部最突出的空间环境特征。

四、计算机表达

计算机表达在一定程度上综合了图示表达与模型表达的优点，而且它的准确性和真实性又是图示表达和模型表达所无法达到的。因而，近年来已经成为越来越广泛应用的一种表达方式。在完善阶段，计算机除了能完成二维的平、立、剖面图等，还能将建筑生成模型，选择不同试点，从不同角度绘制多张透视图。计算机有强大的模拟功能，可以模拟真实的光源、材料、颜色甚至真实环境及配景等。从而使绘制效果非常逼真，环境气氛和意境的表达也十分真切。虚拟模型可简可繁，可任意修改调整，从工作模型到设计效果表现模型可分多次逐步深入，而且每一步的成果都能保存下来。另外，计算机还可以提供动画技术，模拟人在环境、建筑中行走的动态画面，从而能准确地感受作品的实际空间视觉效果，增强表现的力度。

目前环境建筑设计可以使用的计算机软件主要有Sketch up、3DMAX、AutoCAD等。还有一些图像应用软件如Photoshop等也时常配合建模软件使用。计算机辅助设计已成为设计专业中不可缺少的课程内容，在这里不再详细讨论有关电脑操作的技术问题，通常我们在以下情况的时候考虑使用计算机表达虚拟模型。

（1）在实体模型制作中，使用的材料工具都是比较简单的，对于制作一些形态比较复杂的环境、建筑物、构筑物时十分困难，很难准确体现出建筑形态，在这种情况下可以考虑使用计算机建模，帮助我们快速实现对复杂形态的三维效果的视觉体验。

（2）面对一些大型的建设项目，如城市范围内的环境规划，或者是住宅区建设等，短时间内要建立供推敲方案的实体工作模型非常困难，除了时间和制作成本因素外，最重要的是观察模型的距离和角度与显示的情况有较大差距。而数字虚拟模型可以轻松实现，并在模拟显示中观察建筑或城市环境的角度和距离。

（3）对于建筑物来说，实体模型往往就是一个实体，进不去也出不来，即使是做成内空的模型也无法体会到从里往外看或者是从外往里看的效果，更无法体验到人在空间内部穿行体验的效果。如果需要这样的模型，计算机建模首当其冲并设置摄像机的运动轨迹就可实现。

尽管计算机表达的优点很多，但也不能完全取代图示表达和实体模型。尤其从环境建筑设计这一课程角度看，对于刚刚接触专业设计的艺术类学生来说，我们仍着重强调动手表达的重要性，即手绘图示表达和手工模型制作，打好基础并发挥艺术表现的优势，而不是过早地接触到计算机表达。

总之，在设计的完善阶段，三种表达方式各有优势。就实用性来说，图示表达的作用是不容忽视的；就直观性来说，模型表达的优势最显著；而就准确性和真实性来说，计算机表达有着很大的潜力和发展前途。因此，有效地将这三种表达方式加以综合，取长补短。借以更全面地表达最终的设计成果，是完善阶段思维表达的最佳方式，也是我们推荐的理想化模式。

第七章　课题实践

本章以课题实践的整个过程为线索，明确设计程序和设计方向，运用专业基础知识和设计方法，严格按照设计程序执行课题设计，并结合学生案例，分析指导学生完成课题实践，来检验学生在实践中的创新设计能力、设计控制能力、操作能力和团结合作精神。

在第一章中就提到本课程选择两个环境建筑设计的课题，分别是别墅设计和咖啡厅书吧设计。在第四章中列出了详细的任务书。在理论学习完成的基础上，按照本书介绍的设计程序开展这两个环境建筑的设计。

第一节　前期调研

课题一：别墅设计——图纸调研

根据任务书的内容，课题虚拟了一个艺术家别墅设计，已知地形图。在仔细阅读设计任务书的基础上，运用课程内容进行调查分析：

(1) 相关资料收集：主要包括对居住类建筑相关设计资料的收集，例如设计规范、功能要求、空间尺寸、结构技术等内容的了解。另外对相关优秀案例的收集和学习，为自身设计积累资料和经验。

(2) 别墅任务书分析（图7-1，图7-2）。

①主要指对该别墅的使用情况，例如使用对象、功能要求和流线安排等进行详细分析。对别墅的设计要求进行深入解读，例如艺术、文化方面的要求等。

②地形图分析

主要指待建别墅的外部环境：包括地形因素、日照影响因素、水体因素、周围绿化因素、公园设施因素、邻近建筑和构筑物、周边交通等。

别墅的体量与空间安排与上述外部环境的关系。

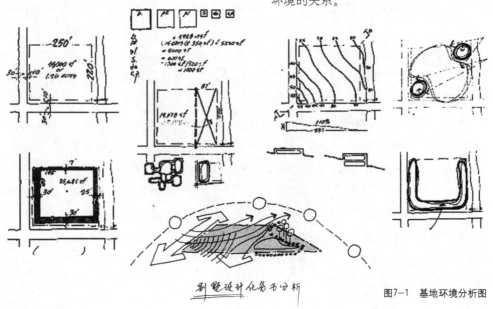

别墅设计任务书分析

图7-1　基地环境分析图

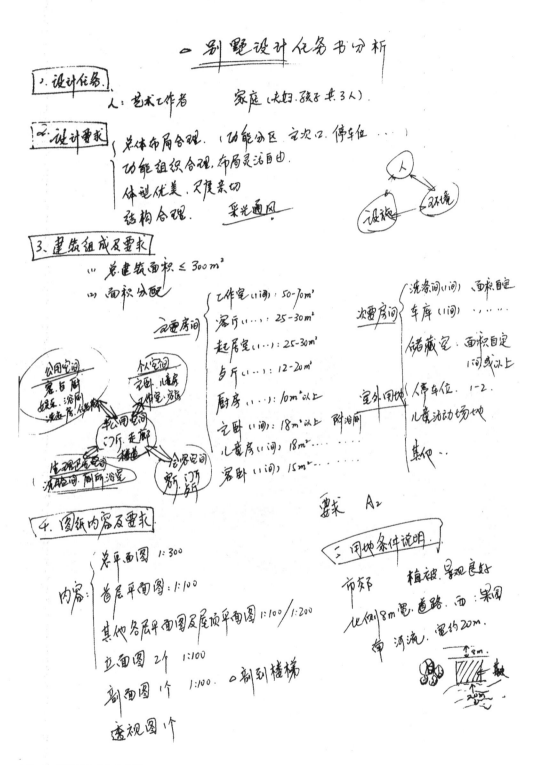

图7-2 设计任务书文字分析

课题二：咖啡厅书吧设计——实地参观调研

根据任务书的内容，课题选定的咖啡厅书吧设计是一个实践项目，位于镇江市河滨公园内，濒临京杭大运河。在仔细阅读设计任务书的基础上，在实地考察之前，明确考察对象和调研内容：

（1）从书籍、网络上预先收集相关资料。深入现场对设计对象、基地进行测绘、拍摄、速记。收集资料时还要抓住主要问题深入调查，侧重原因设计的目标不同而变化，围绕设计目标展开，为下步分析构思的展开提供依据。最后完成2～3层咖啡厅书吧的资料收集、整理、绘图工作。调研分析内容表达以手绘速写、平立剖和分析图、照片和简明文字说明来综合体现。这对全面而准确地理解设计项目的周边环境以及空间体量关系非常重要。

（2）基本分析内容：（图7-3，图7-4）

①使用者情况调查。

②咖啡厅的外部环境：包括地形因素、日照影响因素、水体因素、周围绿化因素、公园设施因素、临近建筑和构筑物、周边交通等。

③咖啡厅的体量与空间安排与上述外部环境的关系。

④咖啡厅的功能安排和流线组织。

⑤咖啡厅的结构、材料。

图7-3 现场考察拍摄

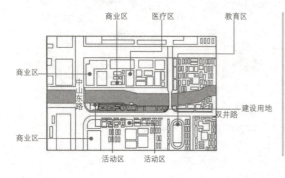

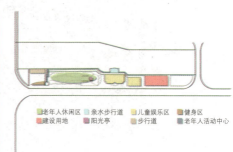

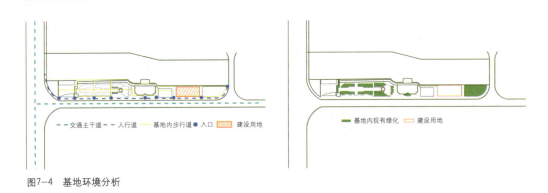

图7-4 基地环境分析

第二节 大师案例解析

牛顿曾说："如果我能看得远一些，那是因为我站在巨人的肩膀上。"在设计前期的开始阶段，在对设计任务书、设计项目的背景资料作深入、全面调研的同时，还要做到"师法其上"。学习设计大师的优秀作品。尤其对于建筑设计的初学者，学习前人的经验是必需的，学习建筑历史，阅读建筑大师的优秀的建筑与环境设计作品，要习惯了解设计的背景资料，建筑师一贯的设计手法与理念，阅读平面图、剖面图、立面图……再对照图片，想象和体验大师作品的空间感觉，获得深刻的建筑印象。因此，在学生前期调研的过程中，我们安排了大师作品解析的环节，对特定作品的构成要素和组织结构关系的剖析和图解，使初学者在开始真正的设计工作之前有一个熟悉和过渡的过程。这个过程是理解和学习环境建筑设计的重要手段之一，最终将这些分析的成果应用于实际设计中，以便今后形成自己的个人风格。同时通过阅读解析大师作品进一步培养学生的思维转换能力，了解建筑设计的基本思路，学习处理问题的方法并积累设计元素。

环境与建筑的艺术设计是复杂的行为，是时间与空间的相互作用，设计的过程由解读功能要求、基地条件和文脉关系开始，以形式类型确定设计策略，这一初始的过程在专业领域里发展一套抽象的图解性语言，用一系列的符号来指代和分析某些方面的事及其特性和彼此之间的关系，用图解分析的方法研究建筑，着重研究建筑如何产生，建筑艺术如何具体化，建筑师如何组织功能和空间，如何运用体量、形状、光影、材料、色彩、肌理以及其表达方式。这个分析工作可以包括建筑产生的背景、建筑与环境的关系、建筑功能组织、建筑流线组织、形体特征、空间特点、结构形式、建筑立面与剖面的分析、建筑材料的运用与细部处理等。

一、分析的内容

环境与建筑作品分析的角度大致可分为两种。一种是从历史的角度来解读，将作品作为整个建筑发展史中的一个点，从承前启后的意义来研读。这种方法注重研究此前或此后的设计作品和思想，将其作为解读建筑的基础和背景，更加关注建筑的历史意义，另一种是关注建筑作品的本体意义，将关注点放在作品本身,这里以后者为主。

1．分析的体系

设计所包含的基本要素如下:(1) 设计的背景;(2) 设计的主体——设计师;(3) 设计的对象——建筑作品;(4) 设计的程序;(5) 设计的工具——图示或模型。

那么对于建筑作品分析,可以采用相应的方法体系,作品分析包含以下几个方面:(1) 分析的主体——分析者;(2) 分析的对象——建筑作品(建筑师);(3) 设计的背景——为什么设计;(4) 分析的程序;(5) 分析的工具——图解或模型。

2．分析的程序

(1) 分析的主体——个人建筑观的确立

(2) 对建筑作品背景进行分析

(3) 对建筑作品的构成体系进行分析

在了解了建筑的设计背景后,开始对建筑作品本体进行分析,这种分析必须以作品本身的构成要素为前提,包括分析建筑的功能分布、空间构成、造型特点等诸多方面。在这里,我们将构成建筑的众多要素归纳为6个体系:

①环境体系:建筑大师赖特曾经说过:"应该做到每座房子都成为它所处的景区的一个部分,并且能体现出和谐。如果建筑师的努力获得成功,就不可能想象这座房子能建造在别的任何地方。这时,房子便成为整个景区的一个组成部分了。它只能为景区增辉,而不是使其减色。"这里的环境不仅包括场地周围的自然环境,还包括当地的人文环境和历史环境。

②交通体系:交通流线是人和物在建筑或场地中进行活动的行为轨迹,它对建筑平面及空间组合有决定性的影响,既分割各个功能分区,又体现它们之间的关系。合理便捷的交通流线是建筑得以顺利运作的重要条件。同时也是创造建筑内部丰富的室内空间的重要手段。

③结构体系:是建筑的支撑体系,是建筑物赖以存在的物质基础。因此结构对建筑的安全、坚固有直接的作用。其次结构也是建筑形式美的重要影响因素。

④功能体系:简单地说是建筑或建筑中某空间的用途。《建筑十书》中曾提出的"适用、坚固、美观"是建筑的三要素。其中"适用"指的就是建筑的功能性。功能是建筑最传统、也是最基本的构成要素。

⑤空间体系:是个抽象而广泛的概念。空间是人类交流的最基本和普遍形式的本质所在。建筑的空间就是人们为了某种特定的目的,用人为的手段所创造出来的空间,它包含三个要素:中心、方向和区域,这三个要素的结合赋予了空间以特殊的意义。从传统的建筑空间到四维空间、流动空间等概念的出现,人们对空间的理解和演变与整个建筑历史的演变是不可分割的。

⑥实体体系:即建筑的造型体系,包括建筑的形状(体块之间的关系)、建筑色彩、质地、尺度和比例等方面,是建筑的构能、结构等要素的外在体现。

(4) 对建筑作品的综合评价

在对建筑的各个构成体系进行分类分析后,需要对作品进行整体分析,阐明各个要素之间的内在联系,并基于作品的背景、时代意义、社会意义等对其进行综合评价。此外，可以选择该建筑大师的另一个作品或者选择风格类似的别的建筑师的优秀作品进行比较研究，使分析结果更加客观、全面、细致。

二、解析的方法

建筑设计的过程是贯穿图示的过程，同样，分析建筑的过程中也同样需要图解，即用分析图的方式将建筑作品简化地剖析出来。

1. 图解建筑

在第五章构思阶段中我们提到图解思考这一图示表达方式，主要用于构思过程的分析。既然是一种重要的分析方法，在解读大师作品时，我们也可以运用图解的方法进行。"图"指形象化的特征，"解"表示分析、思考、解释的行为。当然这里的图解不是对平、立、剖的简单临摹和复制，而是对建筑作品的分析简化图。它的特点是对建筑构成体系的各个方面进行分析、抽象、简化，突出作品主要表达的信息，剔除多余的造成混乱的信息，清晰地剖析出建

筑各个组成元素的特点。同时借助文字与图解相互补充，使分析的成果更加明晰准确。

（1）图解的元素

图解可以运用各种丰富的要素来呈现作品的特点，对建筑的各个组成体系进行全方位的抽象的剖析。

①线型：线是图解建筑中一种最常用的元素，适宜表达流线、轴线、关系、运动、时间等分析性的内容，同时通过线宽窄的变化，实线与虚线的对比，直线、弧线、曲线的不同利用等方法展现所要表达的内容；图解上的直线或曲线还通常用做边界线或功能分区的框线（图7-5）。

②颜色：一方面色块本身可以用来抽象表达建筑的颜色，另一方面色块也可以用来表示"面"的存在，如功能分区、建筑表皮的对比等（图7-6）。

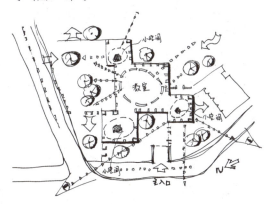

图7-5　线型图解元素

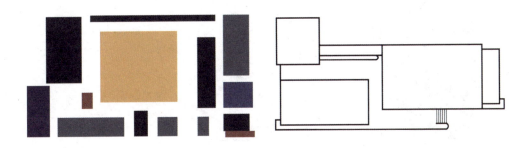

图7-6　色块图解元素

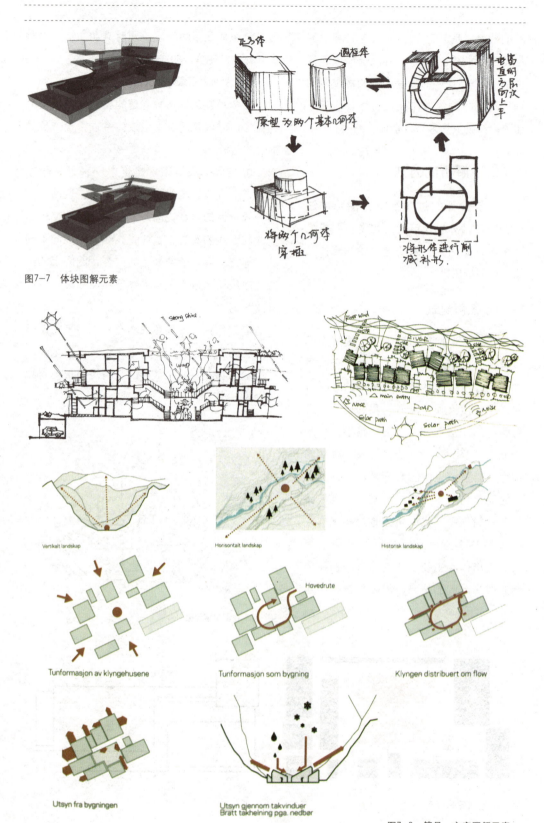

图7-7　体块图解元素

图7-8　符号、文字图解元素

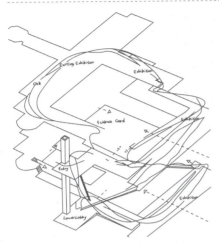

图7-9　简化、分解技巧（手绘）

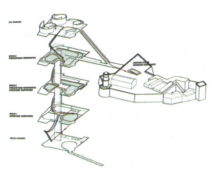

图7-10　简化、分解技巧（电脑绘制）

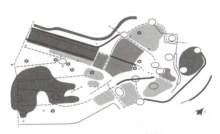

图7-11　多种图解元素应用（手绘）

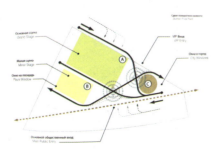

图7-12　多种图解元素应用（电脑绘制）

③体块：体块可以更直观、立体地表达建筑的形体关系，对作品的抽象与分解有利于我们更清楚地认识到作品的形体特点和构成关系，特别是那些几何形体突出的建筑（图7-7）。

④符号：包括标志、箭头等符号，标志用于表示节点、标志物；而箭头用于表达方向、来源等意义（图7-8）。

⑤文字：在必要的时候，文字配合符号，可使分析的结果更加直观。

（2）图解的技巧

图解建筑可分为多种不同的类型。按其呈现的方式可分为二维图解和三维图解；按其主要表达的要素可分为功能气泡图、分区图、交通流线图、示意图等。如何清晰地表达建筑作品，需要一定的技巧和练习：①简化底图；②高度抽象与概括；③恰当利用不同的图解元素；④运用分解的方法（图7-9，图7-10，图7-11，图7-12）。

2．分析模型

用模型的方法来研究建筑作品也是一种常用的方法。通过制作模型可以更加深入理解建筑作品的建筑形式、构造、结构以及空间形态方面的特征。同时通过模型制作，初学者还可以掌握模型制作的基本方法和技巧，培养对材料质感和色彩的协调及综合运用能力，也同样类似于前文所提到的工作模型（图7-13）。

图7-13　弗兰克·盖里正在制作工作模型

三、学生解析案例

选择一位建筑大师的一件优秀作品进行解析，主要从构成体系的六个方面进行。要求图文结合，以图解和分析模型表现为主，最终分析结果表现在A4文本中，并鼓励制作模型以便更加透彻地研究建筑作品的空间。

大师作品分析一（学生作业）

姓名：程欣　指导老师：霍珺

安藤忠雄——光之教堂

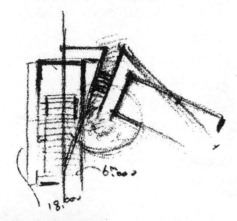

安藤忠雄——光之教堂（日本大阪 1987—1989），日本建筑师

生平简介：

安藤1941年9月13日出生于日本大阪。18岁时，安藤开始考察日本文化古城京都和奈良的庙宇、神殿和茶社等传统建筑。20世纪60年代起，他又开始游历欧美，考察研究西方文明中的伟大建筑，绘制了大量的旅行速写草图并一直保存至今。事实上，安藤完全是通过考察真实的建筑并阅读相关书籍资料来学习建筑学的。勒·柯布西耶对安藤的建筑生涯曾起过决定性的影响。

安藤求学初期，曾在大阪一家旧书店里找到一本柯布西耶的书。当他翻开这本书时，顿时就对柯布西耶那些早期的方案草图着迷了。当安藤后来访问马赛公寓时，他开始对柯布西耶真实作品中混凝土材料的娴熟运用和特殊质感产生了浓厚兴趣。除了勒·柯布西耶，安藤后来也曾谈起过F·L·赖特、密斯、阿尔托和路易斯·康对他建筑生涯的影响。

设计思想：

安藤是一位善于运用建筑语言进行巧妙言说的建筑师，他的建筑由于充分挖掘和体现日本人独特的环境心理及日本建筑的内在精神而使人备感亲切，又因其对待环境所出的匠心创意和对建筑要素的独到运用而新意迭出。

安藤的建筑之所以有深度，是因为他有一定的观念、哲理和创造性思维作为依托，而不是那种仅靠镜面玻璃来体现"现代化"或单凭琉璃瓦来体现传统的粗浅之作，也不是凭空臆造，追求新奇的怪诞之作。安藤的建筑观和美学观都是以鲜明的人文价值取向作为基础。

安藤的设计哲理概括起来主要有以下几个方面：

"以人为本"的设计理念，

人与自然的不可分性，

素混凝土材料作为建筑文化的表达和对纯粹空间的追求。

纯净的几何体

素混凝土材料的运用

自然

不仅如此，安藤在许多作品创作中，还特别注重经由人身心体验的空间序列组织，注重由人们参与而获得的最终建筑品质的实现，而不是建筑本身的商业价值。

场地概况：

设计极端抽象简洁的仅为113平方米的大阪光之教堂，位于大阪闲静住宅街的一角，一片普通的住宅区内，是现有的一个木构教堂和牧师住宅的独立式扩展。教堂是牧师家所属，旁边就是牧师的一幢极其普通的日本式旧住宅。建筑的布置是根据用地内原有木造教堂和牧师馆的位置以及与太阳的关系来决定的。

教堂内部空间几乎完全被坚实的混凝土墙所围合，内部是真正的黑暗。

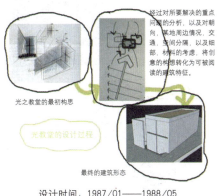

经过对所要解决的重点问题的分析，以及对朝向、基地周边情况、交通、空间分隔，以及细部、材料的考虑，将创意的构想转化为可被阅读的建筑特征。

光之教堂的最初构思

光教堂的设计过程

最终的建筑形态

设计时间：1987/01——1988/05
施工时间：1988/05——1989/04
基地面积：839m²
占地面积：113m²
总建筑面积：113m²

礼拜堂正面的混凝土墙壁上，留出十字形切口，呈现出光的十字架。由于空间开口很少，十字光线在黑暗背景下明亮异常。受场地地形和满足建筑功能面积的制约，以及安藤对纯粹几何空间的追求，教堂被处理为简洁的混凝土箱体，建筑内部尽可能减少开口，主体限定在

对自然要素"光"的表现上，人们在内部只有透过光才能感受到那异常抽象的大自然的存在，与这种抽象性相一致的是，建筑也是一个纯粹的形体，没有额外的装饰，光线通过墙上的裂缝和开窗折射进来，赋予空间以张力并使之神化，它们抽象地渲染着已经建筑化了的室外光线。这是安藤忠雄所谓的对自然进行抽象化作业。

平面分析：

从总平面图上可以看出，教堂的入口开在面对内院的西墙上，这样可以形成完整的沿街立面。同时矩形平面被一片完全独立的墙体分为大小两个部分，大的为教堂礼拜空间，小的则为主要入口空间。教堂空间的地面处理成台阶状，由后向前下降直到牧师讲坛。讲坛后面便是在南立面墙体上留出的垂直和水平方向的开口，阳光从这里可以渗透进来，从而形成了著名的光的十字。

通过观察还可以发现，教堂南立面并不是完全朝南，而是与东西方向轴线成约30度角。这显然是经过建筑师认真规划的。从平面图上可以看出，这片与墙体呈30度夹角的墙是与教堂主体矩形平面呈"平行"关系的。

教堂的功能是做礼拜，做礼拜一般为上午时间，南立面与东西方向有了夹角之后，可以保证光线从早上到中午都十分充足，从而使人们在做礼拜的时候可以欣赏到炫亮的十字光影。

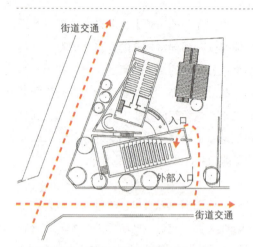

由整体交通形式以及建筑特性的要求界定空间

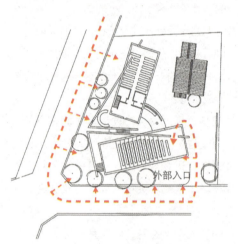

在接近光之教堂的过程中可以看到建筑立面

同时，十字光线也随着阳光入射角的变化在室内呈现出不同的位置，也暗示了时间的变化。

空间组织与布局：

在安藤的观念里，建筑是人与自然的中介空间。那片独立的以15度角斜插进教堂矩形体量的L形墙体，不仅为教堂的空间感增加了"看点"，而且以最简单的方式解决了基地和工程的所有难题。教堂的基地靠近道路，除了面向内院的西墙，其他墙开窗洞是不合适的。L

形斜墙不仅分割了空间，而且把柔和的阳光反射渗透进教堂室内，使室内空间神秘化、神圣化，同时也掩蔽了现存内院之中的牧师住宅，净化了教堂周边的视觉环境，而且还隔离了喧嚣的外部世界，维护了教堂庄严神圣、静谧的氛围。

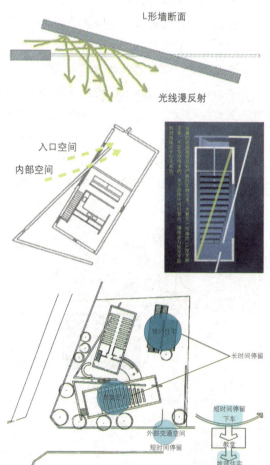

教堂的空间逻辑

建筑建构：

光之教堂纯粹的用材也决定了建构的纯粹。在西立面开窗部分，玻璃的钢框架直接插入混凝土墙体，体现了安藤建筑简洁的特征。构造的亮点是光十字墙体的构建，它的构造就是混凝土墙体夹玻璃，不露马脚，从而形成纯粹的"光十字"。安藤向来对他的建筑工艺要求甚严,从模板制作到清水混凝土的灌溉,都要求绝对精确,精工细造。

下面是安藤建筑的用料资料:

模板900mm×1800mm×12mm普通胶合板,外覆聚氨酯层(据环境不同,模板可用2~3次),为防水防尘需要,混凝土表面每隔二三年涂上新保护层。混凝土强度270kg/cm,水泥重含量333kg/cm,水与水泥混合比为52%,细砂与总骨料比为47%(一般混凝土:硅酸盐、水泥、水、细砂、粗骨料、添加剂,最小强度210kg/cm,坍落度<=15cm,水与水泥比<55%,空气含量4%,水泥含量最小值270kg/cm)。

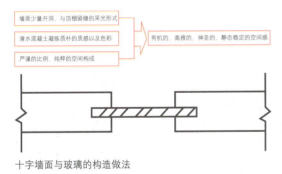

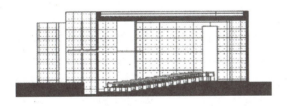

十字墙面与玻璃的构造做法

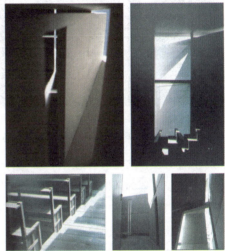

教堂剖面

建筑的通风与采光:

建筑的通风不是靠窗,而是靠墙体和顶部的缝隙完成的,而且,这个缝隙还是通光口,光是贴着墙或者天顶进来的。教堂内很暗,这样更能映衬出光十字以及天光渗透过来的效果,更重要的是保持十字架光在人的视觉

中有强烈的发光感觉,体现了建筑的主题——由建筑表达自然的意义和建筑师的意图——光的抽象化以及建筑化。同时,这种室内采光效果也符合了日本传统和式建筑中,室内偏暗的美学观点。

模型演示教堂内部一天中光线的变化:

光线在黑暗的背景衬托下明亮异

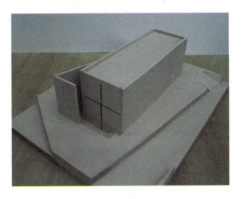

常,参拜者透过光感受到异常抽象的大自然的存在。阳光在地板上投射出的线性图案以及不断移动的十字架光影表达了人与自然的纯净关系。

小结:

第一眼看安藤的建筑,多半会觉得他的禅意扑面,与一杯苦茶的滋味当是

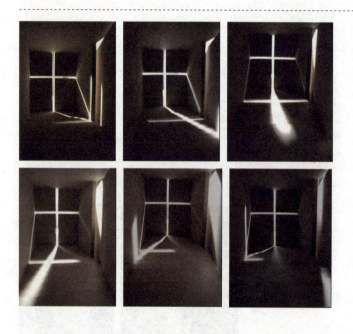

一致。寒素枯涩的美，即早在《源氏物语》的时代，就为日本人所钟爱，这也影响到了安藤的创作。安藤以裸露的清水混凝土直墙为压倒性的建筑语言要素，也许东方人会嫌它造成了不容分说的生硬气氛，但他那种如老僧入定般的纯粹素净，西方人又极感陌生。人们喜欢用"菊花与剑"来形容日本人的双重性格，安藤则正是这种阳刚之气与阴柔之美的综合体。他将西方建筑的豁达与东方的婉约如此巧妙地糅合在一起，产生出神奇的建筑设计效果。

安藤在设计中有意识地关注建筑传统，尤其是日本的传统住宅，深受其谦逊与淡泊的品质所感染。但他的建筑给人的印象并不是传统的，而是异常的现代，这在很大程度上归因于他喜用的混凝土材料。在20世纪，很少有人像安藤这样把混凝土材料在建筑中发挥得如此淋漓尽致。

在东京和大阪市区喧闹的迷宫曲径中，安藤忠雄的建筑似乎并无惊人之处，它们外表恬静、造型简朴，基本构件稀少，而且还采用了清水混凝土的外饰面处理、大玻璃和平滑的壁面这些典型的现代主义手法。但是，安藤的建筑是需要品味的，严谨的比例、空间中对光感的追求、对材料的精选使他的建筑简朴而纯净，正是密斯"少即是多"箴言的写照。安藤的建筑给人的是一种素面朝天的感觉，一种"清水出芙蓉，天然去雕饰"的美感。

细看安藤的教堂系列，都充裕着他的独特的建筑理念和建筑思想。他的教堂全然不是西方的教堂形式，不过他用自己的简练充满禅意的建筑语汇同样传达除了宗教的气氛、宗教的氛围和精神。他的这座小巧的光的教堂，虽然面积不大，依然满足了教堂的功能需要，在礼拜时可以容纳百人左右。它用素雅的清水混凝土和墙面"用心"的开洞，表现了安藤的理想——把光这种自然元素建筑化和理想化，让它和建筑成为一体。

光之教堂满足使用的同时，造价也很低，地面、墙壁都处理得十分简朴，并保留了粗糙表面的质感，这种处理也很好地配合了教堂的气氛。教堂传达的纯粹的空间感和洗练诚实的品质让来这里参观的人品味不尽。

光之教堂只有一层高，这就不需要安藤在竖向空间以及竖向交通上用太多的心思，只需要他考虑与周边环境的空间，交通关系以及教堂内部的空间感，空间划分，安藤很好地选用了材料、形体语言实现了自己心中所想要的效果。总之，一切都如安藤自己所说："建筑的目的不只是与自然交谈，而是试图改造经由建筑表达出来的自然的意义。"

大师作品分析二（学生作业）

姓名：白翠丽 指导老师：霍珺

罗伯特·文丘里 母亲住宅

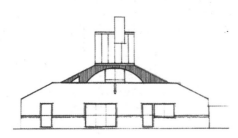

 罗 伯 特 · 文丘里（Robert Charles Venturi, 1922—）美 国 建 筑 师，1922年生于费城，就读于普林斯顿大学建筑学院，1950年获硕士学位。1954—1956年在罗马的美国艺术学院学习，后曾在O.斯托诺洛夫、E.沙里宁、L.卡恩等人的事务所任职；

1957—1965年在宾夕法尼亚大学建筑系任教；

1958年起在费城开设共同事务所；

1964年和凯文·洛奇一起开办事务所；

1965年曾代表美国国务院赴苏联讲学；

1966年任罗马美国艺术学院住宅建筑师即该学院理事（1966—1971）；

1977年任普林斯顿大学建筑与城市设计学院顾问；

1991年获普里兹克奖。

文丘里经典名言

1."建筑师再也不能被正统现代主义的清教徒式的道德说教所吓服了。我喜欢建筑要素的混杂，而不要'纯净'；宁愿一锅煮，而不要清爽的；宁要歪扭变形的，而不要'直截了当'的；宁要暧昧不定，而不要条理分明、刚愎、无人性、枯燥和所谓的'有趣'；我宁愿要世代相传的东西，也不要'经过设计'的；要随和包容，不要排他性；宁可丰盛过度，也不要简单化、发育不全和维新派头；宁要自相矛盾、模棱两可，也不要直率和一目了然；我赞赏凌乱而有生气甚于明确统一。我容许违反前提的推理，我宣布赞成二元论。"

2."我自己事务所的理念是：建筑作为一种交流手段而实现图式化和电子化，它应当是一种日常生活的集成。"

3."这是我的母亲住宅，它有很多层面，运用了必要的符号来表达信息，体现了对建筑作为一种遮蔽物的理解。"

4."1961年，我母亲见我的建筑师事务所生意寥落，心里非常着急。于是请我为她设计一幢新居，这就是'母亲之家'。这幢房子除了餐厅、起居合一的厅和厨房以外，有一间母亲使用的双人卧室、一间我使用的单人卧室。在二楼另有一间我用的工作室。此外，各处都配备了极为简约的卫生间。整个建筑规模不大、结构也非常简单，但是功能齐全，设计考虑比较全面，能够以一种充满温情的风格满足家庭的所有实际活动的需要。"

建筑概况：

母亲之家建于1962年，是文丘里为母亲设计的一所住宅。它的出现改变了人们对于建筑的理解方式，它体现了文丘里所提出的"建筑的复杂性和矛盾性"以及"以非传统手法对待传统"的主张。因而它也成为后现代建筑的宣言。1989年，美国建筑师学会因为这个住宅授予文丘里25年成就奖。

建筑环境：

母亲之家位于美国费城富裕郊区的一处宁静小路旁，安置在离开马路的一块平伸草地上，四周由树林和篱笆围合而成，经过一段狭长的地段可到达建筑的主入口，它设立在建筑的山墙之中。

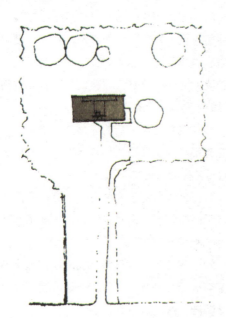

功能分析：

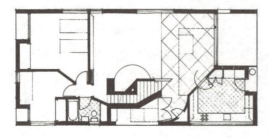

一层正中是客厅，左侧是卧室，右侧是厨房、餐厅。住宅入口是一个内凹的、很宽但又很浅的敞廊，真正的入口不是在敞廊的正中，而是在其右侧，这似乎是为了使内部布局更加合理。住宅的内部空间似乎是对称布局，但高低不同。餐厅的天花抬高了四分之一圆弧，做成壮观的高窗，但与其对的卧室却较低矮。客厅的重心是一个构造巨大的壁炉，壁炉背面是一个下宽上窄的楼梯，两者交织，似乎和壁炉互争为住宅的主角。

住宅二楼全部空间只有一间单人卧室，一扇拱形窗几乎占满了其后面的整个墙面，卧室的前面上部挑空，一个很大的构架似乎是壁炉烟囱的一部分。从卧室前面墙壁的窗子往正面看，有一个"没有目的地"的小楼梯，颇为奇妙。总之这应该是一个简单明了的平面，但它却变得如此复杂。

平面分析：

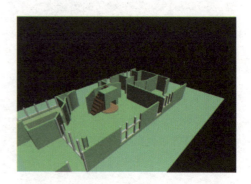

　　尽管整个建筑空间狭小，但是各功能空间的大小与形状相对合理，基本满足其功能上的要求。

　　卧室与起居室能占据较好的朝向，也相对使得门较集中地放置在一起。母亲之家的功能分区明确，但是单一。空间分割与组合明晰，是对传统建筑设计的一种继承。

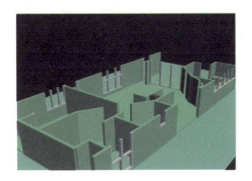

布局体现：

　　复杂性的体现：用各个"混杂"的不规则空间代替"纯净"的四方的盒子，据说，这才真正反映了家庭生活的琐碎和杂乱。烟囱一处是其复杂性的最好体现，在这里，烟囱与楼梯争夺着空间的中心控制权，互不相让的结果是两者纠缠在一起，向上延伸并刺穿了整个空间。矛盾性的体现：空间狭小与功能需求的矛盾使得各空间有挤在一块的感觉，也可以说这是通过非传统的方法组合传统的部件的手法所创造的。

立面分析：
单元到整体

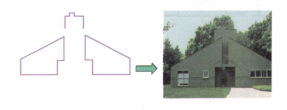

　　在这一建筑中，各单元以连接的方式集合在一起。这时，所有单元都是明显可见的，可以被完整地感觉到，并且相互之间是通过面对面、边对边的接触集合起来。通过有序组合的方式，整体具有比所有单元集合在一起要更大更丰富，这可以解释为整体大于局部之和。文丘里正是如此，立面起了类似模盘的作用，它把所有的单元装在里面，联系起来，因而产生了更丰富的内涵。

几何构图

重复到独特

重复和独特是相联系的——多次出现的两种组成体组织成一个统一的建筑形体。以这样的视角来看母亲之家的立面，建筑师运用了多个重复的方形，同时运用一道圆弧打破了重复，圆弧作为独特体放在立面上，就像把一块区域割破了，因而重复和独特之间的差别也就更加强烈。同时，方形的窗也不是一味地重复，它们也通过不同的组合方式形

成了独特。

文丘里并非一味地返古复旧，母亲之家仍是现代的烟囱偏向一边，而非正中，在对称轴线上又有一条圆弧，却又断掉。同样在轴线上还有一道深深的裂隙，还有门洞，一半是斜的，而且门偏向一边。左右的窗户虽单体相同，却通过不同的组合形成不同的整体。总的来看，在细部上虽不对称，却也平衡。在其背立面，文丘里以后门与烟囱的组合运用达到了同样不相对称却十分和谐的效果。

剖面分析：

从上面的剖面图可以看出，母亲住宅的破屋顶竖向几何关系较为复杂：屋顶从三个不

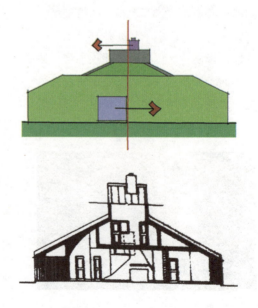

同的方向同时起坡，而坡顶的收头也并没有全部落在承重墙上，门厅上及二层卧室凹阳台上的局部坡顶也都如此。给人的错觉是正立面仅仅是一道高大的屏墙，既不起结构作用，又与内部空间没

有多大关系，成为纯形式主义的构件。这一点也与现代派的手法格格不入。通过两侧落地窗和高窗采光，使室内光线充分而又柔和。

建筑综述：

多与少

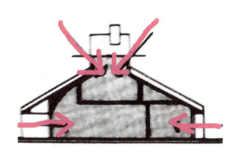

现代建筑运动提倡简洁与纯净，密斯的名言"少即是多"被奉为经典。现代建筑师重视材料、结构和技术。在建筑中大量运用新技术和新材料，特别是运用钢和玻璃。现代建筑运动是古典建筑的净化，应该说是具有进步意义的。

但如以前的被完全净化了，情况就会相反。文丘里就提出了"少就是厌烦"的感叹。文丘里还把矛头直指密斯，提出"少就是少，多才是多"。 多少应因时而异。

内容与形式

"形式追随功能"也是现代派的口号。柯布西耶就说："建筑是住人的机器。"但随着现代建筑运动的进行，对这一口号的理解也难免出现问题，致使产生把重视形式的创造与形式意义画等号的浅薄看法。其实，有人本身也就违背了这一口号，密斯就为追求钢和玻璃的纯净精致，而置住户的冷暖于不顾。这时文丘里也就针对着这种偏颇，"强调形式和功能之间的矛盾和区别，允许形式和功能各行其是，而使功能成为真正的功能。"文丘里提出"形式与功能分离"，是以"使功能成为真正的功能"为前提的。

装饰

从历史上看，建筑的艺术风格往往都通过装饰来表现，复古主义者硬用现代的材料和技术体现古典建筑的繁复装饰。现代派全面拒绝装饰，奥地利建筑师路斯声称"装饰就是罪恶"。虽然在技术不先进的古代尚能运用丰富的装饰来表现建筑，而我们拥有先进的技术和材料，为何还要拒绝装饰？文丘里就认为把时代运动推向前进的实施方案就是——采用装饰。然而，我们也不能完全复古怀旧，否则，还有什么时代可言？时代的进行，我们需要新的属于我们的装饰。文丘里的做法就是"利用传统部件和适当引进新的部件组成独特的主体"，"通过非传统的方法组合传统部件"。文丘里的这一思想直接影响了后来者，从后来的后现代建筑中都可看到他的影子。

第三节　学生作品方案的构思、推敲与完善

在这一教学过程中，教师首先对学生的构思概念进行引导，并示范草图的画法，重视设计构思的交流，结合学生方案推进设计，同时在实际设计中把设计原理和方法介绍给学生，并使之受到启发，教师帮助学生分析和判断优秀的方案，组织学生讨论，充分训练其表达能力（语言、图示、模型等）。这一阶段的主要成果：

(1) 表达方案与基地环境的草图。

(2) 表达建筑形体意向的草图。

(3) 以1：100比例绘制的平面图和剖面图，主要反映功能布局和空间变化。

(4) 方案推敲分析草图。

(5) 可结合工作模型进行方案推敲。

方案成熟完整以后，需要形成最终成果的完整表达：

(1) 设计过程中的草图自行保存、归档，作为最终评分的参考依据。工作模型应妥善保管，拍摄照片。

(2) 基本图纸成果要求：

①总平面图：1：500（如有局部地形等高线，请画出；明确建筑与周围环境、道路的关系）。

②各层平面图：1：100（首层平面图中画出建筑外部环境设计，如铺装、绿化、环境小品等）。

③四个立面图：1：100 （可适当地表现配景）。

④至少两个剖面图：1：100（主要空间关系处剖切，要求有一张表现楼梯）。

⑤效果图不限（包括建筑效果图、外部环境效果图和一张建筑内部空间效果图）。

⑥分析图（包括环境分析、功能分析、交通流线分析、立面造型分析、结构分析、材质分析等）。

以上图纸绘制于A2规格的图纸上，进行排版，数量不得少于两张，最多三张。

课题一：别墅设计

学生作业一（图7-14，图7-15）：

设计说明及点评：

设计主题：波浪

环境：根据任务书的要求，别墅坐北朝南，东西两面种植果树，西面朝向河流，利于亲水性建筑的修建。在景观设计中以交叉和波浪的形式结合，同时与建筑主题协调统一。

人：该别墅为一艺术工作者的家庭居住之用，则实用性与艺术性两相结合。同时还考虑到艺术家工作的特殊性需要安排相关功能布置。

形式：别墅设计为三层，逐层递进，以立方体为主题元素，以堆叠之感和流动的波浪立面塑造具有一定创意的别墅外观，外观整体统一错落有致。设计为了营造特殊的光感效果，采用顶部开窗，根据不同房间的功能选择开窗面积的大小和位置。建筑色彩搭配采用大胆的红、黄、蓝三原色，且并不统一地交错使用。

点评：该设计完全按照任务书的要求，考虑到使用者的特点设计环境、形体和空间。以立方体和波浪形作为设计的图形发端，执着于功能平面的布局和

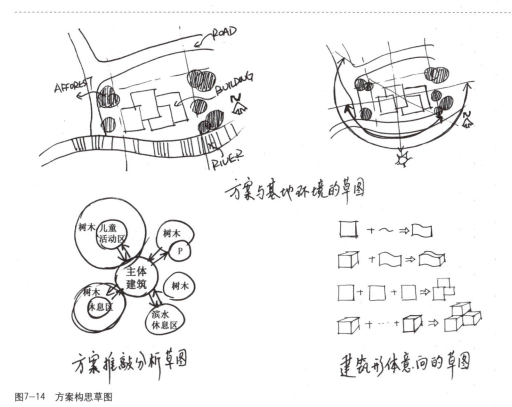

图7-14 方案构思草图

图7-15 方案成果表现

完美的立方体的堆叠；执着于空间的处理，室内外楼梯的配合，立方体交错的空间，以及立柱形成的底层空间，都使得空间生动而丰富；执着立面效果的表现，有凹有凸的波浪表现使原本较为单一的立方体更具设计细节，并且色彩的大胆运用符合艺术家的特色；执着于细节的推敲，开窗的方式、周围环境的处理，使整个环境建筑和谐统一。作为设计的初学者，其创作的能力非常难能可贵。

学生作业二（图7-16，图7-17）：

设计说明与点评：

设计的功能和形式是不可分割的两个方面，根据课程的内容，我认为任何建筑设计都必须以功能为基础，别墅设计作为居住空间，与人的生活息息相关，其功能的重要可见一斑。任务书中明确提出了这一别墅为一家三口使用，并详细规定了功能要求、主要包括，因

此设计从功能出发，从内向外，其内部的合理性与意境的外表比更为重要。设计以复合空间的串联式空间形式设计，分成东西两个部分，在二楼用廊相连，西部作为主体建筑用作生活起居，而东部作为艺术家的工作室，这样的空间布局，使空间形式联系性强，既有亲切感，又有明确的功能分区。此外，注重建筑与周围环境的交流、渗透，讲求与自然的融合，在设计中又考虑趣味性，在靠近果林和河边处设有泳池、钓鱼台，充分利用景观。

点评：建筑采用两个体块中间连廊式的布局，明确、合理。连廊下的空间巧妙地处理成停车区域，合理地利用了空间。该设计充分表明学生掌握了建筑功能分区的能力，充分做到主辅、动静、公共与私密空间的分区。工作室的

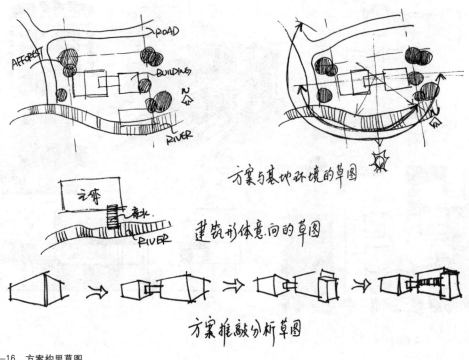

图7-16　方案构思草图

独立设置充分考虑艺术家的要求。建筑立面的处理也充分体现细节。错落有致的屋顶斜线处理，以及材质的搭配，玻璃、木材以及混凝土墙面丰富了立面形式。场地的环境处理充分考虑了交通流线以及绿化景观。该作业虽然看起来中规中矩，但设计合理，注重细节，充分掌握了课程内容。

图7-17　方案成果表现

学生作业三（图7-18，图7-19）：

设计说明与点评：

这套别墅设计，灵感来源于水面的荷叶，让人享受很美好、幸福、甜美的感觉，对于家，正是美好、幸福、甜美。于是提取了荷叶浮于水面的优美弧度作为整个平面图的设计元素和创作灵感。充分利用与水体的关系，建筑有些部分架于水面之上，形成亲水平台，拉近人与自然之间的关系，同时，建立自然驳岸，维护和改善水体的水质。

点评：该设计从"荷叶"隐喻的角度提出有机的造型构思，并赋予变化，形成放射形的扇形平面，与水面很好地结合，合理利用水和建筑的处理方式。外观处理也趋于生态自然，远离城市的喧嚣。

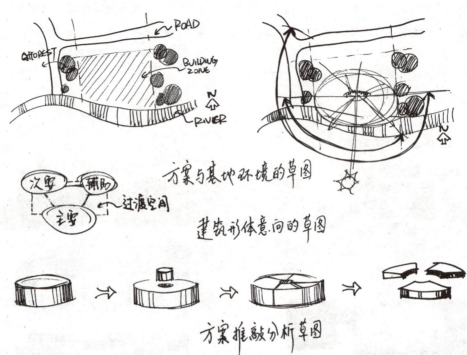

图7-18 方案构思草图

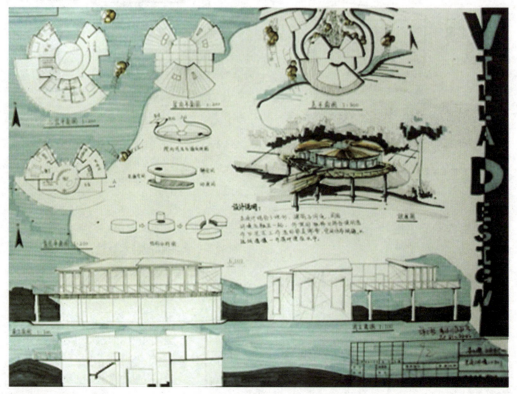

图7-19 方案成果表现

课题二：咖啡厅设计/茶室设计

学生作业一（图7-20，图7-21）：

设计说明与点评：

"和风物语"咖啡厅书吧

"和风"的意思有很多，例如可以泛指速度和缓的风、温和的风、暖和的风、冬天里的南风、春风等。三国，魏，阮籍《咏怀》诗之一："和风容与，明日映天。"唐，杜甫，《上巳日徐司录林园宴集》诗："薄衣临积水，吹面受和风。"明，刘基《春雨三绝句》之一："春雨和风细细来，园林取次发枯。"鲁迅《坟·摩罗诗力说》："和风拂林，甘雨润物。"也可以用来指日本风味、日本式的意思。例如从西方传过来的东西叫作"西洋风"，从中国传过去的就叫作"中国风"。因为日本是"大和"民族，所以就有很多"和风"、"和味"、"和式"的东西了。如"和风音乐"、"和味饮食"、"和式喜好"、"大和风情"、"和风传统"等。和风的特点是大多以碎花典雅的色调为主，带有古朴神秘的色彩。

建筑原址是镇江市河滨公园里的KTV。西面临京杭古运河，南面靠河滨公园，风景优美，古树参天，所以咖啡厅的设计构思概念从"和风"出发，综合以上的概念，既想创造出有如春天般的优美环境，又想从风格上沿用日式古朴典雅、安静悠闲的氛围。咖啡厅的设计十分注重与环境的融合，以及周边环境的塑造。保留了原有场地的一棵古树，并将其作为设计的中心，围绕这棵树来布置平面，树的中心形成户外庭院，周边的廊串联两个扇形体块，其中一个体块临河形成亲水地带，由于地形高差，两个体块错落布置。室内外空间相互交融，与环境融为一体。在庭院和室外环境中设计许多环境小品，都采用"和风"的日式风格，与主题相呼应。

点评：该学生的咖啡厅书吧无论从设计上还是表现上都可以算作优秀的作品。设计提出明确的主题风格，日式的风景园林有其独特的意境，该作业在设计过程中从建筑到环境到细节无

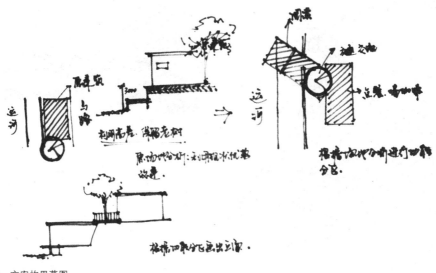

图7-20 方案构思草图

·鸟瞰图←

·室内效果图↓

·景观效果图2

不将这种意境体现得淋漓尽致。建筑布局上廊、庭、棚、室多种空间的流淌，并与周边环境的紧密结合，一步一景，真正做到环境建筑的宗旨"人—环境—建筑"的和谐。更值得一提的是该学生的表现，清新自然，与设计风格浑然一体，是一份设计佳作。

·景观效果图

·交通分析图

·效果图

·咖啡厅平面设计　　·作品名称:《和风物语》

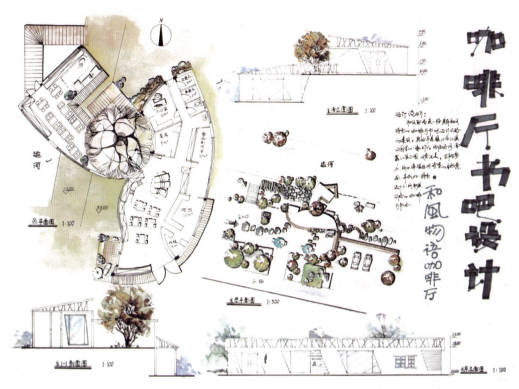

图7-21 方案成果表现

学生作业二（图7-22，图7-23）：

设计说明与点评：

咖啡厅设计在外观上采用几何形体的组合方式。大胆运用夸张的多边形几何造型作为主要的休闲空间，辅助空间围绕在次级，使空间产生张力，同时很好地解决了功能分区的问题。设计的最大特色在内部空间的处理上，将多边形的内部营造成梯田形的开放式平台，通过高低错落来划分休闲空间，创造了新颖而开阔的室内空间，有大有小，台阶数量不一，开敞程度不同，变化多样，方便交流。在室外景观设计上，首先，建筑的外轮廓与河水吻合交融，建筑外立面的廊架一方面丰富了建筑立面也形成了独特的景观元素，增进了与环境的关系。同时还形成了独特的光影变化。

点评：作为开始设计的课题，目的是让学生开始学习建筑设计工作的思维方式和方法，训练学生建筑和环境设计的基本技能，就是分析、利用、综合和组织基地、空间、使用、形体与建造等诸方面限制和可能的能力。该设计作业的突出地方在于：对形体的塑造，运用几何形体的组成方法，主动营造基地地形和建筑基地边界，以及内部空间的探讨和使用的可能与精彩。此外还有对工作方法的掌握，作为二年级的学生，能顺利熟练地完成整个设计，掌握多种设计手段。

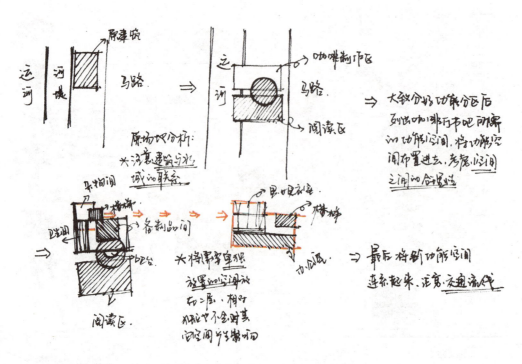

图7-22 方案构思草图

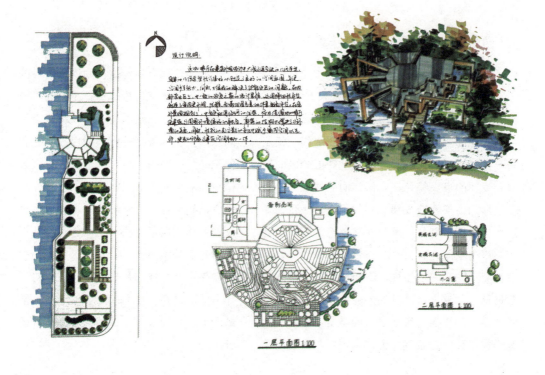

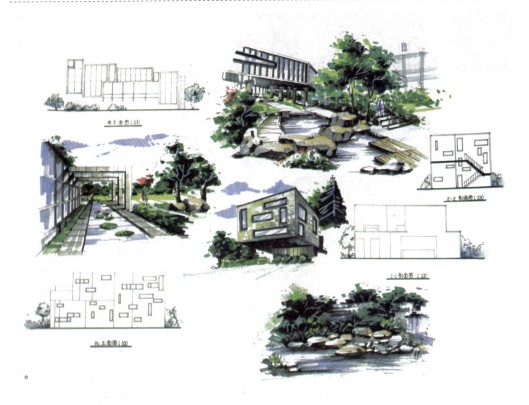

图7-23 方案成果表现

学生作业三（图7-24）：

学生设计点评：

镇江属于江南城市，建筑基地又位于京杭大运河边，因此江南水乡的画面浮现在眼前。将设计定位成中式的茶楼。以类似中式建筑中的八边形轩窗作为主要的设计元素，用在平面构思上和立面的装饰上，让人体验一种空灵的江南氛围。整体建筑以江南古建筑风格呈现，与河滨公园内的凉亭呼应，与马路对面的现代建筑形成对比，给人以在浓厚的江南烟雨氛围内抿一口碧螺春，品一本书的冲动。

点评：作为一名二年级的设计初学者，能在设计中意识到深层次的文化环境的重要性值得赞许，体会到江南城市特有的文化氛围、历史风俗，应用传统元素作为设计的主题。但是设计仍处于运用传统元素的初级阶段，采用仿古的造型，而未更加深入地考虑如何在现代建筑中提炼传统元素。要真正做到传统与现代的结合，可以多多参考贝聿铭大师的设计作品，学习提高。

学生作业四（图7-25）：

设计点评：此作品的设计构思独特，从废弃的集装箱出发，设计具有强烈的实验性和环保性。设计由四个大小相同、长短不一的集装箱组成，内外空间丰富。在表现方面，该生采用电脑表现方案，表达效果真实、生动、活泼。但需注意的是对内部房间布局的推敲需要进一步细致。

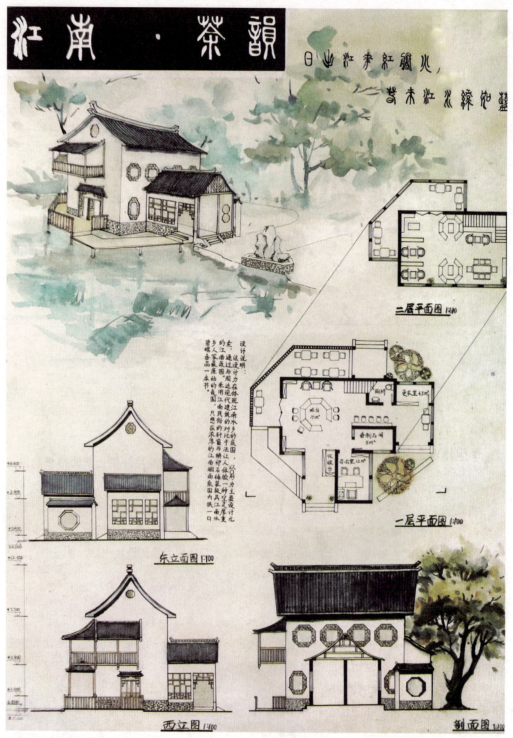

图7-24 方案成果表现

集装箱改造 ——咖啡厅设计
Container transformation project design
班级：环艺1002 学生姓名：董嘉民
Class: EAO1002 Name: Minism

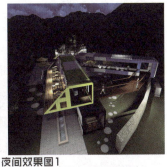

日间效果图1

日间效果图2

夜间效果图1

功能布局图

设计说明

本设计慢由集装箱改造的咖啡厅 设计。慢田四个大小相同，长短不一的集装箱组成，共两层。一层慢田收银置理以及餐厅组成，二层慢田高昂酒把置死人自所组理，集装箱艳彩丽鲜理，跳动的收银产生线索的流动感，后花园来用露天咖啡把的形式，配角私人超大液晶集显！

The renovation was designed by a private leisure club container. The same size by four different lengths of container consisting of two layers. Layer is composed of cash register management and restaurant. the second floor is composed of high-end private club bar for a drink. Container colorful, throbbing sense of flow lines generated lines. The garden in the form of using open coffee bar with a private large LCD cinema!

CAD图 1:500

组合方式图

设计细节图

集装箱改造 ——咖啡厅设计
Container transformation project design
班级：环艺1002 学生姓名：董嘉民
Class: EAO1002 Name: Minism

夜间效果图2

夜间效果图3

馆外公共环境图

交通流线图

日间效果图3

CAD图   1：500

设计说明

本设计慢由集装箱四个大小相同，长短不一的集装箱组成，共两层。一层慢田收银置理以及餐厅组成，二层慢田高昂酒把置死人自所组成，集装箱艳彩到轻理，跳动的收银产生线索的流动感，后花园来用露天咖啡把的形式，配角私人超大液晶集显！

The renovation was designed by a private leisure club container. The same size by four different lengths of container consisting of two layers. Layer is composed of cash register management and restaurant. the second floor is composed of high-end private club bar for a drink. Container colorful, throbbing sense of flow lines generated lines.

图7-25 方案成果表现

主要参考文献

[1] 过伟敏，王筱倩，等．环境设计[M]．北京：高等教育出版社，2009．

[2] 徐衡醇．设计美学[M]．北京：清华大学出版社，2006．

[3] 杨小军，宋拥军，等．环境艺术设计原理[M]．北京：机械工业出版社，2010．

[4] 张建华．建筑设计[M]．北京：中国电力出版社，2007．

[5] 朱瑾．建筑设计原理与方法[M]．上海：东华大学出版社，2009．

[6] 刘先觉．现代建筑理论：建筑结合人文科学自然科学与技术科学的新成就[M]．北京：中国建筑工业出版社，1999．

[7] 郑曙旸．环境艺术设计[M]．北京：中国建筑工业出版社，2007．

[8] 曹瑞林．环境艺术设计[M]．郑州：河南大学出版社，2004．

[9] 屈德印，等．环境艺术设计基础[M]．北京：中国建筑工业出版社，2006．

[10] 韦爽真．环境艺术设计概论[M]．重庆：西南师范大学出版社，2007．

[11] 林玉莲，胡正凡．环境心理学[M]．北京：中国建筑工业出版社，2006．

[12] 罗小未．外国近现代建筑史[M]．北京：中国建筑工业出版社，2004．

[13] 尹定邦．设计学概论[M]．长沙：湖南科学技术出版社，1999．

[14] 扬·盖尔．交往与空间[M]．何人可，译．北京：中国建筑工业出版社，2002．

[15] 黎志涛．建筑设计方法[M]．北京：中国建筑工业出版社，2008．

[16] 尹青．建筑设计构思与创意[M]．天津：天津大学出版社，2002．

[17] 韩贵红，吴巍．建筑创意设计[M]．北京：化学工业出版社，2010．

[18] 张建涛，刘韶军．建筑设计与外部环境[M]．天津：天津大学出版社，2002．

[19] 张朝晖．环境艺术设计基础[M]．武汉：武汉大学出版社，2008．

[20] [英] 安格斯·J．麦克唐纳．陈治业，译．结构与建筑（原文第二版）[M]．北京：中国水利水电出版社，2003．

[21] 罗力，王平好．建筑及环艺设计表现[M]．重庆：西南师范大学出版社，2008．

[22] 朱广宇．环境艺术设计表达[M]．北京：机械工业出版社，2011．

[23] 黄红春. 设计思维表达[M]. 重庆: 西南师范大学出版社, 2010.

[24] 邵龙, 赵晓龙. 设计表达[M]. 北京: 中国建筑工业出版社, 2006.

[25] [美] K. 林奇. 方萍益, 何晓军, 译. 城市意象[M]. 北京: 华夏出版社, 2001.

[26] 钱健, 宋雷, 沈福熙. 建筑外环境设计[M]. 上海: 同济大学出版社, 2001.

[27] 彭一刚. 建筑空间组合论[M]. 北京: 中国建筑工业出版社, 1998.

[28] 李延龄. 建筑设计原理[M]. 北京: 中国建筑工业出版社, 2001.

[29] 诸冬竹. 开始设计[M]. 北京: 机械工业出版社, 2007.

[30] 鲍家声. 建筑设计教程[M]. 北京: 中国建筑工业出版社, 2009.

[31] 张晓晴. 小型建筑设计[M]. 广州: 华南理工大学出版社, 2011.

[32] 傅祎. 建筑的开始: 小型建筑设计课程[M]. 2版. 北京: 中国建筑工业出版社, 2011.

[33] 张伶伶, 李存东. 建筑创作思维的过程与表达[M]. 北京: 中国建筑工业出版社, 2001.

[34] 白旭. 建筑设计原理[M]. 武汉: 华中科技大学出版社, 2008.

[35] 沈福煦. 建筑方案设计[M]. 上海: 同济大学出版社, 2000.

[36] [美] 爱德华·T. 怀特. 建筑语汇[M]. 林敏哲, 林明毅译. 大连: 大连理工大学出版社, 2011.

[37] [德] 安德鲁斯, 杨颖, 罗佳. 建筑构想: 当代建筑草图、透视图和技术图[M]. 北京: 中国建筑工业出版社, 2011.

[38] 陈维信, 施琪美. 环境设计[M]. 上海: 上海交通大学出版社, 1996.

[39] 乐嘉龙. 凝固世界知名建筑: 中外著名建筑手绘图集[M]. 北京: 中国建材工业出版社, 2011.

[40] 齐康. 草图建筑[M]. 南京: 东南大学出版社, 2011.

[41] 刘文学, 等. 环境空间设计基础[M]. 沈阳: 北方联合出版传媒 (集团) 股份有限公司/辽宁美术出版社, 2011

[42] 宋丹丹. 公园景观[M]. 沈阳: 辽宁科学技术出版社, 2011.

作者简介

霍珺 女

2005年毕业于江南大学设计学院建筑学（景观建筑）专业学士学位；

2008年毕业于江南大学设计学院，设计艺术学硕士。

2008年至今在江苏大学艺术学院环境艺术设计系工作。

主要研究领域：建筑设计、环境艺术设计及理论

承担并主要参加的研究项目：

先后承担并参与江苏省文化课题项目

江苏省研究生教育教学改革研究与实践项目、市级软科学科研项目等

在各类刊物上发表论文多篇。

韩荣 女

1999年毕业于燕山大学，获学士学位；

2006年毕业于上海交通大学，获硕士学位；

2010年毕业于苏州大学，获博士学位。

2010年至2012年在南京艺术学院设计学博士后流动站从事科研工作。

1999年至今在江苏大学艺术学院工作，副教授、硕士生导师。

主要研究领域：公共环境艺术设计及理论研究

承担并主要参加的研究项目：

先后承担了教育部青年项目、国家社科青年基金

江苏省研究生教育教学改革研究与实践项目等多项课题。

在各类刊物上发表论文二十余篇，出版专著及编著3部。

陈嘉晔 女

2011年毕业于江苏大学，获学士学位；

2011年进入江苏大学攻读硕士学位。

主要研究领域：环境艺术设计研究，在各类刊物上发表多篇专业论文。